中国微生物酵素

ZHONGGUO WEISHENGWU JIAOSU

高　亮　孙继发　梁其安　编著

中国农业出版社
北　京

图书在版编目（CIP）数据

中国微生物酵素 / 高亮，孙继发，梁其安编著．—
北京：中国农业出版社，2022.8（2023.9 重印）
ISBN 978-7-109-29816-3

Ⅰ.①中… Ⅱ.①高… ②孙… ③梁… Ⅲ.①微生物
—发酵—研究 Ⅳ.①TQ920.1

中国版本图书馆 CIP 数据核字（2022）第 143428 号

中国微生物酵素
ZHONGGUO WEISHENGWU JIAOSU

中国农业出版社出版
地址：北京市朝阳区麦子店街 18 号楼
邮编：100125
责任编辑：孟令洋　郭晨茜
版式设计：杨　婧　　责任校对：周丽芳　　责任印制：王　宏
印刷：北京通州皇家印刷厂
版次：2022 年 8 月第 1 版
印次：2023 年 9 月北京第 2 次印刷
发行：新华书店北京发行所
开本：700mm×1000mm　1/16
印张：17.25　　插页：4
字数：450 千字
定价：80.00 元

作者简介

高亮：高级农艺师，中国腐殖酸工业协会理事、腐殖酸肥料标准化委员会委员、《腐植酸》编委、中国蔬菜流通协会芽苗菜专业委员会专家、美国园艺学会(AHS)资深会员。从事酵素菌技术研究27年，从酵素菌种分离、组配、国产化，到在国内首次提出酵素农业，建立其理论和实践体系，践行乌金酵素自然农耕，被誉为“中国酵素达人”。从事生物质、矿物源腐殖酸微生物发酵研发多年，在国内首次将矿源腐殖酸生物转化技术产业化。先后取得20多项科技成果，获得省、市科技进步奖15项，出版著作4部，制定行业标准、地方标准4个，发明专利6项，发表科技论文100余篇。

孙继发：山东省临沂市沂水县人，身残志坚创业典型人物，2019 年荣获“全国自强模范”“全国模范退役军人”荣誉称号，受到习总书记亲切接见。中国蔬菜流通协会芽苗菜专业委员会副会长，从事生态微循环豆芽机研究 25 年，带头研发豆芽栽培机、豆芽培育筐、沥水脱皮机等 23 项国家专利产品，把中国的生态微循环机生豆芽技术推广至世界 50 多个国家和地区。2018 年，金银条酵素豆芽机荣获全国创新创业项目一等奖。完成科技成果 4 项，发表论文 6 篇。

梁其安：潍坊市昌乐县自然邦生态农业科技有限公司董事长、火山农业产业联盟秘书长，先后被评为山东省乡村好青年、潍坊市乡村振兴带头人、潍坊市脱贫攻坚先进个人、潍坊市十大返乡创业农民工等荣誉称号，2021 年第五届山东省乡村创新创业大赛冠军获得者。2017 年创立“黄金籽”西红柿品牌，潍坊市生态番茄全产业链规范标准制订者。创新“扶贫＋电商直播”的消费扶贫模式，累计培育 120 名贫困户主播，带动 240 户贫困户发展种植产业，增收 600 余万元。建设 2 300 亩番茄王国共享田园综合体，发展了旅游扶贫、直播扶贫等扶贫形式。完成科技成果 3 项。

内容提要

本书由高亮、孙继发、梁其安编著。编著者从发酵历史溯源入手，系统阐述了微生物酵素制备、酵素助力防治农作物病虫害和缺素症、酵素和腐殖酸的强强联合、酵素在农作物和食用菌上的应用、酵素农业和酵素农产品GAP生产管理技术等9个方面的内容。该书文字精炼，通俗易懂，具有先进性、实用性和可操作性。本书可供从事微生物酵素、微生物肥料、有机肥料、农业新技术研究开发与生产推广的科技人员和管理人员阅读，也可作为农业院校师生和农业科研单位技术人员的参考用书。

前言

酵素是由动植物材料，包括蔬菜、果树、大田作物、菇菌、中药材以及动物机体组织等，经单一或复合微生物（益生菌）发酵而成的生物制品，内含活性菌、多种酶、多肽、氨基酸、维生素、矿物质及其他微生物代谢产物。酵素就在我们身边，和我们日常生活息息相关。酵素是液体发酵产物，由多种物质组成，经过提纯后可以制备成酒、醋等日用品，就像中药汤剂，其作用功效取决于原材料、配方、益生菌、发酵方式等，还受到环境和工艺的影响。酵素广泛应用于农业种植、养殖、废弃物资源化利用、环境保护、土壤修复及医药卫生、食品加工等多个领域。

农用酵素是利用酵素菌发酵制备成多种酵素肥料，用于农业生产，能够最大限度利用农业废弃物，实现生态循环。酵素农业的提出、酵素农产品标准化生产体系的建立和实施，对生态农业的发展、化肥农药的减量施用、农产品安全生产具有积极的意义。酵素益生菌不再仅仅作为有机物料发酵菌种来使用，现已逐渐拓展到了农业、工业、食品、医药、环保等领域，是发展“低碳经济”和“循环经济”的重要生物技术，在实现“碳达峰”和“碳中和”中将发挥更为积极的作用。

健康的土壤是食品安全的基础，腐殖酸这一土壤本源性物质是保持土壤肥力的重要因素之一。酵素益生菌既可发酵农林废弃物和畜禽粪污产生生物腐殖酸，又可发酵风化煤、褐煤、泥炭等产生矿源腐殖酸，实现“双源腐殖酸”互补增效，反哺土壤，提高土壤肥力，消除土壤生产障碍和污染残留，从而实现农业可持续和生态可循环。

推进乡村全面振兴让植根于自然生态的微生物酵素产业迎来了新的春天。为了将最新的酵素科技成果、酵素新技术新产品、酵素农业的创新思维和典型案例展现给大家，进一步提高微生物酵素从业者和酵素农业生产者的科技水平，为市场提供丰富的高品质的酵素农产品，我们整理编撰了本书。目的是让读者通过阅读即可掌握和应用简单、易于操作的实用技术，让酵素技术扎根大地开花结果，促进生态农业可持续发展，保障食品健康安全，践行“服务农业、服务生产”的初心。

本书从酵素的历史溯源入手，系统阐述了微生物酵素的作用机理，重点介绍了各种酵素肥料、新型功能肥料的配方、工艺和酵素农产品的生产管理技术。同时还介绍了矿源腐殖酸生物转化、“两菌结合”实用技术及其在生产上的应用技术，尤其是对酵素芽苗菜生产技术等进行了首次系统阐述，突出了本书科学性、实用性、通俗性的特点，是一本可操作性强的农业多学科指导书籍。本书适用于土壤肥料、生物工程、农学、林学、园艺、植物保护、生物发酵、土壤修复、盐碱地改良等专业的师生、科研人员，以及微生物肥料从业者、腐殖酸肥料科技人员和农业技术推广人员。

在本书编写过程中，得到了潍坊加潍生物科技有限公司、黑龙江省佳禾腐殖酸有限责任公司、吉林万通集团盛泰生物工程股份有限公司等企业的支持，同时参阅了国内外大量文献资料，走访了青青大地果蔬有限公司、内蒙古中翁农业科技发展有限公司、中科佰澳格霖农业发展有限公司等生产企业和应用示范基地，得到了充分肯定和支持。在此一并表示衷心感谢！由于笔者水平有限，专业知识匮乏，本书存在的问题、错误和不足，恳请读者和同行指出，以便修订时完善。

高　亮
2022年5月

目录

第一章 发酵的历史溯源

发酵（ferment）是一种自然现象，中国先民在新石器时代就已发现，并逐渐应用于酿酒、制醋、做酱、腌泡菜中。数千年来人们利用发酵作用生产出多种特色产品，如各种酒类、食醋、酱制品、酸泡菜、腌制菜等。朝代更迭，技艺成熟，世代传承，造就出了数量众多的“中华老字号”。在追求创新的时代，在众多的传统工艺中，我们认为坚守传统是底线，没有坚守就没有创新，没有灵魂的创新一定没有未来。

中华上下五千年的历史是农耕文明的进化史。传承了几千年的厩肥、沤肥技艺到现在仍然不过时，可以说“有机农业源于中国”，这些农业发酵方式保持着传统的有机栽培、自然农耕，也传承着最本真的菜香果甜五谷味道，这在讲求食品安全的当下显得尤其重要。

发酵的历史溯源，使我们一同发现中国智慧和自信，找寻古法技艺，传承中华文明。

第一节　我国发酵食物的历史溯源

柴米油盐酱醋茶，俗称开门七件事，是维持人们日常生活的七样东西。最早见于南宋吴自牧所著《梦粱录·鲞铺》：“盖人家每日不可阙者，柴米油盐酱醋茶。”明代唐寅《除夕口占》记有：“柴米油盐酱醋茶，般般都在别人家；岁暮清闲无一事，竹堂寺里看梅花。”在这“七件事”中，“酱”和“醋”都是发酵产物，早已深深嵌入人们的日常生活中。

一、酒的历史溯源

大曲酒是中国首创的一种优良酒精饮料，具有独特的风味，在中国流传极广，每年还有大量出口，风行世界各地。中国早在 4 000 多年前已知利用酒曲使淀粉发酵酿酒，这在世界上是生物化学方面的一项重大发明。中国古代酿酒技术不断发展，酒曲和曲酒的品种逐渐增多。早在殷商时期的甲骨文里，酉"就是"酒"的象形字，至周朝，我国的酿酒技术就已发展到了相当的水平。一说酿酒起源于龙山文化时期。在龙山文化遗存中不仅有石镰、蚌镰，而且出现了陶尊、陶盉、陶斝、陶豆等盛酒、煮酒、饮酒的器皿。殷墟发掘出的实物中已有种类繁多、制作精良的饮酒和贮酒的青铜器，如爵、斝、尊、卣、斛、觚等。这时大体上已经有了两种酒，即醴和鬯。前者是用麦芽酿制成的甜酒，供饮用；后者是用郁金香草和黑黍酿成的酒，主要用于祭祀。据《礼记》记载，西周已有相当丰富的酿酒经验和完整的酿酒技术规程，其中《月令篇》记述了负责酿酒事宜的官"大酋"在仲冬酿酒时必须监管好的6个环节："秫稻必齐，曲糵必时，湛炽必洁，水泉必香，陶器必良，火齐必得，兼用六物。"《周礼》中也记载了酿酒的过程。汉代成书的《黄帝内经·素问》中记述了黄帝与岐伯讨论酿酒的情景。唐代流传下来的《酒经》记有："王绩追述焦革酒法为经，又采杜康、仪狄以来善酒者为谱。"早在4 000多年前，我国先民就学会利用发酵技术来酿酒。关于我国古代酿酒的起源，自古流行着许多传说。其中流传广泛持久的是杜康造酒。东汉许慎编著的《说文解字》记有："杜康始作秫酒。又名少康，夏朝国君，道家名人。"《左传·哀公元年》记有："后缗方娠，逃出自窦，归于有仍，生少康焉……逃奔有虞，为之庖正。"少康就是在有虞国国都虞城担任庖正期间酿造出了酒。由此可见，杜康不仅是中兴夏朝的一代明君，而且是位了不起的发明家。据说杜康曾将未吃完的剩饭，放置在桑园的树洞里，剩饭在洞中发酵后，有芳香的气味传出，这是酒的由来。民间还流传着尧帝造酒、黄帝造酒等说法。宋代高承《事物纪原》称："不知杜康何世人，而古今多言其始造酒也。"而从考古和历史文献记载来看，夏代洛阳已经出现酒器，商代朝歌就有"酒池肉林"的传说，到了周朝，统治者认为殷商灭亡的原因有很多，酗酒乱德是重要的一条。周公还颁布了《酒诰》，旨在树立和弘扬优良的酒风。可见，作为"酒祖"杜康，其生活年代应该不晚于夏商时期。西晋江统《酒诰》记有，煮熟的谷物，没有吃尽，丢弃在野外，自然而然就会发霉发酵成酒。这种说法确切地描述了以曲酿酒的源起。此后，逐步又发展到把制曲和以曲为引子酿酒分步来进行。

酒是含乙醇的饮料，在古代，乙醇是某些碳水化合物在酵母菌所分泌的酒化酵素的作用下氧化而成。碳水化合物包括淀粉、麦芽糖、蔗糖、葡萄糖、果糖等，但淀粉不能在酵母菌的作用下，直接转化成乙醇，只有简单的糖才能在酵母菌的作用下转化成乙醇。谷物富含淀粉，不能直接发酵转化为酒。但当谷粒受潮发芽后，谷芽会分泌出淀粉酶，把谷粒中的淀粉水解成麦芽糖，而麦芽糖一旦与空气中浮游的酵母菌接触，就会产生出酒。

在我国发明酿酒的早期阶段，除了发明用麦芽糖酿酒外，还有一项极卓越的发明，就是用发芽、发霉的谷物作为引子，来催化蒸熟或者碎裂的谷物，使它转化为酒。我国古书上把这种发芽且发霉的谷物称为“蘖”。这项酿酒工艺的原理是：发芽的谷物一旦与空气中浮游的叫作丝状真菌的孢子接触，就会在其上生成丝状的毛霉，毛霉可以分泌出淀粉酶。另外，发霉的谷物上同时还会滋生着酵母菌，因此“曲蘖”具有复合菌的功能，促使谷物转化成酒，也就是说发芽发霉的粮食浸到水中就会变出酒。

在汉代，中国的酒曲已有很多种。关于中国制曲技术的记载，最早见于晋嵇含的《南方草木状》，其中提到广东、广西的“草曲”。南北朝时贾思勰所著《齐民要术》翔实记载了北方的12种造酒用曲的制作方法。宋朱翼中所著《北山酒经》则是研究中国古代南方造曲法的重要文献，其中提及用老曲末为曲种，这有利于优良菌种的延续和推广。宋代发明了红曲，它是在高温菌红米霉的作用下产生的。这种菌繁殖较慢，在高温酸败的大米上才容易生长。因此，红曲的制作是通过耐心的观察、长期的经验和特殊的技术才研制成功的，确实来之不易。北宋陶谷的《清异录》对它已有记载。中国红曲的制造，曾受到国外酿造学家的赞叹。河北青龙县曾发现一口金代铜胎蒸馏锅，估计是用于蒸馏酒的。因此蒸馏酒出现于宋代的说法较为可靠。明代以后，中国普遍“用浓酒和糟入甑，蒸令气上，用器承取滴露”，以获得味极浓烈的烧酒。

清酒最早见于3 000多年前的我国古代文献《周礼·天官·酒正》：“辩三酒之物，一曰事酒，二曰昔酒，三曰清酒。”清酒的记载也见于《诗经》中。在浩瀚的历史长河中，清酒在中国兴盛千年之久，其崇高的地位和独特风格不仅被载入各种典籍文献，而且对周边邻国的饮食文化和酿酒产生了重大影响。大约在公元400年，清酒酿造技术传入日本，使之成为日本的国酒。从日本文献《播磨国风土记》中记载日本清酒出现的年代算起，与中国清酒相比至少晚了千年以上。毋庸置疑，中国是清酒的故乡，清酒源于中国。

二、泡菜和酸菜的历史溯源

泡菜和酸菜自古就有，是中国极其普遍的蔬菜制品，除了改善蔬菜风味外，也是一种储存蔬菜的好方法。酸菜，古称菹，制作酸菜的初衷是为了延长蔬菜保存期限。《周礼》中有“馈食之豆，其实葵菹”的记载，《管子·轻重甲》中有“请君伐菹薪，煮沸水为盐”的记载，而《释名》中对“菹”的解释更为透彻，“菹，阻也。生酿之，遂使阻于寒温之闲，不得烂也。”《诗经》中也有“中田有庐，疆场有瓜，是剥是菹，献之皇祖”的描述。据东汉许慎《说文解字》解释：“菹菜者，酸菜也”，即类似现在的酸菜。北魏《齐民要术》更是详细介绍了祖先用白菜等原料腌渍酸菜的多种方法。《唐代地理志》中有“兴元府土贡夏蒜，冬笋糟瓜”的记载，其中“糟瓜”就是腌黄瓜。宋代孟元老《东京梦华录》中记有“姜辣萝卜，生腌木瓜”等腌渍菜。宋诗人陆游写有“菘芥可菹，芹可羹”的诗句。元代韩弈《易牙遗意》的“三煮瓜法”；明代刘基《多能鄙视》中的“糟蒜”，邝璠《便民图纂》中记载萝卜干的腌渍方法，“切作骰子状，盐腌一宿，晒干，用姜丝、橘丝、莳萝、茴香，拌匀煎滚”。酸泡菜到了清代已经多种多样、丰富多彩，清代袁枚《随园食单》和李华楠《醒园录》中都有详细记载。

中国是泡菜的故乡，中国泡菜源自四季常青、物产丰富的南方，距今3 000多年的商代武丁时期，我国劳动人民就能用盐来渍梅烹饪用。四川泡菜有文字记载的历史可以追溯到1 500多年前，北魏贾思勰所著《齐民要术》中就有制作泡菜的专述。中国泡菜在三国时期传入高丽，现盛行于韩国。

三、醋的历史溯源

远古时代，人们“嚼蚁而酸”，捕捉蚂蚁当酸食用。相传尧王神农氏教化民众以莫荚、山桃、野杏、梅子等腌制酸菜、酸汤即产生醋酸，以解决口淡之嫌。东方醋起源于中国，有关醋的起源，最可靠的推测是在周朝，有文献记载的酿醋历史至少3 000年以上。我国文字最早称“醋”为“醯”，后又写作“酢”。酢字出现在周代以前，西周出现了“公室制醋作坊”，已有了“醯人”，专管王室中醋的供应。酿醋始于周，到春秋战国时期，山西酿醋业已遍布城乡，打破了西周公室制醋的单一格局。秦时有了辛、咸、苦、酸、甘“五味”之说，其中的酸指的主要是醋。汉代，醋已经成为当时大众化的调味品，司马迁《史记·货殖列传》记有：“通都大邑，酤一岁千酿，醯酱千缸。”东汉崔寔于公元158—166年所著农书《四民月令》记有：“四月立夏后……可做酢”，又说“五月五日……亦可作酢”。北魏农学家贾思勰在《齐民要术》一书中提到“酢，今醋也”。制醋法到了魏晋时已达数十种之多。唐宋时期，由于制曲技术的进步和发展，山西晋阳一带的制醋作坊日益兴盛，从民间到官府，制醋食醋成了人们生活中的一大嗜好。《记事珠》中提到“唐世风贵重桃花醋”。新疆吐鲁番一份出土古籍上记有“卅买酱，十八买酢”，即以三十文钱买酱，十八文钱买醋。宋代《四时纂要》中提到“米醋”“暴米醋”“麦醋”“暴麦醋”等的酿造方法。《元氏掖庭记》记述，元时醋有“杏花醋、脆枣醋、润肠醋、苦俗醋。”到了明代，制醋的曲已有大曲、小曲和红曲之分。李时珍《本草纲目》中记载有米醋、糯米醋、小麦醋、大麦醋等品种。袁枚《随园食单》中论佐料时说：“善烹调者，酱用伏酱，先尝甘否。油用香油，须审生熟。酒用酒酿，应去糟粕。醋用料醋，需求清冽。”从清顺治初年（1644 年）开始，中华老字号“美和居”改新醋陈酿工艺为“夏伏晒、冬捞冰”，经过一年以上陈酿的醋，黑紫醇香、久存不腐，食者无不叫绝。老陈醋也成为王室贡品，被誉为“国醋”“天下第一醋”。

日本古籍中又称“醋”为“苦酒”“酢”，因此迄今为止该国仍将“醋”称为“酢”，如把“米醋”称之为“米酢”。这是日本醋的酿造技术从中国传过去的一个很好的例证。

四、酱和酱油的历史溯源

酱和酱油制品是中国创造的发酵性食品。据先秦文献史料可知，“酱”（即“醢”）最早出现在大约公元前 1 700 多年的夏朝时期。由于起源皆“缘循自然”的规律，推论出古时酱的诞生是在有了食盐、陶器和多余的猎物之后。西周到西汉时期文献记载了“醢”，即肉酱的制作方法及用途。我国酱生产的第一个重要发展时期是在东汉，其原因是西汉时期农业发展，农庄式的自给自足经济使手工业形成专业化，为酱生产发展打下基础。东汉的“罢盐铁之禁”起了巨大的促进作用。从《四民月令》中豆酱的制作和其他品种酱的生产工艺介绍中看出，酱生产在此时期有了重大发展。酱生产发展的第二个高潮期在南北朝。南北朝时期的农业、手工业及餐饮业的进步，以及北魏盐业资源丰富等，对酱生产发展都是有利因素。据当时文献，尤其是《齐民要术》中记载了众多酱的生产技术，同时首次述说了豆酱和豆豉两类酱制品及酱清和豉汁产生的原因和发展途径。隋唐时期出现的一步制曲法对酱生产起了促进作用。宋元明清时期酱和酱油生产得到了空前的发展。宋代由于城市餐饮的兴旺，使得酱和酱油得到了普及；元朝初期因物质缺乏，使酱和酱油客观上成了城市餐饮的重要调味品；明朝首次出现专门的酱油生产方法。755 年，酱油生产技术随鉴真大师传至日本，后又相继传到朝鲜、越

南、泰国、马来西亚、菲律宾等国家和地区。

五、糖饴的历史溯源

早在 3 000 年前的西周时期我国先民已知将淀粉水解制糖。中国古代食用的糖除了蜂蜜之外，主要有两大类：一类是淀粉水解而成的饴糖，其中味甜的成分是麦芽糖；另一类是由甘蔗汁加工的蔗糖。饴糖的传统制法是把稻米、玉米、高粱煮熟后，加入磨碎的麦芽，掺水保温糖化。人们最初从发芽的麦谷尝到甜味，所以饴糖的创始与谷物酿酒在时间上应该相近或更早些，《诗经》中已有“周原膴膴，堇荼如饴”的诗句，可知西周时已有饴糖。战国时《尚书·洪范篇》有“稼穑作甘”之句，“甘”即饴糖。东汉许慎《说文解字》记有：“饴，米蘖煎也。”最早对饴做了解释。《齐民要术》对饴的制作，分门别类做了阐述。战国时期的楚国地区已开始种植甘蔗，并将甘蔗汁加热浓缩成为“柘浆”食用。东汉时已将甘蔗汁“煎而曝之”，使它凝如冰。这种糖块当时曾叫“石蜜”。南北朝时可制取粗制砂糖，梁代陶弘景《本草经集注》已提到“取（甘蔗）汁以为沙糖。”蔗糖的脱色处理，最早有鸭蛋蛋白的凝聚澄清法和黄泥浆的吸附脱色法。两种方法的发明时间接近，并均兴起于福建。据明代周瑛所修《兴化府志》载，黄泥脱色法“旧出泉州，正统间莆人有郑立者学得此法。”清黄仕等所撰《泉州府志》则说此法相传为元代泉州府安南人黄姓者在制糖时因“墙塌压糖，去土而糖白”，从而发明的，“后人遂效之”。《天工开物》对此工艺有翔实记录。唐大历年间四川遂宁的糖匠发明了制冰糖（当时称为糖霜）法。南宋王灼在其《糖霜谱》中对冰糖的发明传说和制作方法有详细而明确的记载。

六、中药发酵

早在 4 000 多年以前，我国人民即已学会利用发酵技术来酿酒，其后又相继用来生产酱、醋、豆豉等食品。后来人们在酒曲的基础上加入其他药物，经发酵制成专供药用的各种曲剂，成为世界上最早利用微生物对天然药物进行生物转化的国家之一，成功发酵制得中药六神曲、半夏曲、红曲、建神曲、淡豆豉、沉香曲等。

由此可见，中国是世界上发酵制备酒、醋、泡菜、腌菜、酱、酱油、糖饴等最早的国家之一，其历史远远早于日本、朝鲜、泰国等。

第二节　中国古代用肥的历史溯源

俗话说："地靠粪养，苗靠粪长。"粪肥是植物的粮食，是农作物生长所必需的营养物质，给农田施肥是提高产量、夺取丰收的重要条件。我国古代特别重视对废弃物的利用，凡可以利用的差不多都被用来作肥料，所以我国肥料的种类特别多。

早在奴隶社会就有"锄草肥田、茂苗"的记载。

春秋战国时期利用人粪尿、畜粪、杂草、草木灰等作肥料。《吕氏春秋·任地》记有："地可使肥，又可使棘。"《荀子·富国篇》记有："地可使肥，多粪肥田。"

到秦汉时期，肥料种类又增加了厩肥、蚕矢、缲蛹汁、骨汁、豆萁、河泥等，其中厩肥尤其突出。东汉王充在《论衡》中记有："深耕细锄，厚加粪壤，勉致人力，以助地力。"主张用人力改良土壤，增强地力。

魏晋南北朝时期，除了使用上述肥料之外，又将旧墙土和栽培绿肥作为肥料，其中栽培绿肥作肥料，在我国肥料发展史上具有重要的意义，它为我国开辟了一个取之不尽、用之不竭的再生肥料来源。栽培绿肥最先出现在晋代《广志》中："苕草色青黄紫花，十二月稻下种之，蔓延殷盛，可以美田，叶可食。"这是一种冬绿肥。到北魏时，又扩大为夏绿肥，《齐民要术》除记载了"踏粪法"，还记载了绿肥种类有绿豆、小豆、胡麻、芝麻等。"为春谷田，则亩收十石。其美与蚕矢、熟粪同"，具有明显的增产效果。

到了唐宋元明时期，肥料家族又增加了饼肥和一些无机肥料如石灰、石膏、硫黄等，开始在农业生产上应用。唐代韩鄂《四时纂要》、宋代陈旉《农书》都有记载。元代王祯在《农书》里说："田有良薄，土有肥硗，耕农之事，粪壤为急。"据统计，宋元时期的肥料已有粪肥 6 种、饼肥 2 种、泥土肥 5 种、灰肥 3 种、泥肥 3 种、绿肥 5 种、稿秸肥 3 种、渣肥 2 种、无机肥料 5 种、杂肥 12 种，共计 46 种。明代徐光启《农政全书》对此也做了记载。明耿荫楼在《国脉民天》里进一步指出："农家唯粪为最要紧，亦唯粪最为上。"明代是我国多熟种植飞速发展时期，复种指数空前提高的时期，对肥料的需要也大大增加，千方百计扩大肥源，增加肥料，成为这一时期发展农业生产的重要内容，肥料种类因此也不断增加，据统计，当时的肥料就有 12 大类，即粪肥：人粪、牛粪、马粪、猪粪、羊粪、鸡粪、鸭粪、鹅粪、鸟栖扫粪、圈鹿粪等 10 种；饼肥：菜籽饼、乌桕饼、芝麻饼、棉籽饼、豆饼、莱菔子饼、大眼桐饼、楂饼、麻饼、大麻饼等 11 种；渣肥：豆渣、青靛渣、糖渣、果子油渣、酒糟、花核屑、豆屑、小油麻渣、牛皮胶、各式胶渣、真粉渣、漆渣等 12 种；骨肥：马骨屑、牛骨屑、猪骨屑、羊骨屑、鸟兽骨屑、鱼骨灰等 6 种；土肥：陈墙土、熏土、尘土、烧土、坑土等 5 种；泥肥：河泥、沟泥、湖泥、塘泥、灶泥、灶千层肥泥、畜栏前铺地肥泥等 7 种；灰肥：草木灰、乱柴草、煨灰等 3 种；绿肥：苕饶、大麦、小麦、蚕豆、翘荛、陵苕、苜蓿、绿豆、胡麻、三叶草、梅豆、拔山豆、胡卢巴、油菜、肥田萝卜、黧豆、茅草、蔓菁、天蓝、红花、青草、水藻、浮萍等 24 种；稿秸肥：诸谷秸根叶、芝麻秸、豆萁、麻秸等 4 种；无机肥料：石灰、石膏、食盐、卤水、硫黄、黑矾、螺灰、蛎灰、蛤灰、蚝灰等 10 种；杂肥：各类禽毛畜毛、鱼头鱼内脏、蚕砂、米泔、豆壳、蚕蛹、浴水、洗衣灰汁等 40 余种，总计有 130 余种。可见明朝时期我国肥料种类的丰富，其中有机肥料占绝大多数，反映了我国古代以有机肥料为主，无机肥料为辅的肥料结构特点。这一时期肥料的发展，有两方面特别受到人们的重视：一是养猪积肥。明代袁黄在《宝坻劝农书》中全面介绍了蒸粪法、煨粪法、酿粪法、窖粪法等有机肥制作方法，书中说："北方猪羊皆散放，弃粪不收，殊为可惜。"竭力主张圈养以积肥。明末《沈氏农书》记有："种田地，肥壅最为要紧，养猪羊尤为简便，古人云'种田不养猪，秀才不读书'，必无成功……"二是种植绿肥。当时绿肥种类之多，是历史上所从未有过的，其中扩大紫云英的种植又是当时的重点。这是因为紫云英是一种豆科植物，肥效好，同时又因为紫云英鲜草量高，"一亩草，能壅三亩田"。所以特别受到人们的重视，这里还值得提及的，就是红萍的养殖。

清代《马首农言》记有："猪……不可放于街衢，亦不可常在牢中，宜于近牢之地，掘地为坎，令其自能上下……坎内常泼水添土，久之自成粪也。"这都是北方提倡用圈养猪来积肥的情况。在南方，情况更是如此。据光绪二十四年（1898）《农学报·各省农事述·浙江温州》中记载，当时温州地区已经养萍作肥料，"温属各邑农人，多蓄萍以壅田，养时萍浮水上，禾间辄为所压，不能上苗，夏至时萍烂，田水为之变色，养苗最为有益。久之，与土化合，便成肥料，苗吸其液，勃然长发，每亩初蓄时仅一二担，及至腐时，已多至二十余担。"这是目前所知我国稻田养萍的最早记载，由此也反映了清代千方百计扩大肥源的情况。

由上可知，我国农耕历史就是有机肥的发展史，也是有机农耕的历史，其中沤肥、厩肥等发酵肥料在其中发挥了积极作用。

第三节　酵素的历史溯源

酵素（jiaosu）一词源于日本。从狭义上说，酵素就是酶（enzyme），是生物体内产生的具有催化作用的蛋白质，是一种生物催化剂。生物体内的化学反应几乎都是在酶催化下以很高的速度和明显的方向性进行的。

早在数千年前，中国人民就会酿酒、制醋、造酱和制饴，其生产工艺实际上都与当时尚未认知的酶对发酵过程的催化有关。近代最早关于酶的文献记载是1833年佩伊（P. Payer）和玻查斯（J. F. Persoz）从麦芽抽提液的酒精沉淀物中获得淀粉酶的报道。1878年，库奈（W. Kuhne）引入了酶一词，以代表“酵母中”的催化剂。1926年萨那（J. B. Sumner）从刀豆中提取并结晶出脲酶，成为纯化酶蛋白的先驱。

1961年国际生化会议（The International Union of Biochemistry，IUB）酶委员会（The Enzyme Commission，EC）确定了酶的命名原则，每个酶可有一个习惯名称和一个系统名称。习惯名称以催化反应的底物和反应类型为依据，通俗易懂，为人们所惯用。如作用于蛋白质的酶称为蛋白酶，催化基团转移的酶称为转移酶等。系统名称的组成包括底物名称、底物构型和反应类型，后以“酶”字结尾。如习惯名称为谷丙转氨酶的系统名称为L-丙氨酸：α-酮戊二酸氨基转移酶。上述机构还把酶分为氧化还原酶类、转移酶类、水解酶类、裂解酶类、异构酶类和合成酶类六大类。

酶工程（enzyme engineering）是利用酶或细胞、细胞器等所具有催化功能，借助于工程学手段提供产品并应用于工农业生产、环境保护以及医药临床诊断和监测等方面的一门技术。酶包括工业用酶和农业用酶，应用最广泛的有淀粉酶、蛋白酶、果胶酶、纤维素酶等。

酶在生物代谢活动中的重要性说明，没有酶就没有生命。研究酶的性质及其催化机制对于了解生物的代谢规律，探索动植物代谢异常和病害预防具有重要意义。

酵素作为一种产品，完全不同于狭义上的酶。据日本山内慎一所著《保健食品袖珍宝典》记述，“酵素”在日本的原名是“植物酵素エキス”，译成中文是“植物之酶的提取物”或“植物酶提取之精华”之意，是用小麦、米胚芽和大豆等植物原料，由乳酸菌或酵母发酵所制成的发酵食品。食之所以有益健康，主要是该提取物中含有黄酮类、植物色素和超氧化物歧化酶（SOD）等活性成分，可消除人体中有害健康的活性氧。此外，还得益于其中的乳酸菌和酵母的整肠作用，可抑制大肠中的腐败菌和胺类等毒素的生成。

微生物酵素在农业上的应用源于酵素菌。酵素菌是一个商品名称，不属于专业名词。1995 年，中国科学院院士、中国农业大学李季伦教授主持“酵素菌技术推广”科技成果鉴定时对“酵素菌”一词做了系统阐述。

酵素菌（jiaosu microorganisms）是由细菌（bacteria）、酵母菌（yeast）和丝状真菌（mold，霉菌）组成的好气性有益微生物群。酵素菌含有 24 种有益微生物，主要包括酿酒酵母（*Saccharomyces cerevisiae*）、清酒假丝酵母（*Candida silvicola*）、接合酵母（*Zygosaccharomyces* sp.）、粉状毕赤酵母（*Pichia farinosa*）、枯草芽孢杆菌（*Bacillus subtilis*）、地衣芽孢杆菌（*Baclicus lincheniformis*）、巨大芽孢杆菌（*Bacillus megaterium*）、植物乳杆菌（*Lactobacillus plantarum*）、米曲霉（*Aspergillus oryzae*）、黑曲霉（*Aspergillus niger*）等。

1994 年 5 月，山东省潍坊市在国内首次全面推广应用酵素菌技术。5 月 30 日，在诸城市召开了“全市酵素菌技术推广工作现场会”，将利用酵素菌快速堆腐农作物秸秆技术作为酵素菌技术推广应用的切入点，从此酵素菌应用技术在潍坊大地轰轰烈烈地开展起来。7 月 7 日，举办了“全市酵素菌技术推广培训班”。9 月 26 日，《中国信息报》在头版头条刊发了“为使土地更肥沃——山东省潍坊市实验微生物农法”一文，指出“潍坊市微生物农法的实验，将对我国持续农业的发展起到促进作用”。1995 年 1 月，在青州市召开了“全市酵素菌技术推广应用工作现场会议”，提出了大力发展无公害蔬菜和加强无公害蔬菜出口的要求，并成立了“潍坊市推广应用酵素菌技术领导小组”和“潍坊市推广应用酵素菌技术指导小组”。2 月，利用酵素菌饲料添加剂喂养蛋鸡试验获得成功，饲喂酵素菌饲料添加剂的蛋鸡产蛋率同比提高 10%，饲料报酬率提高 8%，蛋鸡不再发生消化道疾病，鸡舍臭味、氨味减轻，养殖环境改善。项目通过了潍坊市科学技术委员会组织的科技成果鉴定。3 月 28～30 日，时任山东省委副书记陈建国来潍坊调研，高度评价了酵素菌技术的推广应用。4 月 7 日，酵素菌技术被正式写入“潍坊市农村工作会议”的报告。7 月 1 日，新华社刊发了山东省寿光市推广应用酵素菌的情况。12 月 10 日，酵素菌堆肥专用车研制成功并通过了潍坊市科学技术委员会组织的专家验收评审。同年，高亮主持参加的“潍坊市酵素菌技术推广”课题荣获潍坊市科技进步一等奖。酵素菌技术被国家科委列入“国家级星火计划项目”。

1996 年 5 月，成功研制出了利用酵素菌堆腐农作物秸秆，种植平菇、双孢菇、草菇和金针菇技术，实现了“两菌结合”，效益倍增。9 月，高亮参与的“利用酵素菌技术克服西瓜重茬”课题通过了潍坊市科学技术委员会的科技成果鉴定。

1997年4月，在第四届中国花卉博览会暨首届中国花卉交易会上，高亮主持的“酵素菌花卉专用肥”荣获花肥二等奖、中国（泰山）专利技术及新产品博览会金奖，“酵素菌技术推广应用成果”获花博会科技成果二等奖。7月30日，全国农业技术推广服务中心在潍坊召开了“全国秸秆快速堆腐技术现场会”，全国各省（自治区、直辖市）从事土壤肥料工作的领导和专家参加了会议，与会代表对潍坊市利用酵素菌快速堆腐农作物秸秆技术给予充分肯定和高度评价。8月28～29日，农业部在山东省桓台县召开的“全国秸秆禁烧暨综合应用现场会”上，把酵素菌作为一项成熟技术产品面向全国推广。

1998年，《科技日报》先后于4月13日和5月11日在头版头条对酵素菌成果作了报道。高亮等人的“酵素菌种分离及菌株的微生态学研究”课题成果荣获山东省科技进步三等奖、潍坊市科技进步二等奖、潍坊医学院科技进步二等奖。高亮撰写的论文“酵素菌肥在蔬菜上的应用”荣获中国“九五”重点科技成果奖。5月，全国农业技术推广服务中心将酵素菌技术列入“全国丰收计划培训工程”。同年，酵素菌技术被列入山东省高新技术项目和山东农业十大技术之一。

1999年后，酵素菌技术日趋成熟，除潍坊市外，山东省烟台市、威海市、青岛市、莱芜市、济宁市都先后建立了酵素菌肥生产企业，推广领域进一步扩大。湖南、河南、北京、宁夏、山西等省、自治区、直辖市也纷纷建厂生产，有的省内厂家多达几十家，培植了一大批有说服力的典型，为酵素菌技术在全国推广奠定了良好的基础。与此同时，由于各地都加大了科技投入，加强了科研开发的力度，人们对酵素菌的认知更加深入，许多地方也总结出具有鲜明地方特色的先进经验，酵素菌的生产、应用更加科学、规范。

随着酵素菌技术在全国推广应用，以潍坊市酵素菌技术研究所高亮所长为代表的科研团队，加大科技攻关力度，逐步掌握了酵素菌中主要微生物组成和复配技术，降低了菌种成本，大大拓展了酵素菌技术的应用领域，形成了以酵素菌为核心，以特定功能微生物为补充的新型酵素菌系列产品。高亮主持的“利用枸杞枝条发酵生产枸杞专用肥及其产业化开发”课题，通过了宁夏回族自治区科学技术厅组织的科技成果鉴定；主持的“规模化养猪场生物除臭与生物肥产业化开发”及“养猪场环境的生物控制与系列微生物菌剂研发”课题先后通过了山东省科技厅组织的科技成果鉴定，并荣获山东省德州市科技进步二等奖，两个项目的推进大大改善了养猪场的养殖环境，酵素菌技术的应用得以进一步延伸和提升；主持的“利用钢渣、醋糟、风化煤生产生物肥及其产业化开发”课题通过山西省科技厅组织的科技成果鉴定，获得2010年度太原市优秀科技项目二等奖，该成果在科学高效利用固废方面探索了一条有效途径；主持的“山西省盐碱地生物改良技术研究”项目通过了山西省科技厅组织的科技成果鉴定，并荣获2011年度太原市优秀科技项目三等奖，该项目的推进，不仅对我国内陆盆地盐碱地、大江大河盐碱地、滨海盐碱地及保护地土壤的次生盐渍化土壤改良有一定的借鉴作用，还对腐殖酸高效利用和新型肥料研发提供了物质基础。高亮参加的“黄棕腐殖酸钾提取及应用研究”课题获得太原市优秀科技项目三等奖，提取黄棕腐殖酸钾后的残渣成为制约腐殖酸行业发展的瓶颈之一，为此，高亮在国内率先提出并利用复合酵素菌种发酵腐殖酸工业废渣（黑腐酸）生产腐殖酸生物肥，并实现了产业化开发。该技术产品现已在国内腐殖酸行业全面推广，全国绝大多数腐殖酸盐提取企业的腐殖酸废渣被重新发酵利用，变废为宝，获得了巨大的经济效益、社会效益和生态效益。高亮主持的“腐殖酸在设施蔬菜连作障碍综合治理上的应用研究”于2016年通过山西省科学技术厅组织的科技成果鉴定，腐殖酸与酵素菌的双重互补效应得到验证，项目成果总体达到国内领先水平。该项目利用酵素菌发酵风化煤产生腐殖酸，集合了微生物和腐殖酸的优势，在设施蔬菜连作障碍综合治理上成效显著，现已在山西、山东、云南、北京、河南、辽宁等地推广应用，效果明显。2017年，高亮主持了“中药渣生产生物有机肥及其产业化”项目，利用专门配制的酵素菌种发酵中药渣制备出用于盐碱地改良的生物有机肥，项目成果达到国内领先水平，5年来仅在吉林省大安市改良苏打盐碱地4 333.3公顷，为此《人民日报》（2021年5月7日）作了报道。2018年，高亮主持的“酵素农产品GAP标准化生产体系建设”课题，通过了中科合创（北京）科技成果评价中心主持的科技成果评价，这是对酵素农业的积极探索和实践，课题成果达到国内领先水平。2019年，高密大金钩韭菜利用酵素除草、酵素腐殖酸肥沃土、病原线虫防止韭蛆获得成功，酵素韭菜大受欢迎。2020年，京蒙精准帮扶项目在内蒙古自治区赤峰市翁牛特旗杨家营子现代农业示范基地全面推广酵素农业，利用设施大棚种植热带水果获得成功。2021年，高亮、孙继发主持参加的“酵素和纳米硒对芽苗菜生长发育的影响研究”课题通过了山东省专家组的项目验收，酵素农产品得到消费者的青睐。此外，酵素菌在水产养殖上的作用也被各地成功实践。

随着酵素菌技术的推广应用，谭德星、高亮编著的《中国酵素菌技术》于2016年正式出版发行，得到全国各地读者的广泛好评，酵素菌技术应用得到空前的重视，应用范围和领域得到拓展。与此同时，随着功能农业的兴起，高亮团队在国内首次提出了“酵素农业”的概念，并逐步完善了理论基础，还在实践中大力发展酵素农产品，培育酵素农产品生产基地、家庭农场和专业合作社，取得了明显的效果。与此同时，酵素农产品得到迅速发展，酵素芽苗菜荣获全国创业创新大赛一等奖，“黄金籽”酵素番茄获得第五届山东省农村创业创新项目创意大赛一等奖。酵素豆芽、“黄金籽”酵素高糖番茄、高密酵素大金钩韭菜、莱阳青青大地酵素秋月梨等节目在中国广播电视总台《致富经》、山东电视台《乡村季风》播出，反响良好。

截至2021年6月30日，全国各省、自治区、直辖市均有关于酵素菌的报道。据统计，在国内公开发表的有关酵素菌的科技文章、学术论文共计872篇，专利134项，科技成果30多项。

潍坊市酵素菌技术研究所是国内唯一一家专业从事酵素菌技术研究的科研机构，成立于1994年，在20多年中先后取得了15项科技成果、6项发明专利，发表了140多篇学术论文和科技文章。潍坊加潍生物科技有限公司全套吸纳了酵素菌技术科研成果，丰富完善了微生物发酵生产微生物肥料和微生物饲料添加剂的技术标准体系，同时聚集了国内外一大批专家学者，针对生产中出现的问题或前瞻性问题进行了分批次、分步骤的科技攻关，研制出适合不同用途的酵素菌种，并实现了工业化生产和产业化开发。潍坊加潍生物科技有限公司十分重视科技成果转化，先后与全国20多个省（自治区、直辖市）100多家单位建立了“政经产学研用”联盟，帮助企业新上微生物肥料项目，改善生产工艺，实现产业升级。目前，潍坊加潍生物科技有限公司在微生物肥料、腐殖酸肥料等研发方面处于国内领先水平。

第二章 微生物酵素并不陌生

微生物在我们的生产生活中扮演着重要角色，就像空气和水一样，常常被人们所漠视，但很难想象没有微生物的世界将会是怎样？森罗万象的微生物世界，从最小的病毒到单体最大的真菌，形形色色的物种丰富着我们的地球家园。即使到了科技高度发达的今天，我们对微生物的认知也可以说才刚刚入门，前面的路还很长。

第一节 微生物概述

微生物（microorganism）是肉眼看不见的微小生物，包括细菌和类似的微小生物、噬菌体和病菌、酵母菌、霉菌，以及一些微小的藻类植物和原生动物。微生物的生命活动对农业生产有着重大的意义。

微生物的固氮作用是土壤中含氮物质的根本来源，土壤中含氮物质的积累、转化和损失与微生物的活动有着十分密切而复杂的关系。微生物对于岩石矿物的风化也起着十分重要的作用。岩石矿物质被微生物分解后变成可溶性的无机化合物，可被植物吸收利用。每克土壤中含有几亿到几十亿个微生物，这些微生物使得土壤具有了生物的性能。

耕作、施肥、浇水等农业技术措施对土壤微生物的生命活动起着不同程度的影响，这些影响改变了土壤中微生物生命活动的性质和强度，反过来也就改变了土壤肥力（soil fertility）。衡量土壤优劣的指标是土壤肥力，土壤肥力有五个指标，即水、肥、气、热、微生物，其中微生物数量和种类是土壤生物肥力的重要体现形式，称之为土壤生物肥力，能反映出土壤的肥沃程度。

一、微生物世界的发现

17 世纪，荷兰学者列文虎克（Antonie van Leeuwenhoek）用自制的显微镜观察和发现了许多微小生物，包括一些细菌和原生动物。微生物世界的发现对当时热烈争论的生物起源问题产生了巨大影响，由此产生的一些观念、研究方法和研究成果成为19世纪微生物学大发展的基石。

二、微生物区系

微生物区系（microflora）是指在一定生态环境条件下的微生物数量、种类及其相互关系。自然界中生态环境千差万别，在不同的生态环境中，如土壤、水体、空气、肠道等都有着其特定的微生物区系。

土壤是一个极其复杂的自然体，没有任何一种培养基或培养条件能够同时培养出土壤中所有的微生物。因此，进行土壤微生物区系分析时需采用多种培养基和培养方法去培养不同的土壤微生物类群，并了解它们在数量、生理生化、繁殖等方面的特点。通常的方法是，除采用普通培养基分别测定好气性细菌、放线菌和真菌的总数外，还需要采用选择性高的培养基和特殊培养方法测定不同的生理群及其数量。通常测定的微生物类群包括固氮菌类、氨化细菌类、硝化细菌类、反硝化细菌类、硫酸还原细菌类、纤维分解细菌类、纤维分解真菌类、厌气性细菌类等。

三、微生物的生态系

（一）土壤微生物的生态系

在土壤中生活着约有近万种微生物，一把土中生活着由细菌、真菌、放线菌、蓝藻菌类、原生动物等组成的数亿个极其微小的生物，还有线虫类、壁虱类以及蜘蛛、甲虫、蚯蚓等多种虫类及一些不特别注意都难于观察到的虫类的幼虫等，是它们的活动孕育着土壤的生命，维持着土壤功能。这些生物与土壤生态环境构成一个共生共荣又互相制约的关系，保持着土壤的微生态平衡。

在土壤中生生不息的生物，按其生理条件划分，可分为腐生性生物和寄生性生物两大类。腐生性生物是以动植物残体作为营养源来繁殖的生物。寄生性生物是寄生在活着的动植物体上，从该物体上摄取养分来生活的生物，如寄生于豆科植物根部的根瘤菌是有益的生物，但它们的寄生会造成豆科农作物生物学产量的降低，而植物的各种病害大都是由寄生性生物引起的。

1. 土壤是一种有机无机生物复合体 在耕作土壤中，无机矿物质一般占95%以上，有机质在5%以下。尽管土壤中有机质含量不足5%，很多农田中的有机质含量只有1%左右，但对土壤肥力却起着十分重要的作用。土壤有机质是在土壤的形成和发展过程中，以土壤为生活环境，植物、微生物及其他生物生命活动的产物。

土壤中的残根、枯叶及翻入土壤中的植物残体，在它们没有发生变化之前，对于土壤肥力的影响是比较小的。这些植物残体在微生物等的作用下腐烂分解产生可被植物吸收利用的养料，进而通过腐殖化过程形成了土壤腐殖质（humus）。腐殖质具有胶体属性，其动态存在是衡量土壤肥力最重要的因素。而腐殖质本身也在不断地形成和分解。在耕作层土壤中腐殖质的形成和分解相当快，每年的更新率高达2%左右。以每667米^{2}土壤含腐殖质4 500千克计算，每年要分解掉100千克左右的腐殖质，与此同时也大致形成数量相当的新的腐殖质。

尽管土壤腐殖质的形成和分解很快，但相对于其他有机成分的形成和分解还是很缓慢的。可以看到，土壤表面每年都有郁郁葱葱的绿色植物，在土壤中也进行着十分旺盛的生命活动，其中微生物的生命活动是最旺盛的。在土壤中，数量庞大、种类繁多的微生物群时刻进行着物质代谢和能量转换，从而引起土壤理化性状的变化。侯光炯院士把土壤称作“拟生物”，就是说，作为自然实体的土壤具有生物的某些基本属性，即新陈代谢。土壤的代谢性是无机有机生物复合体的代谢性能，又称为土壤的生物活性。

2. 土壤是微生物生活的优良载体 “土壤是活的”，土地是一个“生命体”，其中的主角就是土壤微生物。1克土中大约含有1亿个活菌，即使在相对贫瘠的土壤中微生物的数量也能达到数百万至数千万个。

土壤能够满足大多数微生物的生活条件，是自然界中微生物生长繁殖的优良载体。土壤中的矿物质为微生物提供了所需要的矿质营养，土壤中每年都有大量死亡的动植物残体加入，加上耕作层土壤施入的各种肥料，源源不断地供给微生物生长繁殖所需的有机营养和矿质营养。

土壤的持水性为土壤微生物提供了水分保障。虽然土壤中的水分状况因土壤质地、耕作方式、季节、气候和植被状况的不同而变化，但一般都能满足微生物的需要。当土壤干旱时，也限制了微生物的生长繁殖和群落分布。

土壤具有一定的孔隙度，也具有一定的通气性。当土壤水分饱和时，由于孔隙中充满了水，排出了空气，使土壤基本处于厌气状态，不利于好氧菌的生活，但为厌氧菌创造了有利的环境条件。在排水良好的土壤中，土壤孔隙中既有水又有空气，好氧菌在其中生长旺盛繁殖良好。土壤孔隙有大有小，小孔隙的毛细管作用强，经常充满水分而处于厌气状态，在小孔隙中生活着厌氧菌；而大孔隙中只在边缘吸附了一层水膜，中间为空气所占据，在大孔隙周围的水膜内，生活着好氧菌。土壤水分不断变化，通气状况也随之变化，好氧菌和厌氧菌的相对数量也发生着相应变化。

土壤的 pH 值通常在 3.5～10.5 之间，大多数在 5.5～8.5 之间，多数微生物生活在这种适宜的土壤环境中，然而，即使在强酸性土壤和强碱性土壤中也存在着一定的微生物种群。

土壤具有保温性，其温度变化比空气温度变化幅度要小得多，即使在冬季地表结冰，土壤中仍有些微生物能够正常生长、发育和繁殖。

3. 土壤微生物

（1）土壤微生物的种类和数量　土壤是一个庞大的生态系统，地上生长着茂盛的植物，地下除了硕大的植物根系外，还有蚯蚓、线虫等生物以及数量、种类繁多的微生物群。土壤每时每刻都在进行着复杂的物理、化学和生化反应，一年四季展现出大自然的神奇变化，而统治着这一生态系统正常运转的核心就是土壤微生物群。

土壤微生物的种类很多，不同土壤的性质存在差异，其中微生物群的组成成分和数量也各不相同。每克肥沃土壤中含有几亿至几十亿个微生物，贫瘠土壤含有几百万至几千万个。土壤中的微生物以细菌最多，其作用强度和影响范围也最大，放线菌和真菌次之，藻类和原生动物的数量较少。

1925 年，温诺格拉斯基（Winogradsky）将土壤微生物，特别是细菌分为两大类：自生微生物和发酵微生物。根据微生物在土壤中的存在情况，分为土著微生物和外来微生物；按其生理条件，又分为腐生性生物和寄生性生物两大类型。

①细菌（bacteria）。细菌占土壤微生物总数量的 70%～90%，主要是腐生菌。腐生菌积极参与土壤有机物质的分解和腐殖质的合成。细菌在土壤中的分布以土壤表层为最多，随着土层的加深而逐渐减少，但厌气性细菌的含量比例则以下层土壤中为多。1 克耕作层土壤平均含有 3×10^9 个细菌，体积为 0.6～1.5 毫米^3，活重 0.6～1.5 毫克。以每 667 米^2 耕作层土壤重约 15 万千克计，则每 667 米^2 耕作层土壤中细菌总质量为 90～225 千克。

细菌存在于各种土壤中，无论是常年低温的南极、北极地区，还是干旱高温的沙漠地区都有细菌的存在。部分细菌具有形成孢子的能力，孢子具有坚硬的外壳，有助于细菌在极端不利环境中生存。此外，细菌的数量和类型受到土壤类型及其微域环境、有机质、腐殖酸、耕作方式等因素的影响。通常情况下，耕地中细菌的种类和数量明显多于未开垦的土地；细菌在植物根际部位最多，在非根际土壤中较少。细菌不是在土壤溶液中自由存在的，而是与土壤颗粒紧密结合或嵌入有机质中，即使添加了土壤分散剂，细菌也不会完全从土壤颗粒中分离出来作为单个细胞在土壤中分布。土壤团聚体内部含有较高水平的革兰氏阴性菌，而外部含有较高水平的革兰氏阳性菌。

②放线菌（actinomycetes）。土壤中放线菌数量也很大，仅次于细菌。1克土壤中放线菌的孢子量为几千万至几亿个，约占土壤微生物总量的5%～25%，在有机质含量高的偏碱性土壤中所占的比例高。它们以分枝的丝状体缠绕在有机物碎片或土壤颗粒表面，扩散在土壤孔隙中，断裂成繁殖体或形成分生孢子，数量迅速增加。放线菌的体积比细菌大几十倍至几百倍，其生物量同细菌相当。放线菌多在耕层表面分布，但放线菌在土壤微生物总种群中的比例随着土壤深度的增加而增加，即使从土壤剖面的底层土中也能分离出足够数量的放线菌。土壤的泥土气味是放线菌产生的挥发性产物的气味。

对于放线菌来说，影响其种群数量的主要因素是土壤pH值。放线菌不耐酸，当pH值达到5.0时其数量开始下降。在干旱、半干旱的沙漠土中维持着相当数量的放线菌种群，土壤淹水不利于放线菌生长。放线菌适宜的pH值为6.5～8.0，适宜的生长温度为25～30℃。

③真菌（fungus）。真菌广泛分布于土壤耕作层中，1克土壤含有几万至几十万个。真菌菌丝比放线菌长几倍至几十倍，其生物量和细菌和放线菌相当。真菌的菌丝体分布在有机物碎片或土壤颗粒表面，向四周扩散，并蔓延到土壤孔隙中，产生孢子。土壤真菌大都是好气性的，在土壤表层发育。一般耐酸性，在pH5.0时，土壤中细菌和放线菌发育受限制，但真菌仍能生长而提高数量比例。

土壤中有机质的质量和数量直接影响土壤真菌的数量，这是由于大多数真菌在营养上是异养的。真菌适应性强，在酸性土壤中真菌占主导地位，在中性、微碱性土壤中同样含有一定数量的真菌，即使当pH值达到9.0时也能分离出真菌。耕作土壤中含有丰富的真菌，真菌数量呈季节性波动。真菌在土壤中的主要功能之一是促进有机物质的腐解，促进土壤团聚体的形成。

④藻类（algae）。土壤中存在许多藻类，大多数是单细胞的硅藻或呈丝状的绿藻和裸藻。藻类细胞内含有叶绿素等光合色素，能利用光能将CO_2合成有机物质。表层土壤中藻类更加丰富。蓝藻（cyanobacteria）是土壤中最常见的

藻类。土壤中很多类型的藻类具有固定空气中氮的能力，是土壤中氮富集的重要渠道。此外，许多土壤中的蓝藻可抵御长期干旱。土壤中藻类数量不及土壤微生物总量的1%，生物量约占细菌的1/10。

⑤原生动物（protozoon）。土壤中的原生动物，主要有纤毛虫、鞭毛虫和根足虫等，单细胞，能运动，形体大小存在很大差异，通常以分裂方式进行无性繁殖。原生动物以有机物为食料，吞食有机物残片，对有机物质的分解起着一定的作用。在潮湿的土壤中原生动物保持成囊幼虫的形式，每克湿土中大约含有1 000只原生动物。据报道，土壤中原生动物的数量与植物根系的生长有关，也间接地与土壤养分状况有关。

⑥噬菌体（bacteriophage）。噬菌体是以细菌为食的病毒，是土壤中最小的“居民”，在光学显微镜下看不见，只能在电子显微镜下可见。噬菌体主要攻击细菌和放线菌。噬菌体具有头状和尾状结构，尾巴附着在细菌表面并进入宿主的原生质。当噬菌体繁殖时会释放出更多的后代噬菌体，重新感染新的细菌细胞。

⑦线虫（nematode）。线虫从原生动物、细菌、真菌、植物组织中获得生长和繁殖所需要的营养物质。线虫分为肉食性线虫和植食性线虫两大类，其中肉食性线虫以小杆线虫（*Rhabditis* sp.）为代表，植食性线虫以根结线虫（meloidogyne）最具代表性。

⑧病毒（virus）。人们在土壤中发现了动物和植物病毒，然而病毒在土壤中的作用尚未得到充分证实。病毒（噬菌体）可侵染细菌和放线菌，近年来的研究发现真菌也能遭受病毒攻击，称之为真菌攻击病毒（mycovirus）。

（2）土壤微生物间的相互关系　在土壤中各种微生物处于群居杂处状态，形成了一定的关系，它们之间互为条件，彼此影响，既有协调联合、互惠互利，又有竞争制约、互相排斥。

①互生关系。互生关系是土壤微生物间广泛存在的关系，其作用和影响也最大。土壤中好氧菌的呼吸，消耗了周围土壤空气中的氧气，造成了微域环境中的缺氧状态，为厌氧菌的生活提供了条件，使厌氧菌同好氧菌共同生活在表层土壤中。

固氮菌和纤维分解菌之间也存在着互生关系：固氮菌需要适合的糖作为碳源和固氮作用的能量来源，但固氮菌不能分解和利用纤维素；纤维分解菌在分解纤维素的过程中产生糖、醇和有机酸，供给固氮菌碳源和能量。当两者生活在一起时，纤维分解菌的活动促进了固氮菌的发育，也利用了固氮菌分泌的氮化物为养料，互为对方创造了有利条件，促进了彼此的发育，并加强了各自的作用。

②共生关系。地衣在岩石分解和土壤形成过程中起着十分重要的作用。地衣是由两种微生物共生而成，属异养性真菌，如子囊亚门菌（Ascomycotion）或担子亚门菌（Basidiomycotina）从周围环境中吸收水分和养分，供给自身和绿藻或蓝纤维藻（*Dactylococcopsis* sp.）的需要，而绿藻或蓝纤维藻进行光合作用合成的碳水化合物除供应自身需要外，也供给真菌。固氮的蓝纤维藻也给真菌提供氮素营养，两者互为共生。根瘤菌（*Rhizobium* sp.）与豆科植物共生形成根瘤，内囊菌和子囊菌与某些植物的根共生形成菌根，则是微生物与高等植物间的共生现象。

③拮抗关系。拮抗是指一种微生物的生命活动抑制另一种微生物的生长发育，甚至毒害或杀死另一种微生物。拮抗关系在土壤微生物间是广泛存在的，各种抗生素对其他微生物有特异性的抑制作用。放线菌中链霉菌（*Streptomyces* sp.）普遍能够产生放线菌酮等抗生素，对细菌、真菌具有一定的抑制作用。

④寄生关系。一种微生物寄生在另一种生物体上，从后者吸取养料，前者称为寄生物，后者称为寄主。在寄生关系中，只有少数不表现有害，多数为害寄主，使后者发生病害或死亡。植物病害属于此类微生物寄生在植物体上为害植物正常生长发育的现象。

⑤猎食关系。土壤中的一些原生动物、线虫猎食土壤中的细菌、放线菌和真菌的孢子以及单细胞藻类。

（3）土壤微生物区系　土壤微生物区系是指土壤中生活着的细菌、放线菌、真菌、藻类和原生动物所组成的微生物群体。土壤微生物区系随季节变化，在一年中，土壤中有机质的状态和数量变化很大，因而明显地改变着微生物的营养状况。在植物旺盛生长的季节，根系的脱落物和分泌物是土壤微生物主要的有机养料，秋后一年生植物死亡，残根枯叶的腐烂分解也是土壤微生物的主要有机养料，显然它们能够供养的微生物种类和数量也是不同的。

根据土壤中有机养料供应情况而发育的微生物区系可分土著性区系和发酵性区系。土著性区系是指那些对新鲜的有机物不很敏感的区系组分；发酵性区系是指在有新鲜动植物残体存在时爆发性地旺盛发育，而当新鲜残体消失后又很快衰退的区系组分。土著性微生物主要有革兰氏阳性球菌（*Agrococcus* sp.）、节杆菌（*Arthrobacter* sp.）、色杆菌（*Erythrobacter* sp.）、分枝杆菌（*Mycobacterium* sp.）、芽孢杆菌（*Bacillus* sp.）、放线菌（*Actinoplanes* sp.)、青霉菌（*Penicillium* sp.）、曲霉菌（*Aspergillus* sp.）和丛霉菌（*Arthrobotrys* sp.）；发酵性微生物包括革兰氏阴性不动杆菌（*Acinetobacter* sp.）、酵母菌（*Bannoa* sp.）、链霉菌（*Streptomyces* sp.）、根霉菌（*Bullrra* sp.）、木霉菌（*Trichoderma* sp.）、镰刀霉（*Fusarium* sp.）等。

（4）农业生产中可利用的土壤微生物　农业生产中有益微生物几乎全部是腐生性微生物，特别是好气性的微生物占多数，其中好气性的细菌如枯草芽孢杆菌（*Bacillus subtilis*）、放线菌，酵母菌如毕赤酵母（*Pichia* sp.），真菌如根霉、木霉等对农业生产是十分有益的。

（二）植物-微生物生态系

1. 根际微生物

（1）根际环境　根际是微生物生活特别旺盛的区域，根际土壤中微生物数量和根外土壤中微生物的比例，即“跟/土”比，能反映出根际环境的状况。在通常情况下，根际土壤中的微生物比根外土壤多几倍到几十倍。

（2）根际微生物区系　根际微生物的数量和种类不仅因植物种类而有差异，而且与植物的生长状况和发育阶段也有很大关系。根际微生物区系中以无芽孢杆菌类占绝对优势，大部分属于极毛杆菌、气杆菌和分枝杆菌，而放线菌和真菌则很少。兼性寄生和共生的微生物，由于寄主和共生植物的选择作用，在根际旺盛发育着。

（3）根际微生物对植物生长发育的影响　旺盛的根际微生物的代谢作用加强了有机物的分解，促进了植物营养元素的转化，微生物代谢中产生的有机酸，促进了土壤中磷、钾和其他矿质养料的可供给性。根际微生物的分泌物能刺激植物生长，许多极毛杆菌能产生多种维生素，丁酸梭菌能分泌B族维生素和有机氮化物，一些放线菌能产生维生素 B_{12}，固氮菌能分泌氨基酸、酰胺、硫胺素、核黄素、维生素 B_{12} 和吲哚乙酸。根际微生物分泌的抗生菌素类物质可减少农作物的土传病害。

2. 附生微生物　附生微生物是指着生在植株茎叶表面和根表面的微生物。茎叶表面的附生微生物以细菌为主，其次是酵母菌和少量的丝状真菌，放线菌很少；在成熟的浆果表面有大量的糖类分泌物，是酵母菌的天然附生环境。叶面除附着附生微生物营养体外，还附着了许多种微生物的孢子，它们在叶面基本上处于休眠状态。附生在根表面的微生物，通常集合成群体处于活跃的营养生长状况。

第二节　微生物酵素的概述

微生物酵素，又称酵素，最早是日本和台湾地区对微生物发酵水果等材料制成品的称谓，因其主要成分是各种酶，故而最初定名为酶（enzyme）。但因其组分复杂，无法用一个简单的名称表述出来，又称之为发酵液（fermented liquid）。其实，酵素存在于所有的活细胞内，它是细胞活力的启动机，使得细胞展示出各种生命现象。如果没有酵素，动物将丧失生命特征，植物无法进行光合作用，所有细胞将失去动力，生命也将不复存在。

正如美国自然疗法博士亨伯特·圣提诺在《神奇的酵素养生法》中所述，“人体像灯泡，酵素像电流，唯有通电后灯泡才会亮；没有了电，我们有的只是一个不会亮的灯泡而已。”

诺贝尔生理和医学奖获得者、美国著名生物化学家阿瑟·科恩伯格（Arthur Kornberg）说过，“对我们的生命而言，自然界中再也找不到像酵素那样重要的其他物质。”“真正赋予细胞生命和个性的是酵素。他们控制着整个机体，哪怕仅仅一个酵素的功能异常都可能致命。”

现在全世界都在倾力研究有关酵素是如何影响生物体健康这一课题，但酵素研究和实践被医学界广为认可却只是最近30年的事。中国工程院院士孙宝国在《食品酵素发展之管见》中指出，酵素就是jiaosu，不是enzyme（酶）；食用酵素是食品，不是酶制剂。江南大学、天津科技大学、北京工商大学、齐鲁工业大学等一批高校正在进行酵素基础理论的研究和实验，发表了多篇论文，对我国酵素产业发展起到了积极的作用。

一、酵素的定义

酵素是以动物、植物（果蔬、谷物、豆类等）、食药用菌、中药材等为原料经微生物发酵制得的具有特定活性成分的制品，这些活性成分包括各种酶、小分子有机酸、多肽、氨基酸、寡糖、维生素、黄酮、多酚类化合物、天然抗生素、荷尔蒙、矿物质等。

二、酵素的国际定名

酵素产业在国内如火如荼地发展起来，但要实现与国际接轨，其定名就显得尤其重要。在国内学者的积极努力和广泛呼吁下，尤其是国内学者在酵素科研领域取得的巨大成就，引起了国际社会的关注，酵素新英文名称也应运而生，沿用汉语拼音的标准读音“jiaosu”，该名称已得到美国SCI、北京大学核心期刊、美国化学文摘、日本科技振兴机构等国际学术界的认可。

三、酵素的分类

2016年，中国生物发酵产业协会发布的《酵素产品分类导则》标准中，将酵素按产品应用领域分为食用酵素、环保酵素、日化酵素、饲用酵素和农用酵素。按其生产工艺分为纯种发酵酵素、群种发酵酵素和复合发酵酵素；按发酵原料种类分为植物酵素、菌类酵素、动物酵素和其他酵素；按产品形态分为液态酵素、固态酵素和半固态酵素（表2-1）。

不同酵素品种间因其发酵微生物、发酵底物迥异，而使酵素成分有所不同，应用领域和使用效果也差异很大。

表2-1　酵素分类

酵素类别	定义说明
	按产品应用领域分
食用酵素	动物、植物、食用菌等为原料，经微生物发酵制得的含有特定生物活性成分的可食用的酵素产品。
环保酵素	以动物、植物、食用菌等为原料，经微生物发酵制得的含有特定生物活性成分的用于环境治理、环境保护的酵素产品。
日化酵素	以动物、植物、食用菌等为原料，经微生物发酵制得的含有特定生物活性成分的用于化妆品、口腔用品、洗涤用品等的酵素产品。
饲用酵素	以动物、植物、食用菌等为原料，经微生物发酵制得的含有特定生物活性成分的用于动物养殖的酵素产品。
农用酵素	以动物、植物、食用菌等为原料，经微生物发酵制得的含有特定生物活性成分的用于土壤改良、农作物生长、病虫害防治等的酵素产品。
	按生产工艺分
纯种发酵酵素	以动物、植物、食用菌等为原料，由人工培养的有明确分类名称的微生物发酵制得的含有特定生物活性成分的酵素产品。
复合发酵酵素	以动物、植物、食用菌等为原料，以纯种发酵和群种发酵两种工艺共同制得的含有特定生物活性成分的酵素产品。

（续）

酵素类别	定义说明
	按原料种类分
植物酵素	以植物为主要原料，添加或不添加辅料，经微生物发酵制得的含有特定生物活性成分的酵素产品的总称。
菌类酵素	以菌类为主要原料，添加或不添加辅料，经微生物发酵制得的含有特定生物活性成分的酵素产品。
动物酵素	以动物组织及其制品为主要原料，添加或不添加辅料，经微生物发酵制得的含有特定生物活性成分的酵素产品。

四、酵素品质的制约因素

做好酵素不容易，酵素品质的好坏受制于多种因素：一是发酵底物的质量；二是发酵微生物组成；三是发酵方式；四是发酵器物；五是发酵条件（温度、溶氧量、发酵浓度、pH、营养组分等）；六是工艺水平。

五、酵素的标准

酵素产品的相关标准是由中国生物发酵产业协会牵头制定，目前已公布实施的标准有：

T/CBFIA 08001—2016　酵素产品分类导则

T/CBFIA 08002—2016　食用酵素良好生产规范

T/CBFIA 08003—2017　食用植物酵素

QB/T 5323—2018　植物酵素

QB/T 5324—2018　酵素产品分类导则

此外，还有一些酵素及其产品的地方标准和企业标准。

六、酵素食品的制备

酵素食品是指以一种或多种新鲜蔬菜、水果、菌菇、药食同源中药材等为原料，经多种有益菌发酵而成的功能性制品，含有丰富的酶、维生素、矿物质和次生代谢产物等营养成分，具有抗氧化、美白、增强免疫力、改善肥胖等功效。

酵素食品感观评分标准见表2－2。

表2－2　酵素食品感官评分标准

项目	色泽（20分）	香气（35分）	口感（45分）
特级	色泽均匀，有光泽，呈自然金黄色 （20～15）	酱香气浓厚，浓浓的醇香 （35～27）	酸度、咸度、辣度适中，味道柔和，无苦涩等 （45～35）
一级	色泽均匀，稍有光泽，呈黄色 （15～11）	略有酱香气，淡淡的醇香 （26～18）	酸度、辣度、咸度过重或过轻，无苦涩等异味 （34～23）
二级	色泽不均匀，无光泽，表面呈暗黄色 （10～6）	浓香气较淡，无醇香 （17～9）	酸度、辣度、咸度过重或过轻，略带异味 （22～11）
三级	色泽不均匀，无光泽，暗黄色面积较大 （5～0）	无香气，无醇香 （8～0）	酸度失调，较大异味 （10～0）

第三节　微生物酵素的种类

微生物酵素是一个庞大的产品体系，包括农用酵素、环保酵素、食用酵素、饲用酵素、医用酵素等。

农用酵素的代表是酵素菌肥，包括用于土壤培育和地力保持的高温堆肥类，用于提供农作物营养的酵素有机肥类，用于提高农产品品质的酵素营养类，以及用于防治病虫害的植保酵素类等。环保酵素主要用于生物除臭、粪污发酵资源化利用、污水处理，以及各种工农业副产品，如中药渣、腐殖酸渣、糠醛渣、木糖醇渣、淀粉渣等的无害化处理。食用酵素既可用于人体食用，又可用于发展酵素芽苗菜等工厂化设施园艺作物的生产。饲用酵素用于畜禽消化系统、呼吸系统疾病预防，提高饲料报酬，减少药剂、抗生素使用，提高畜禽产品质量，保障产品安全健康。

以酵素菌肥为例，阐述微生物酵素的效果。

山东省潍坊市从1994年开始，在不同栽培作物上进行广泛的试验示范，1994—1995年全市酵素菌试验示范面积达10 000公顷，1995—1996年推广面积达20 000公顷，1996—1997年推广面积达65 000公顷。近年来，随着酵素农业的兴起，酵素农产品以其优良品质赢得了市场的广泛赞誉。除潍坊外，山东烟台、威海、青岛、临沂、济宁等市及河北、河南、江苏、浙江、辽宁、黑龙江、四川、贵州、陕西、广东、新疆、北京等省、自治区、直辖市先后从潍坊引进了酵素菌技术，进行了栽培试验，产生了一大批有说服力的典型，为酵素菌的生产和推广积累了丰富的经验，从而充实完善了酵素菌技术的内涵。

（一）在蔬菜上的应用情况

1. 黄瓜 多点试验表明，酵素菌肥能够促进黄瓜幼苗的生长发育，增强植株抗性，提高嫁接苗的成活率，植株健壮，叶片肥厚，节间较短。提早收获5～10天，延迟拉秧15～30天。在设施栽培条件下，施用酵素菌肥的黄瓜，667米^2 产量5 432.6千克，比没施用（对照）的增产9.26%。而且瓜条顺直，畸形果率下降39.46%；果实含糖量为1.9%，明显高于对照（1.5%），每100克鲜重维生素C含量为10.118毫克，高于对照（每100克鲜重9.38毫克）。卢淑雯在高效节能日光温室中，进行黄瓜“酵素菌肥基肥＋追肥”与“有机肥基肥＋尿素”的对比试验。结果表明，施用酵素菌肥可使温室黄瓜采收期提早3～4天，延后8～10天；促进黄瓜生长，提高黄瓜品质；增强抗病性；具有明显的增产、增值作用，增产率达10%以上，每667米^2 增值769～865元。

2. 番茄 毛粉802番茄施用酵素菌肥后，表现为植株茎秆粗壮，叶色浓绿而厚，现蕾早，果实膨大快，无僵果，单株结实多，能充分体现品种的优良性状。畸形果、裂果少，甜度提高。据潍坊市寒亭区固堤镇农技站实验，施用酵素菌肥的番茄，667米^2 产量4 560.8千克，比没用的增产11.60%，增加纯收入758.72元。研究发现，酵素菌肥对番茄有显著的促进生长作用，株高、茎粗和叶面积在生长发育中后期显著提高；对番茄发育有一定的促进作用，但对植株第一花序节位和第一花序花数没有影响；对番茄产量提高呈极显著水平，667米^2 产量7 078.9千克，增产率37.23%～46.43%；酵素菌肥能显著改善番茄品质，糖酸比6.30，明显高于对照的3.65。

3. 生姜 山东省诸城、安丘、昌邑、青州多地在设施和露地生姜施用酵素菌肥试验表明，设施和露地每667米^2 平均产量分别为6 038.3千克和2 962.0千克，分别比对照（5 244.6千克和2 648.0千克），分别增产15.13%和11.86%，纯收入分别增加4 498.72元和1 812.40元。姜块肥大，姜瘟病、癞皮病明显减少；姜块纤维少，汁多，脆嫩，商品性状良好，耐贮藏。酵素菌肥对生姜的增产作用及对姜瘟菌的抑制作用的试验结果表明，施用酵素菌磷酸粒状肥对生姜有显著的增产作用，以酵素菌磷酸粒状肥与牛粪混合作基肥增产作用最佳，比单施牛粪作基肥每667米^{2}增产嫩姜317.3千克，增产率32.78%。

4. 洋葱　据潍坊市出口基地多点试验表明，洋葱育苗时，施用酵素菌肥可明显提高壮苗率。定植后，早春返青早，抽薹率下降58%，植株健壮，病害轻，特别是对紫斑病具有良好的抑制效果。667米^{2}产量6 490.3千克，比未施用对照（5 323.6千克）增产21.92%。鳞茎肥大，鳞片厚，脆嫩，汁多，辛辣，畸形鳞茎明显减少。以洋葱10004为试材，研究不同肥料处理的应用效果，筛选出酵素菌有机肥750千克/公顷作基肥+亿安神力微生物菌肥45升/公顷作追肥的处理效果最好，可显著提高洋葱产率、植株叶绿素含量、根系活力和鳞茎中维生素C含量。

5. 大蒜　山东省安丘、金乡、苍山以及江苏省邳州等大蒜主产区多点试验表明，酵素菌能够有效地减轻大蒜的重茬危害。播种后，出苗快，苗齐苗壮，早春返青早，叶片干尖轻，叶色浓绿，健壮，抽薹早，薹蒜（以蒜薹为主要产品的大蒜）产量提高8.7%～15.4%；头蒜（以鳞茎为主要产品的大蒜）产量提高12.7%左右。而且大蒜散瓣现象明显减少，畸形蒜也有一定程度的减少，深受蒜农的好评。在河北省永年县潮土区进行了大蒜施用酵素菌肥的效应试验，结果表明，施用酵素菌肥能提高大蒜产量和品质，能使土壤形成合理的微生物群落，改善土壤理化性状，提高土壤肥力。

6. 芸豆　试验表明，芸豆施用酵素菌肥后，发棵快，植株健壮，功能叶持续时间长，落叶、落花、落荚“三落”现象有所减轻，这一点在设施栽培上表现突出。667米^{2}产量3 533.5千克，比未施用对照（2 723.5千克）增产29.74%。芸豆荚果顺直，脆嫩，商品性好。田间观察中发现，芸豆锈病明显减轻，疫病也有一定程度的减轻。研究发现，酵素菌肥用作种肥可显著降低大棚菜豆疫病发病率和病情指数。

（二）在果树上的应用情况

1. 苹果　山东省潍坊、烟台、青岛、威海等市以及辽宁、陕西、山西等苹果产区施用酵素菌肥试验结果表明，在等价格施肥条件下，幼树枝条生长量（包括春梢和秋梢）增加20厘米左右，分枝数多2～3条，叶大而厚。对于结果早期的苹果，施用酵素菌肥后，花芽饱满，授粉受精率高，667米^{2}产量3 476.7千克，比未施用对照（2 685.8千克）增产29.45%，增加纯收入1 423.62元。一、二级果品率提高15.34%，果实较硬。苹果苦痘病、霉心病均有不同程度的降低。试验还发现，施用酵素菌肥的苹果百果重比对照增加2.8%～18.1%，百叶重提高1.6%～21.4%，树干周长增长量提高1.4%～

9.1%；苹果花青苷含量增加 1.99%～33.80%，总糖含量提高 1.01%，糖酸比提高 0.26～12.75，每 100 克鲜果维生素 C 含量提高 0.26～12.75 毫克。

2. 葡萄 山东省蓬莱、寿光、临朐，以及河北省秦皇岛等地试验结果表明，葡萄施用酵素菌肥后，萌芽快，叶色浓绿，花序饱满，花粉量大，果穗适宜，果粒大小均匀，落粒少，着色好，糖度高。对于酿造葡萄可溶性固形物含量显著提高；对于鲜食葡萄，表现为烂粒少，耐贮运，酸度降低，口感好，风味佳。研究表明，施用酵素菌肥的葡萄单果重增加 4.1 克，平均单穗增重 60.4 克，单株产量增加 1.42 千克，可溶性固形物含量增加 1.7%，可滴定酸降低 0.2%，每 100 克鲜果维生素 C 含量增加 0.6 毫克。

（三）在粮食作物上的应用情况

1. 小麦 通过对山东、河南、河北等省冬小麦施用酵素菌肥调查表明，酵素菌肥能够增加有效分蘖数，根系发达，茎秆粗壮，抗倒伏。每 667 米^2 穗数增加 3 万～4 万穗，穗粒数增加 0.9～2 粒，产量 435.6～627.4 千克，比对照（常规施肥）增产 5.2%～7.5%。在新疆巴里坤哈萨克自治县进行酵素菌肥应用试验，结果表明，施用酵素菌肥，每 667 米^2 平均单产 476.3 千克，比对照增产 24.7 千克，增产率 5.5%；示范地块小麦单产 462.2 千克，比常规施肥试验对照平均单产增加 10.6 千克，增幅 2.3%；每 667 米^2 施用基肥 20 千克、追施 3 千克酵素菌肥组合效果最佳，平均单产 505.1 千克，比对照增产 53.5 千克，增幅 11.8%。施用酵素菌肥可减轻小麦叶锈病、黑胚病的为害，平均叶锈病发病率比对照降低 46.6%，小麦籽粒黑胚病发病率平均减少 44.5%。施用酵素菌肥的小麦粗蛋白含量、湿面筋含量、面团最大强度、面团延伸性都有相应增加，尤其是沉淀值增加 20%，使小麦品质几乎跃升一个档次。

2. 玉米 玉米施用酵素菌肥后，发苗快，整齐，叶色浓绿，拔节快，根系发达，提早成熟 3～5 天。据山东省寿光市农技站调查统计，施用酵素菌肥的玉米，每 667 米^2 平均产量 489.4 千克，最高达 613.2 千克，增产 6.7%～8.5%。而且籽粒饱满，穗形整齐，无秃粒现象。

3. 水稻 水稻施用酵素菌肥后，秧苗发棵快，整齐，叶色浓绿，茎秆粗壮，根系发达，抗倒伏，分蘖数增多。据湖南省常德市、山东省临沂市、海南省海口市调查统计，施用酵素菌肥的水稻，平均增产 8.5%。黑龙江省佳木斯市应用酵素菌肥的试验结果表明，酵素菌肥具有激活土壤有益微生物，解钾释磷固氮效应，在水稻上施用肥效明显，对水稻的生长发育有促进作用。

（四）在大田经济作物上的应用情况

1. 棉花 对山东省滨州、菏泽、济宁、潍坊及河南省商丘等棉花主产区多点调查统计表明，施用酵素菌肥后，棉花植株生长健壮，单株开花数增加1～6个，单株成铃增多2～4.2个，蕾铃脱落率下降5.6%，现蕾期提早2～3天，每667米^{2}皮棉产量为56.3～94.1千克，比对照（常规施肥）增加8.4～12.7千克，绒毛增加0.12～0.25毫米。

2. 烟草 山东省潍坊市烟草公司试验表明，黄烟施用酵素菌肥能够有效地促进植株生长，提高产量和品质。平均株高162.5厘米，比对照（常规施肥）增加12厘米；单株留叶22～28片，比对照多2～2.5片；腰叶长度65厘米，顶叶长度53.5厘米，分别比对照增加4.5厘米和3.3厘米；平均单产203.5千克，增产10.8%～13.2%。而且烟叶初烤后，叶色橘黄，有明显的成熟斑块，叶片结构疏松，油分多，弹性好，单叶重8～10克。叶片内在质量好，香味足，气味醇和，还原糖含量16.52%；尼古丁含量2.42%，低于对照的2.57%；氯离子含量0.50%，低于对照的0.69%；糖碱比6.8∶1，高于对照的6.5∶1；氮碱比0.62∶1，同对照相当；钾氯比2.2∶1，明显高于对照的1.6∶1。

（五）在花卉上的应用情况

在山东省潍坊市林业局花卉基地和山东万红花卉有限公司试验苗圃，利用酵素高温堆肥配制的基质扦插西洋杜鹃试验表明，扦插苗生根率为80.3%，高于常规对照（78.2%）；根量16条，比对照多2.5条；根长4.2厘米，比对照长1.2厘米。试验中还发现，酵素菌对生根前的扦插苗影响不大，但生根后，根系生长迅速，根量大，幼苗生长快，叶色浓绿，有光泽，无黄化现象，落叶少，无秃枝现象，观赏性明显改善。

第四节 制备酵素的微生物种类

微生物酵素因其原料、配方、发酵工艺不同，所选用的发酵方式和发酵微生物存在很大差异，但无论哪种发酵方式，安全性是第一位的。

一、食用酵素选用的微生物种类

益生菌是一类有益于人体健康的活性微生物食品原料，常用的益生菌有嗜酸乳杆菌和双歧杆菌两大类，与干酪乳杆菌一起被称为“健康三益菌”。对于食用酵素，通常采用液体厌氧发酵方式进行。2001 年卫生部公布了可用于保健食品中的益生菌菌种名单：两歧双歧杆菌、婴儿双歧杆菌、长双歧杆菌、短双歧杆菌、青春双歧杆菌、保加利亚乳杆菌、嗜酸乳杆菌、干酪乳杆菌干酪亚种、嗜热链球菌。用作食用酵素的益生菌可选择下列菌种。

1. 嗜热链球菌（*Streptococcus thermophilus*） 该菌来源于乳制品，被认为是“公认安全性（GRAS）”益生菌，广泛用于生产一些重要的发酵乳制品，包括酸奶和奶酪。该菌具有一些功能活性，如生产胞外多糖、细菌素和维生素。它是一种耗氧革兰氏阳性菌，在选择性培养基，嗜热链球菌会长成米色的菌落。该菌可在含有下列任一种糖类的培养基上生长，这些糖类包括半乳糖、葡萄糖、果糖、乳糖、蔗糖。

2. 干酪乳杆菌（*Lactobacillus casei*） 革兰氏阳性菌，不产生芽孢，无鞭毛，不运动，兼性异型发酵乳糖，不液化明胶；最适生长温度为 37℃，G+C 含量为 45.6%～47.2%；菌体长短不一，两端呈方形，常成链；菌落粗糙，灰白色，有时呈微黄色，能发酵多种糖。干酪乳杆菌存在于人的口腔、肠道内含物和粪便中，也常常出现在牛奶和干酪、乳制品、饲料、面团和垃圾中。干酪乳杆菌作为益生菌能耐受有机体的防御机制，所以干酪乳杆菌进入人体后可以在肠道内大量存活，起到调节肠内菌群平衡、促进人体消化吸收等作用。同时，干酪乳杆菌具有高效降血压、降胆固醇，促进细胞分裂，增强人体免疫及预防癌症和抑制肿瘤生长等功效；还具有缓解乳糖不耐症、过敏等益生保健作用。

3. 嗜酸乳杆菌（*Lactobacillus acidophilus*） 革兰氏阳性杆菌，杆的末端呈圆形，主要存在小肠中，释放乳酸、乙酸和一些对有害菌起作用的抗生素，但是抑菌作用比较弱。在厌氧琼脂平板上 35℃培养 48 小时．形成较小（直径约 0.5 毫米）、网形、凸起、表面粗糙、边缘卷曲的菌落。嗜酸乳杆菌能分泌抗生物素类物质嗜酸乳菌素（acidolin）、嗜酸杆菌素（acidophilin）、乳酸菌素（1aetocidon）对肠道致病菌产生的拮抗作用。

4. 酿酒酵母（*Saccharomyces cerevisiae*） 细胞大小为（2.5～10.0）微米×（4.5～21.0）微米，一般呈球形、卵圆形、椭圆形，有的呈圆柱状、柠檬形等。酿酒酵母细胞有单倍体和二倍体两种生活形态。单倍体的繁殖比较简单，一般是出芽生殖，当环境生存压力较大时会死亡。二倍体细胞主要进行有丝分裂繁殖，但在环境条件比较恶劣时能够以减数分裂方式繁殖，生成单倍体孢子。单倍体可以交配融合重新形成二倍体细胞，继续进行有丝分裂繁殖状态。酿酒酵母的最适生长温度为25℃，有些可在37～45℃下生长；pH适宜范围一般为3～8，pH4～6时生长发酵良好。酿酒酵母能发酵并同化葡萄糖、果糖及甘露糖，很多菌株能发酵半乳糖、蔗糖、麦芽糖等，少数菌株能利用糊精和淀粉，不能利用柠檬酸，不能发酵和同化乳酸、纤维二糖以及木糖和核糖等五碳糖。酿酒酵母能利用铵盐、尿素、氨基酸、多肽为氮源，但不能利用硝酸盐及胺类化合物。酿酒酵母开始生长时需要维生素，如生物素、硫胺素、烟酸、吡哆醇、肌醇、泛酸等。酿酒酵母与同为真核生物的动物和植物细胞具有很多相同的结构，又容易培养，酵母被用作研究真核生物的模式生物。酿酒酵母被认为是最具潜力的大规模生产菌种。野生型酿酒酵母的产物主要为乙醇。

5. 保加利亚乳杆菌（*Lactobacillus bulgaricus*）　菌体粗而长，两端稍圆，单个，平行或短键排列。用奈氏或美蓝染色有异染颗粒出现。根据形态可分A、B两型。A型为短杆菌，排列成键，菌体粗细不匀，有卵圆形或臀形结节突出，着色均匀；B型为长杆菌，单个存在，似有圆状物黏附于菌体。兼性厌氧，在有氧环境下发育不良。生长适温为44～45℃，50℃亦能生长，25～35℃生长不良，15℃停止发育。适宜pH为7.0～7.2，在pH3.0～4.5时亦能生长。

二、农用酵素选用的微生物种类

农用酵素的优势微生物种类主要包括酿酒酵母、清酒假丝酵母（*Candida silvicola*）、接合酵母（*Zygosaccharomyces* sp.）、粉状毕赤酵母（*Pichia farinosa*）、枯草芽孢杆菌（*Bacillus subtilis*）、地衣芽孢杆菌（*B. lincheniformis*）、巨大芽孢杆菌（*B. megaterium*）、植物乳杆菌（*lactobacillus plantarum*）、米曲霉（*Aspergillus oryzae*）、黑曲霉（*A. niger*）等。

1. 枯草芽孢杆菌　细胞杆状，大小（0.7～0.8）微米×（2.0～3.0）微米。芽孢囊不膨大，芽孢椭圆形，居中。在琼脂培养基上，菌落呈圆形或不规则，奶油色或褐色，表面色暗或不透明，稍有皱纹。在湿润的琼脂上菌落易扩散。在液体培养中色暗，形成膜，轻度浑浊。好氧，适宜pH 5.5～8.5。DNA中G+C含量为41.5%～47.5%，模式菌株的G+C含量为42.9%（Tm）和43.1%（Bd）。该菌的代谢产物中含有多种激素和酶类。主要作用是：产生聚麸胺酸类物质，为土壤的保护膜，有效防止养分、水分的流失；产生的高活性分解酶可将难分解的大分子物质分解成可利用的小分子物质；合成多种有机酸、酶、生理活性等物质及其他多种容易被利用的养分；占据空间，竞争食物，抑制有害菌、病原菌等的生长繁殖。

2. 巨大芽孢杆菌 细胞大小为（1.2～1.5）微米×（2.0～5.0）微米，芽孢大小1.1微米×1.7微米。革兰氏阳性（G^+），好氧或微兼性。细胞大，椭圆形杆状，幼龄菌可运动，老龄菌不动。在琼脂培养基上，菌落白色，边缘整齐，有光泽或较暗，老龄时略带黄色，长期培养菌苔由灰色变为褐色。生长适宜温度为37℃，DNA中G+C含量为36.5%～47.4%（摩尔分数）。芽孢囊不膨大，中生，芽孢卵圆形。该菌具有很好的降解土壤中有机磷的功效，提高并延长肥效，可减少化肥使用量；促进作物生长，预防病害；改良土壤，恢复生态平衡；提高农产品品质，将它施用到烟叶上对提高烟叶发酵增香效果独特。该菌耐高温，长期保存不失活。

3. 地衣芽孢杆菌 细胞杆状，通常成链，大小（0.6～0.8）微米×（1.5～3.0）微米。芽孢囊不膨大，芽孢椭圆形，中生。菌落在琼脂培养基上不透明，表面暗淡且粗糙，边缘一般呈毛发状。一般情况下，菌落牢固附着在培养基上，特别在葡萄糖琼脂和谷氨酸盐—甘油琼脂培养基上，菌落上积累了大量的黏液，呈山丘状或裂叶状。在土壤中可产生芽孢，30～50℃下均能生长。模式菌株DNA中G+C含量为46%（Tm）和44.7%（Bd）。该菌的主要作用：代谢产物中含有一些抗菌抑菌物质，能抑制土壤中病原菌的繁殖和对植物根部的侵袭，减少植物土传病害，预防多种害虫爆发；提高种子的出芽率和保苗率，预防种子自身的遗传病害，提高成活率，促进根系生长；改善土壤团粒结构，改良土壤，提高土壤蓄水能力，有效增高地温，缓解重茬障碍；促使土壤中的有机质分解后再合成腐殖质，极大地提高土壤肥效；促进作物生长和早熟。

4. 植物乳杆菌 细胞大小3.0～8.0微米，单个、成对或短链状。通常缺乏鞭毛，但能运动。革兰氏阳性，不生芽孢，兼性厌氧。菌落直径约3毫米，凸起，呈圆形，表面光滑，细密，色白，偶尔呈浅黄或深黄色。属化能异养菌，生长需要营养丰富的培养基，需要泛酸钙和烟酸，但不需要硫胺素、吡哆醛或吡哆胺、叶酸、维生素B_{12}。能发酵戊糖或葡萄糖酸盐，终产物中85%以上是乳酸。通常不还原硝酸盐，不液化明胶，接触酶和氧化酶皆阴性。最适生长温度为30～35℃。该菌用于农业、畜牧和水产养殖有一定的免疫调节作用，对致病菌有抑制作用，降低血清胆固醇含量和预防心血管疾病，维持肠道内菌群平衡，促进营养物质吸收，缓解乳糖不耐症，抑制肿瘤细胞的形成等。

5. 米曲霉 该菌菌落生长快，10天直径达5～6厘米，质地疏松，初白色、黄色，后变为褐色至淡绿褐色，背面无色。分生孢子直径150～300微米，呈放射状，也有少数为疏松柱状。分生孢子梗2毫米左右，近顶囊处直径可达

12～25微米，壁薄，粗糙。顶囊近球形或烧瓶形。小梗一般为单层，12～15微米，偶尔有双层，也有单、双层小梗同时存在于一个顶囊上。分生孢子幼时洋梨形或卵圆形，老后大多变为球形或近球形，一般直径4.5微米，粗糙或近于光滑。该菌繁殖快，抗杂菌能力强，糖化力和产乳酸能力都很强。代谢产物中含有蛋白酶、纤维素酶、淀粉酶等多种酶。

6. 黑曲霉 菌丛呈黑褐色，顶囊大球形，小梗双层。分生孢子为球形，黑色或黑褐色，平滑或粗糙。菌丝发达，多分枝。顶部形成球形顶囊，其上全面覆盖一层梗基和一层小梗，小梗上长有成串褐黑色的球状孢子。分生孢子梗长短不一，由特化了的厚壁从膨大的菌丝细胞上垂直生出，分生孢子头状似"菊花"。黑曲霉的菌丝、孢子常呈现出不同颜色。

对于农用酵素所选用微生物种类，严格按照我国微生物肥料菌种安全等级实行4级管理制度。菌种安全分级目录见表2-3。

表2-3 菌种安全分级目录

拉丁文学名	中文种名
第一级：免作毒理试验的菌种	
1. 根瘤菌类	
Azorhizobium caulinodans	田菁固氮根瘤——新增菌种
Azorhizobium doebereinerae	德式固氮根瘤菌——新增菌种
Bradyrhizobium betae	甜菜慢生根瘤菌——新增菌种
Bradyrhizobium elkanii	埃氏慢生根瘤菌
Bradyrhizobium japonicum	日本慢生根瘤菌（慢生大豆根瘤菌）
Bradyrhizobium liaoningense	辽宁慢生根瘤菌（慢生大豆根瘤菌）
Bradyrhizobium sp.（*Arachis hypogaea*）	花生根瘤菌——新增菌种
Bradyrhizobium sp.（*Vigna radiata*）	绿豆根瘤菌——新增菌种
Bradyrhizobium yuanmingense	圆明园慢生根瘤菌——新增菌种
Bradyrhizobium diazoefficiens	有效慢生根瘤菌（高效固氮慢生根瘤菌）——新增菌种
Mesorhizobium huakuii	华癸中生根瘤菌
Mesorhizobium lot	百脉根中生根瘤菌
Rhizobium etli	豆根瘤菌（埃特里根瘤菌）——重新规范命名
Rhizobium fabae	蚕豆根瘤菌——新增菌种
Rhizobium galegae	山羊豆根瘤菌——新增菌种
Rhizobium leguminosarum	豌豆根瘤菌——新增菌种

（续）

拉丁文学名	中文种名
Sinorhizobium fredii	弗氏中华根瘤菌（快生大豆根瘤菌）
Sinorhizobium meliloti	苜蓿中华根瘤菌
还包括尚未确定种名的，从一些豆科植物根瘤内分离、纯化、鉴定、回接、筛选后在原宿主植物结瘤、固氮良好的根瘤菌。	
2. 自生及联合固氮微生物类	
Azorhizophilus paspali（*Azotobacter paspali*）	雀稗固氮嗜根菌（雀稗固氮菌）——重新规范命名
Azospirillum brasilense	巴西固氮螺菌
Azospirillum lipoferum	具脂固氮螺菌（生脂固氮螺菌）——重新规范命名
Azotobacter beijerinckii	拜氏固氮菌
Azotobacter chroococcum	圆褐固氮菌（褐球固氮菌）——重新规范命名
Azotobacter vinelandii	恩兰德固氮菌（棕色固氮菌）——重新规范命名
Beijerinckia indica	印度拜叶林克氏菌——重新规范命名
3. 光合细菌类	
Blastochloris viridis（*Rhodopseudomonas viridis*）	绿色绿芽菌（绿色红假单胞菌）——重新规范命名
Phaeospirillum fulvum（*Rhodospirillum fulvum*）	黄褐棕色螺旋菌（黄褐红螺菌）——重新规范命名
Rhodobacter azotoformans	固氮红细菌——新增菌种
Rhodobacter capsulatus（*Rhodopseudomonas capsulata*）	荚膜红细菌（荚膜红假单胞菌）——重新规范命名
Rhodobacter sphaeroides（*Rhodopseudomonas sphaeroides*）	类球红细菌（类球红假单胞菌）——重新规范命名
Rhodoblastus acidophilus（*Rhodopseudomonas acidophila*）	嗜酸红芽菌（嗜酸红假单胞菌）——重新规范命名
Rhodopila globiformis（*Rhodopseudomonas globiformis*）	球形红球形菌（球形红假单胞菌）——重新规范命名
Rhodopseudomonas palustris（*Rhodopseudomonas rutila*）	沼泽红假单胞菌（血红红假单胞菌）
Rhodospirillum rubrum	深红红螺菌
Rhodovibrio salinarum（*Rhodospirillum salinarum*）	盐场玫瑰弧菌（盐场红螺菌）——重新规范命名
Rhodovulum sulfidophilum（*Rhodobacter sulfidophilus*，*Rhodopseudomonas sulfidophila*）	嗜硫小红卵菌（嗜硫红细菌，嗜硫红假单胞菌）——新增菌种

（续）

拉丁文学名	中文种名
Rubrivivax gelatinosus（*Rhodocyclus gelatinosus*，*Rhodopseudomonas gelatinosa*）	胶状红长命菌（胶状红环菌，胶状红假单胞菌）——重新规范命名
4. 促生、分解磷钾化合物细菌类	
Acidithiobacillus thiooxidans（*Thiobacillus thiooxidans*）	硫氧化酸硫杆状菌（硫氧化硫杆菌）——重新规范命名
Bacillus amyloliquefaciens	解淀粉芽孢杆菌
Bacillus coagulans	凝结芽孢杆菌——安全分级调整，由二级调整为一级
Bacillus firmus	坚强芽孢杆菌——新增菌种
Bacillus licheniformis	地衣芽孢杆菌
Bacillus megaterium	巨大芽孢杆菌
Bacillus methylotrophicus	甲基营养型芽孢杆菌——新增菌种
Bacillus mycoides	蕈状芽孢杆菌——新增菌种
Bacillus pumilus	短小芽孢杆菌——安全分级调整，由二级调整为一级
Bacillus safensis	沙福芽孢杆菌——新增菌种
Bacillus simplex	简单芽孢杆菌——新增菌种
Bacillus subtilis	枯草芽孢杆菌
Brevibacillus brevis（*Bacillus brevis*）	短短芽孢杆菌（短芽孢杆菌）——重新规范命名，安全分级调整，由二级调整为一级
Brevibacillus laterosporus	侧孢短芽孢杆菌——重新规范命名
Geobacillus stearothermophilus	嗜热嗜脂肪地芽孢杆菌（嗜热脂肪地芽孢杆菌）——安全分级调整，由二级调整为一级
Paenibacillus azotofixans（*Paenibacillus durus*）	固氮类芽孢杆菌
Paenibacillus mucilaginosus	胶冻样类芽孢杆菌——重新规范命名
Paenibacillus peoriae	皮尔瑞俄类芽孢杆菌——新增菌种
Paenibacillus polymyxa	多黏类芽孢杆菌
5. 乳酸菌类	
Lactobacillus acidophilus	嗜酸乳杆菌
Lactobacillus brevis	短乳杆菌——新增菌种
Lactobacillus buchneri	布氏乳杆菌——新增菌种
Lactobacillus casei	干酪乳杆菌

（续）

拉丁文学名	中文种名
Lactobacillus delbrueckii	德氏乳杆菌（保加利亚乳杆菌是其亚种）
Lactobacillus helveticus	瑞士乳杆菌——新增菌种
Lactobacillus parabuchneri	类布氏乳杆菌
Lactobacillus paracasei	类干酪乳杆菌——新增菌种
Lactobacillus plantarum	植物乳杆菌——新增菌种
Lactobacillus rhamnosus	鼠李糖乳杆菌——新增菌种
Lactococcus lactis（*Streptococcus lactis*）	乳酸乳球菌（乳酸链球菌）——重新规范命名
Pediococcus pentosaceus	戊糖片球菌——新增菌种
Streptococcus thermophilus	嗜热链球菌
6. 酵母菌类	
Candida ethanolica	乙醇假丝酵母——新增菌种
Candida membranifaciens	膜醭假丝酵母
Cyberlindnera fabianii（*Pichia fabianii*）	费比恩塞伯林德纳氏酵母（费比恩毕赤酵母）——新增菌种
Cyberlindnera jadinii（*Candida utilis*，*Pichia jadinii*）	杰丁塞伯林德纳氏酵母（产朊假丝酵母，杰丁毕赤酵母）——重新规范命名
Issatchenkia orientalis（*Candida krusei*）	东方伊萨酵母—新增菌种
Kazachstania exigua（*Saccharomyces exiguus*）	少孢哈萨克斯坦酵母（少孢酵母）——新增菌种
Kluyveromyces lactis	乳酸克鲁维酵母——新增菌种
Komagataella pastoris（*Pichia pastoris*）	巴斯德驹田氏酵母（巴斯德毕赤酵母）——新增菌种
Meyerozyma guilliermondii（*Candida guillermondii*，*Pichia guilliermondii*）	季也蒙迈耶氏酵母（季也蒙假丝酵母，季也蒙毕赤酵母）——重新规范命名
Millerozyma farinosa（*Pichia farinosa*）	粉状米勒氏酵母（粉状毕赤酵母）——重新规范命名
Pichia membranifaciens	膜醭毕赤酵母
Rhodotorula mucilaginosa（*Rhodotorula rubra*）	胶红酵母（深红酵母）——重新规范命名
Saccharomyces cerevisiae	酿酒酵母
Saccharomycopsis fibuligera（*Endomycopsis fibuligera*）	扣囊复膜孢酵母（扣囊拟内孢霉）——新增菌种
Wickerhamomyces anomalus（*Pichia anomala*）	异常威克汉姆酵母（异常毕赤酵母）——新增菌种
Yarrowia lipolytica（*Candida lipolytica*）	解脂耶罗威亚酵母（解脂假丝酵母）——新增菌种

（续）

拉丁文学名	中文种名
7. AM 真菌类	
Funneliformis mosseae（*Glomus mosseae*）	摩西管柄囊霉（摩西球囊霉）——重新规范命名
Rhizophagus intraradices（*Glomus intraradices*）	根内根生囊霉（根内球囊霉）——新增菌种
8. 放线菌类	
Frankia sp.	弗兰氏克菌（固氮放线菌）
Streptomyces fradiae	弗氏链霉菌——安全分级调整，由二级调整为一级
Streptomyces microflavus	细黄链霉菌
第二级：需做急性经口毒性（LD_{50}）试验的菌种	
Arthrobacter arilaitensis	阿氏团队节杆菌（研究团队节杆菌）——新增菌种
Arthrobacter aurescens	变金黄节杆菌（金黄节杆菌）——新增菌种
Aspergillus candidus	亮白曲霉
Aspergillus chevalieri（*Eurotium chevalieri*）	谢瓦曲霉（谢瓦散囊菌）——重新规范命名
Aspergillus japonicus	日本曲霉——新增菌种
Aspergillus niger	黑曲霉
Aspergillus oryzae	米曲霉
Aspergillus penicillioides	帚状曲霉
Aspergillus sydowii	聚多曲霉
Aspergillus wentii	温特曲霉
Bacillus atrophaeus	萎缩芽孢杆菌——新增菌种
Bacillus circulans	环状芽孢杆菌
Bacillus thuringiensis	苏云金芽孢杆菌——安全分级调整，由一级调整为二级
Brevundimonas vesicularis（*Pseudomonas vesicularis*）	泡囊短波单胞菌（泡囊假单胞菌）——重新规范命名
Chaetomium cochliodes	螺卷毛壳
Chaetomium globosum	球毛壳
Chaetomium trilaterale	三侧毛壳
Clonostachys rosea（*Gliocladium roseum*）	粉红螺旋聚孢霉，粉红枝穗霉（粉红黏帚霉）——重新规范命名
Clostridium pasteurianum	巴氏梭菌（巴斯德梭菌）——重新规范命名
Geotrichum candidum	白地霉
Hydrogenophaga flava	黄色食氢产水嗜菌（黄色嗜氢菌）——新增菌种

（续）

拉丁文学名	中文种名
Laceyella sacchari	糖莱西氏菌（甘蔗兰希氏菌）——新增菌种
Lysinibacillus sphaericus (*Bacillus sphaericus*)	球形赖氨酸芽孢杆菌（球形芽孢杆菌）——重新规范命名
Myceliophthora thermophila (*Sporotrichum thermophie*)	嗜热毁丝霉（嗜热侧孢霉）——重新规范命名
Paenibacillus macerans	浸麻类芽孢杆菌
Penicillium albicans	白色青霉——新增菌种
Penicillium bilaiae	拜赖青霉（比莱青霉）——新增菌种
Penicillium citreonigrum	黄暗青霉
Penicillium corylophilum	顶青霉——新增菌种
Penicillium euglaucum (*Eupenicillium hirayamae*)	真灰绿青霉（平山正青霉）——新增菌种
Penicillium expansum	扩展青霉——新增菌种
Penicillium glabrum (*Penicillium frequentans*)	光孢青霉（常现青霉）——重新规范命名
Penicillium oxalicum	草酸青霉——新增菌种
Phanerodontia chrysosporium (*Phanerochaete chrysosporium*)	异原黄孢原毛平革菌（黄孢原毛平革菌）——新增菌种
Promicromonospora citrea	柠檬原小单胞菌
Pseudomonas fluorescens	荧光假单胞菌
Pseudomonas putida	恶臭假单胞菌
Pseudomonas stutzeri	施氏假单胞菌
Purpureocillium lilacinum (*Paecilomyces lilacinus*)	淡紫紫孢菌（淡紫拟青霉）——新增菌种
Rhizopus nigricans	黑根霉——新增菌种
Rhizopus oryzae	米根霉
Sphingobacterium multivorum (*Flavobacterium multivorum*)	多食鞘氨醇杆菌（多食黄杆菌）
Streptomyces albidoflavus	白黄链霉菌（微白黄链霉菌）——重新规范命名
Streptomyces albogriseolus	白浅灰链霉菌——新增菌种
Streptomyces alboniger	白黑链霉菌——新增菌种
Streptomyces albovinaceus	白酒红链霉菌——新增菌种
Streptomyces albus	白色链霉菌——新增菌种

（续）

拉丁文学名	中文种名
Streptomyces avermitilis	阿维菌素链霉菌（除虫链霉菌）——新增菌种
Streptomyces cellulosae	纤维素链霉菌——新增菌种
Streptomyces corchorusii	黄麻链霉菌——新增菌种
Streptomyces globisporus	球孢链霉菌——新增菌种
Streptomyces griseoincarnatus	浅灰肉色链霉菌（灰肉红链霉菌）——新增菌种
Streptomyces hiroshimensis (*Streptomyces salmonis*)	广岛链霉菌（鲑色链霉菌）——新增菌种
Streptomyces lavendulae	淡紫灰链霉——新增菌种
Streptomyces pactum	密旋链霉菌——新增菌种
Streptomyces rochei	娄彻链霉菌——新增菌种
Streptomyces tendae	唐德链霉菌——新增菌种
Streptomyces thermoviolaceus	热紫链霉菌——新增菌种
Streptomyces venezuelae	委内瑞拉链霉菌——新增菌种
Streptomyces vinaceusdrappus	酒红土褐链霉菌——新增菌种
Streptomyces caelestis	天青链霉菌——新增菌种
Stretomyces canus	暗灰链霉菌——新增菌种
Stretomyces costaricanus	哥斯达黎加链霉菌——新增菌种
Trichoderma asperellum	棘孢木霉——新增菌种
Trichoderma atroviride	深绿木霉——新增菌种
Trichoderma ghanense	加纳木霉——新增菌种
Trichoderma harzianum	哈茨木霉
Trichoderma koningii	康宁木霉
Trichoderma longibrachiatum	长枝木霉——新增菌种
Trichoderma pseudokoningii	拟康宁木霉——新增菌种
Trichoderma reesei	里氏木霉——新增菌种
Trichoderma virens	绿木霉——新增菌种
Trichoderma viride	绿色木霉
第三级：需做致病性试验的菌种	
Achromobacter denitrificans (*Alcaligenes denitrificans*)	反硝化无色小杆菌（反硝化产碱菌）——重新规范命名
Achromobacter xylosoxidans (*Alcaligenes xylosoxidans*)	木糖氧化无色小杆菌（木糖氧化产碱菌）——重新规范命名
Acinetobacter baumannii	鲍氏不动杆菌

（续）

拉丁文学名	中文种名
Acinetobacter calcoaceticus	乙酸钙不动杆菌
Alcaligenes faecalis	粪产碱菌
Bacillus cereus	蜡样芽孢杆菌
Brevundimonas diminuta (*Pseudomonas diminuta*)	缺陷短波单胞菌（缺陷假单胞菌）——重新规范命名
Burkholderia fungorum	真菌伯克霍尔德氏菌——安全分级调整，由二级调整为三级
Enterobacter cloacae	阴沟肠杆菌
Enterobacter gergoviae	日勾维肠杆菌
Gordonia amarae（*Nocardia amarae*）	沟戈登氏菌，污泥戈登氏菌（沟诺卡氏菌）——新增菌种
Mucor circinelloides	卷枝毛霉——新增菌种
Nocardia sp.	诺卡氏菌——安全分级调整，由二级调整为三级
Nocardiopsis sp.	拟诺卡氏菌——安全分级调整，由二级调整为三级
Pantoea agglomerans (*Enterobacter agglomerans*)	成团泛菌（成团肠杆菌）——重新规范命名
Pseudomonas alcaligenes	产碱假单胞菌——新增菌种
Rhizobium radiobacter（*Agrobacterium radiobacter*，*Agrobacterium tumefaciens*）	放射状根瘤（放射状农杆菌，根癌农杆菌）——新增菌种
Proteus sp.	变形菌
第四级：禁用菌种	
Alternaria sp.	链格孢属——新增菌种
Aspergillus flavus	黄曲霉——新增菌种
Aspergillus fumigatus	烟曲霉——新增菌种
Aspergillus nidulans	构巢曲霉——新增菌种
Aspergillus ochraceus	赭曲霉——新增菌种
Aspergillus parasiticus	寄生曲霉——新增菌种
Aspergillus rugulosus	细皱曲霉——新增菌种
Aspergillus versicolor	杂色曲霉——新增菌种
Bacillus anthracis	炭疽芽孢杆菌——新增菌种
Candida parapsilosis	近平滑假丝酵母——新增菌种
Candida tropicalis	热带假丝酵母——安全分级调整，由一级调整为四级

（续）

拉丁文学名	中文种名
Clauiceps prupurea	麦角菌——新增菌种
Erwinia sp.	欧文氏菌
Fusarium sp.	镰刀菌——新增菌种
Klebsiella oxytoca	产酸克雷伯氏菌——新增菌种
Klebsiella pneumoniae	肺炎克雷伯氏菌
Penicillium chrysogenum	产黄青霉——新增菌种
Penicillium citrinum	桔青霉——安全分级调整，由二级调整为四级
Penicillium cyclopium	圆弧青霉——新增菌种
Penicillium marneffei	马尔尼菲青霉——新增菌种
Penicillium viridicatum	鲜绿青霉——新增菌种
Pseudomonas aeruginosa	铜绿假单胞菌
Pseudomonas marginalis	边缘假单胞菌——新增菌种
Pseudomonas solanacearum	青枯假单胞菌——新增菌种
Pseudomonas syringae	丁香假单胞菌——新增菌种

第五节　微生物发酵有机物料的作用原理

自然界中的有机物质，如农作物秸秆、畜禽粪便、矿源腐殖酸、果树枝条、中药渣、醋糟、酒糟、厨余等，这些物质除了矿源腐殖酸外，都能受到环境微生物的影响发生变化，不同的发酵方式，其产物存在很大的差异。

一、有机物料的发酵类型和物质转化

（一）有氧发酵

有机物料的有氧发酵分解称为好气性发酵分解，由利用空气或者水中的氧气（游离氧气）进行繁殖的好气性微生物参与分解。好气性发酵产生热量，通常在50～60℃，有时可达70℃以上。因此，由好气性发酵酿造的堆肥是高温堆肥。

有氧发酵的途径和进程：以有机物料中的糖类（淀粉、蔗糖、果糖、葡萄糖等）、蛋白质、脂肪、纤维素质（纤维素、半纤维素等）等作营养源的腐生微生物，分泌出能分解这些有机物的酶（如加水分解酶），在酶作用下产生能

够满足微生物菌体繁殖所需要的养分，养分又被转化生成菌体组织和其增殖所需要的能量而消耗掉，最后分解成二氧化碳和水。有氧发酵的产物 pH 值呈中性状态。

1. 淀粉、糖类的分解 淀粉主要是由分泌淀粉糖化酶的好气性细菌、真菌分解成麦芽糖、葡萄糖；麦芽糖由麦芽糖分解酶分解成葡萄糖；葡萄糖由酵母菌和一部分细菌分泌的酒化酶（亦称酿酶，是由 20 多种酶配合而成的集合体）分解成乙醇，再由细菌类的醋酸菌分解成醋酸和富里酸，最后生成二氧化碳和水。

蔗糖是由酵母菌和一部分细菌分泌的转化酶（亦称蔗糖酶）等蔗糖分解酶，将其分解成葡萄糖和果糖，进而经乙醇被分解为二氧化碳和水。

2. 蛋白质的分解 秸秆中的氮大部分是以植物蛋白质的形式存在，主要是由能分泌多种蛋白分解酶的细菌将其分解成多肽和氨基酸，并以此为营养源进行增殖。但氨基酸中部分被分解成尿素、尿酸态，这些又被尿素分解酶（亦称脲酶）分解成氨、二氧化碳和水，其中氨又进而被氧化为亚硝酸、硝酸，成为植物的肥料养分。

3. 脂肪的分解 脂肪主要是由细菌和真菌分泌的脂肪分解酶（一般指脂肪酶）将其分解成脂肪酸和甘油，甘油最终被分解生成二氧化碳和水。

4. 纤维质的分解

（1）半纤维素的分解 植物组织是由细胞构成的，而细胞壁的主要构成物质是纤维素、半纤维素和木质素。放线菌是大量分泌半纤维素酶的有效微生物，在放线菌的作用下，半纤维素被分解为多糖和有机酸。

放线菌最好的培养基是氨基酸、葡萄糖、乙醇，为了促进放线菌的繁殖，可利用好气性发酵微生物群对秸秆中的淀粉、糖类、蛋白质进行水解，尽可能多的生成氨基酸、葡萄糖、乙醇等物质。

（2）纤维素的分解 由好气性细菌、真菌分泌的纤维素分解酶（纤维素酶、纤维二糖酶）将纤维素分解生成多糖类、葡萄糖、乙醇，最终分解生成二氧化碳和水。

（二）无氧发酵

1. 淀粉、糖类的分解 淀粉、糖类被厌气菌分解生成酪酸（亦称丁酸），最终分解成甲烷（沼气）和水等，在这过程中散发出腐败味的臭气。

2. 蛋白质的分解 蛋白质被嫌气性腐败细菌分解生成胺、氨、吲哚、硫醇、硫化氢等，这是产生腐败气味和臭气的根源。

3. 脂肪的分解过程　脂肪被嫌气性腐败细菌分解生成甲烷、二氧化碳。

4. 纤维质的分解　纤维质被嫌气性腐败细菌分解生成甲烷和水。

无氧发酵分解产生的氮化物最终产物是硫化氢。从铵态转化成亚硝酸，由于缺氧，不能从亚硝酸转化成硝酸，很容易滞留在土中。由于这些有机物质降解所产生的气体，不管什么气体，或多或少都要伤害作物的根，尤其是硫化氢、甲烷、亚硝酸等对作物都具有毒性，会损伤作物的根。在大棚中，施用无氧发酵的有机肥，亚硝酸积聚气化，短时间内可引起作物中毒枯死，并引起多种病害严重发生，如常常引发种苗病害，降低发芽率，抑制生长，严重时发生根腐、立枯等病害。

无氧发酵分解秸秆生成的腐殖质呈酸性，酸性腐殖质是氢离子、木质素、蛋白质的复合体，使用后可使土壤酸化，明显降低磷和镁等的肥效，还会使地温降低，恶化土壤的生态系统。

二、不同发酵类型对土壤的贡献

有氧发酵由有益微生物分解生成氨基酸、葡萄糖、乙醇，能促进作物生长发育、光合作用，提高作物体中含糖量和自身免疫功能，增产并改善产品品质。有氧发酵分解所生成的腐殖质呈中性，培育土壤的效果好。

无氧发酵产生有害气体对人体健康有害，可降低人体免疫功能。无氧发酵所生成的堆肥称之为沤肥，从肥料养分的角度来看，氮和钾的肥力效果保持，而磷和镁等肥力明显降低，还会造成地温降低，恶化土壤生态系统。生成的腐殖质呈酸性，酸性腐殖质是氢离子、木质素、蛋白质的复合体，使用后造成耕地酸化，对土壤培肥效果差。

第六节　酵素的作用功效

一、食用酵素的作用功效

根据《酵素产品分类导则》，食用酵素是指以动物、植物和食用菌等为原料，经微生物（益生菌）发酵制得的含有特定生物活性成分的可食用的酵素产品。其作用功效如下：

1. 平衡机体作用　如果人体摄入糖类、蛋白质、脂肪过多，堆积在体内易导致消化系统出现功能障碍，引发各种疾病。酵素中的蛋白酶可以将大分子蛋白质分解成小分子肽和氨基酸，减轻肾脏负担，保持肠内菌群平衡。

2. 消炎抗菌作用 酵素产品具有很好的抗菌作用，研究发现，膏状酵素和粉状酵素对大肠杆菌、金黄色葡萄球菌、铜绿假单胞菌及痤疮杆菌都有很好的抑菌效果。研究证明，香蜂草酵素在细菌、酵母菌的共生条件下，对十几种革兰氏阳性、阴性菌株均表现出抑菌活性。

3. 美白抗氧化作用 许多植物酵素都表现出了较强的抗氧化功能，如大麦酵素、蓝莓酵素、葡萄酵素、刺梨酵素等。这些酵素对1,1-二苯基-2-三硝基苯肼自由基、超氧自由基和羟基自由基等都有很强的清除能力，其能力强弱与酚类等抗氧化物质的含量有关。研究发现，糙米酵素能有效阻止人表皮角质形成细胞单层以及再生表皮的脂质氧化。

4. 解酒护肝作用 研究发现，植物酵素能有效缓解小鼠急性酒精中毒，可明显降低谷草转氨酶、谷丙转氨酶活性，具有解酒护肝功效。说明酵素能有效减缓肠胃对酒精的吸收，能够改善头痛、延缓醉酒。

5. 防治心脑血管疾病作用 研究发现，植物酵素有助于促进脂质分解代谢，对高血糖、高胰岛素血症、高脂血症等病症具有防治作用。研究表明，糙米酵素液能够降低小鼠血脂水平、动脉粥样硬化指数和肝脏脂肪水平，抑制肝3-羟基-3-甲基戊二酰辅酶A还原酶活性，加快体内胆固醇的排泄。

6. 抗肿瘤作用 研究发现，糙米酵素具有抗肿瘤特性，能够诱导MOLT-4细胞中以剂量依赖的方式细胞凋亡（0～10毫克/毫升），还能通过诱导肿瘤坏死因子-α的表达，增强N13胶质细胞的免疫活化效果。

7. 增强机体免疫力 经过发酵的食材组织受到酶的作用而崩解，功能性成分得以充分释放，小分子化易被人体吸收，可进一步增加功效，降低副作用或进一步生成有利于提高机体免疫活性的成分。研究表明，酵素与促肝细胞生长素一样具备促进肝再生的效果。研究发现，敖东酵素可以显著加强小鼠脾淋巴细胞的增殖能力，对免疫功能具有正向调节作用。

二、农用酵素的作用功效

农用酵素是利用酵素菌发酵有机物料制备的有机肥料，包括采用固态堆积发酵的高温堆肥类、酵素有机肥类、液体肥类等。大量生产实践表明，酵素菌能快速高效腐熟作物秸秆，不影响下茬作物的种植；能提高土壤有机质，改善土壤结构；使土壤的水、肥、气、热和微生物得到很好的协调，促进土壤养分的转化利用，提高肥料利用率，减少化肥施用量；较好地促进作物根系发育，提高作物的抗逆性能，减少病害发生；提高作物商品产量，改善农产品品质。

（一）农用酵素对土壤肥力的影响

1. 酵素菌能提高土壤养分含量　施用酵素菌肥的土壤较施用等价化肥和有机肥的土壤，其有机质、全氮、全磷、碱解氮、有效磷和速效钾等含量均有不同程度的增加，pH 值有不同程度的升高。施用酵素菌肥对土壤养分的影响见表 2－4。

表 2－4　酵素菌肥对土壤养分的影响

作物	土壤类型	处理	pH	有机质（%）	全氮（%）	全磷（%）	碱解氮（毫克/千克）	有效磷（毫克/千克）	速效钾（毫克/千克）
黄瓜	棕壤土	酵素菌肥	7.1	2.53	0.22	0.16	104.4	50.6	237.6
		酵素菌肥＋化肥	6.8	2.27	0.23	0.17	128.7	48.7	251.3
		酵素菌肥＋有机肥	7.0	2.34	0.18	0.14	116.4	43.2	223.5
		有机肥＋化肥	7.1	2.14	0.21	0.10	100.5	40.6	203.3
		化肥	6.3	1.97	0.23	0.08	102.5	38.4	212.7
生姜	砂浆黑土	酵素菌肥	7.0	2.64	0.24	0.09	108.4	34.5	206.8
		有机肥＋化肥	6.8	2.50	0.22	0.09	102.5	30.7	212.4
		化肥	6.2	2.27	0.20	0.08	98.7	31.6	2 124.6
玉米	棕壤土	酵素菌肥	7.2	1.08	0.15	0.05	79.6	15.4	117.6
		有机肥＋化肥	7.0	0.97	0.09	0.05	74.5	12.6	110.4
苹果	白浆土	酵素菌肥	7.0	2.01	0.22	0.12	130.4	68.6	224.8
		有机肥＋化肥	6.9	1.78	0.19	0.10	28.6	65.4	210.4

2. 酵素菌能改善土壤的理化性状　施用酵素菌肥与施用有机肥、化肥相比，对耕作层土壤容量、水分含量和孔隙度等物理性状均有所改善。大致表现为土壤容量降低，孔隙度增加。酵素菌肥对土壤理化性状的影响见表 2－5。

表 2－5　酵素菌肥对土壤理化性状的影响

处理	土壤容重（克/厘米^3）	土壤含水量（克/千克）	土壤孔隙度（%）		各级团聚体比例（%）				
			总孔隙度	通气孔隙度	>5	5～4	4～2.5	2.5～1.5	<1.5
酵素菌肥	1.22	414	53.86	15.84	0.74	1.15	2.84	15.74	79.53
酵素菌肥＋有机肥	1.23	418	53.97	15.68	1.03	1.38	3.72	12.14	81.73
酵素菌肥＋化肥	1.27	406	53.20	15.74	1.14	2.23	3.62	5.50	87.52

（续）

处理	土壤容重（克/厘米³）	土壤含水量（克/千克）	土壤孔隙度（%）		各级团聚体比例（%）				
			总孔隙度	通气孔隙度	>5	5～4	4～2.5	2.5～1.5	<1.5
有机肥+化肥	1.29	402	53.80	15.36	1.18	2.21	3.92	5.73	86.96
化肥	1.33	307	50.06	11.57	2.34	1.82	3.86	5.32	86.66

注：土壤团聚体粒径单位为毫米。

3. 酵素菌能提高化肥利用率 酵素菌肥区别于一般有机肥和复合肥的显著特点，是利用酵素菌中有益微生物对有机成分进行发酵处理，使有机成分在整个发酵过程中，经历了分解和再合成两个阶段，肥料的腐殖化程度提高，作为矿物质载体的吸附作用增强，可以减少土壤中氮的多途径损失和磷在土壤中的固定，因而提高了肥料的利用率。

4. 酵素菌能改善土壤微生物区系 施用酵素菌肥的土壤中的有益微生物，如细菌、放线菌，较施用等价化肥的高出 2～3 倍。酵素菌与化肥配合施用，也能较好地保持土壤中有益微生物的数量。由于土壤中好气性有益微生物数量增加，特别是革兰氏阳性（G^+）微生物的增加，对土壤改良效果明显。土壤中有益微生物加速了土壤养分的分解，增加了微生物代谢产物如维生素、氨基酸、植物刺激素等的分泌量，从而活化了土壤，提高了土壤肥力。酵素菌肥对土壤微生物区系的影响见表 2－6。

表 2－6　酵素菌肥对土壤微生物区系的影响

单位：个/g

农作物	处理	细菌（$\times 10^6$）	放线菌（$\times 10^4$）	真菌（$\times 10^3$）
黄瓜	酵素菌肥	357.6	207.8	159.6
	酵素菌肥+有机肥	334.7	188.4	147.3
	酵素菌肥+化肥	283.2	137.6	132.4
	有机肥+化肥	197.6	128.6	124.1
	化肥	103.4	82.1	88.9
	酵素菌肥+有机肥	384.7	221.7	179.7
生姜	酵素菌肥	401.6	234.6	184.3
	酵素菌肥+化肥	305.1	184.3	163.4
	有机肥+化肥	284.7	185.6	152.1
	化肥	132.6	96.4	118.9
玉米	酵素菌肥	153.9	121.6	52.7
	酵素菌肥+化肥	125.5	97.4	41.6
	化肥	82.4	67.9	20.9

（续）

农作物	处理	细菌（$\times 10^6$）	放线菌（$\times 10^4$）	真菌（$\times 10^3$）
苹果	酵素菌肥	341.3	194.8	166.8
	酵素菌肥＋有机肥	327.6	179.6	157.4
	酵素菌肥＋化肥	287.4	187.1	106.3
	有机肥＋化肥	221.8	93.7	79.4
	化肥	126.3	67.7	52.9

5. 酵素菌能提高土壤活性　施用酵素菌肥的土壤酶活性比单施化肥的均有大幅度的提高，而且随着酵素菌肥用量的加大，土壤酶活性也相应提高，尤其是脲酶活性提高，见表 2－7。要注意尿素适宜的施用时期，预防尿素的过分转化造成农作物徒长问题。

表 2－7　酵素菌肥对土壤酶活性的影响

农作物	处理	过氧化氢酶（毫升/克）	磷酸酶（毫摩尔/克）	脲酶［毫克（铵态氮）/100 克（土）］
黄瓜	酵素菌肥	0.176 2	3.997 2	23.755 7
	酵素菌肥＋有机肥	0.143 7	2.435 3	21.688 3
	酵素菌肥＋化肥	0.134 7	2.074 9	18.725 7
	化肥	0.112 8	1.008 4	6.342 4
生姜	酵素菌肥	0.210 4	3.997 2	25.306 3
	酵素菌肥＋有机肥	0.187 4	3.487 4	21.476 7
	化肥	0.121 4	1.621 5	8.667 2
玉米	酵素菌肥	0.092 5	2.101 5	8.817 0
	酵素菌肥＋化肥	0.094 3	1.746 4	7.640 3
	化肥	0.092 0	0.352 7	2.122 6

总之，施用酵素菌肥可以显著改善土壤的理化性状，提高化肥利用率，保持和改善土壤优良的微生物区系及优良的微生态平衡，提高土壤酶活性，加速养分转化，使土壤的水、肥、气、热和微生物五个方面都得到了有效的改善，土壤肥力提高，为作物生长创造了良好的土壤环境条件，也为高产优质打下了基础。

（二）酵素菌的作用机制

酵素菌是典型的好气性发酵微生物群，其代谢产物中含有几十种酶，分别是淀粉酶、蛋白酶、脂酶、纤维素酶、氧化还原酶、乳糖酶、麦芽糖酶、蔗糖酶、脲酶等，这些高活性酶可以在短时间内分解有机物质，尤其具备分解富含木质素的锯末、木屑、树皮等的能力。

总结多年的研究成果，酵素菌的作用机制主要体现在以下几个方面：

1. 提高作物根系活力，增大吸收面积 作物生长发育所必需的大量元素和中微量元素，除碳、氢、氧外，其余大多通过作物根系吸收。根系的活力状况和根系数量直接影响作物的生长发育。在分别测定根的长度和根的数量，以及用α-萘胺氧化法测定根系活力的盆栽试验中，施用酵素菌的黄瓜次生根数量增加1.6条，次生根长度增加3厘米，根系活力提高14.60%；小麦次生根数量增加2.3条，次生根长度增加1.5厘米，根系活力提高21.09%；玉米次生根数量增加8.9条，次生根长度增加2.3厘米，根系活力提高15.76%；大豆次生根数量增加4.4条，次生根长度增加1.9厘米，根系活力提高16.90%；芸豆次生根数量增加2.4条，次生根长度增加5.4厘米，根系活力提高6.75%。根系活力的增强和吸收面积的扩大对改善作物的营养状况带来积极的影响。酵素菌对作物根系生长的影响见表2-8，对根系活力的影响见表2-9。

表2-8 酵素菌对作物根系生长的影响

项目	处理	黄瓜	小麦	玉米	大豆	芸豆
次生根数量（条/株）	酵素菌	10.3	12.6	55.2	20.7	18.7
	酵素菌+化肥	11.2	11.7	50.8	18.4	18.6
	化肥	8.7	10.3	46.3	16.3	16.3
次生根长度（厘米）	酵素菌	12.7	10.8	26.5	18.7	24.1
	酵素菌+化肥	10.8	9.4	26.3	18.5	19.8
	化肥	9.7	9.3	24.2	26.8	18.7

表2-9 酵素菌对作物根系活力的影响

单位：微克/（克·小时）

处理	黄瓜	小麦	玉米	大豆	芸豆
酵素菌	1.57	1.78	2.13	1.66	1.74
酵素菌+化肥	1.46	1.64	2.12	1.53	1.72
化肥	1.37	1.47	1.84	1.42	1.63

2. 改善植株营养状况，保证作物健壮生长 植株营养状况是产量的物质基础，通常通过对作物叶片中氮、磷、钾含量进行测定分析来判定。盆栽作物试验表明，凡施用酵素菌的作物叶片，其营养元素含量比施用化肥有不同程度

增加。说明施用酵素菌后，植株的营养状况得到了明显的改善，这与土壤养分供应能力的提高相吻合。氮的增加有利于蛋白质的组成；磷的增加有利于作物产量和品质的提高；钾的增加有利于促进光合作用；钙的增加有助于提高植株的抗逆性；镁的增加则为叶绿素的合成创造了物质条件。酵素菌对作物叶片营养成分含量的影响情况见表 2-10。

表 2-10 酵素菌对作物叶片营养成分含量的影响

单位：微克/厘米^2（叶）

农作物	处理	氮（N）	磷（P_2O_5）	钾（K_2O）	钙（CaO）	镁（MgO）
黄瓜	酵素菌	184.3	56.5	36.7	136.4	102.3
	酵素菌+化肥	175.0	51.4	32.4	141.3	93.4
	化肥	143.7	47.3	28.7	124.7	87.3
小麦	酵素菌	77.3	52.4	47.4	30.5	10.4
	酵素菌+化肥	75.2	48.7	46.8	29.7	9.8
	化肥	67.4	34.0	45.3	28.4	9.4

3. 加叶绿素含量，增大叶面积系数，提高光合作用 施用酵素菌后，植株生长健壮，叶绿素含量高，叶面积系数均有不同程度的增加，叶绿素含量增加了 16.44%，提高了光能利用率；叶面积系数增加了 18.56%，增大了光合面积，也就是增加了光合产物的合成。酵素菌对作物叶绿素含量的影响见表 2-11，对叶面积系数的影响见表 2-12。

表 2-11 酵素菌对作物叶绿素含量的影响

农作物	处理	叶绿素［微克/厘米^2（叶）］	增减（%）
黄瓜	酵素菌	29.46	+16.44
	酵素菌+化肥	28.74	+13.60
	化肥	25.30	—
小麦	酵素菌	127.60	+37.10
	酵素菌+化肥	131.24	+41.01
	化肥	93.07	—

表 2-12 酵素菌对作物叶面积系数的影响

项目	黄瓜			小麦		
	酵素菌	化肥	增加（%）	酵素菌	化肥	增加（%）
叶面积系数	0.94	0.65	+44.62	1.98	1.67	+18.56

4. 降低呼吸强度，减少养分消耗，保证了物质积累 作物呼吸作用的强

弱，直接影响净光合产物的积累量。呼吸强度测定试验表明，凡施用酵素菌肥的农作物，其呼吸强度均有不同程度的降低。呼吸强度减弱，净光合速率增强，净光合产物积累量增多，从而提高了产量。酵素菌对作物呼吸强度的影响见表 2 - 13。

表 2 - 13　酵素菌对作物呼吸强度的影响

单位：(CO_2) 毫升/(千克・小时)

项目	黄瓜			小麦		
	酵素菌	化肥	增减 (%)	酵素菌	化肥	增减 (%)
呼吸强度	0.35	0.42	−16.67	0.23	0.32	−28.13

5. 刺激作物生长　酵素菌代谢产物中含有很多植物生长刺激素，利用麦芽鞘伸长法测定酵素菌对麦芽鞘刺激生长的试验结果表明，酵素菌对麦芽鞘伸长有促进作用，与空白对照相比增长 21.06%，说明酵素菌发酵液中植物生长调节剂分泌量足以刺激作物的生长（表 2 - 14）。酵素菌对植物生长的刺激作用在芽苗菜生产中具有重要意义，据此可以培育酵素芽苗菜。

表 2 - 14　酵素菌发酵液对麦芽鞘伸长生长的影响

项目	酵素菌发酵液	清水（对照）	增加（%）
麦芽鞘长度（毫米）	36.68	30.30	+21.06

6. 具有一定的抗病作用　在实验室条件下，平板培养试验表明，酵素菌对小麦全蚀病菌（*Gaeumannomyces graminsis*）、甜瓜球腔菌（*Mycosphaerella melonis*）、姜瘟病菌（*Ralstouia solanacearum*）、黄萎病菌（*Verticillium dahliae*）都有明显的抑菌圈或抑菌带，因此对小麦全蚀病、黄瓜蔓枯病、姜瘟病和棉花黄萎病等都有较明显的抑制作用。

总之，施用酵素菌肥后，作物根系发达，营养充足，叶绿素含量和叶面积系数都有不同程度的增加，净光合作用增强，对于提高作物产量，特别是提高商品产量、增强植株抗逆性效果都非常明显。

三、农用酵素对设施土壤连作障碍的影响

目前，我国已成为世界上最大的设施蔬菜生产基地之一。随着各地农业产业结构调整和土地流转步伐的加快，设施蔬菜面积仍将不断扩大。与此同时，设施土壤连作障碍的问题也越来越突出。只有深入研究，找出问题所在，并适时拿出对策，才能保证设施蔬菜产业持续健康发展，才能避免“一哄而上”

“一哄而下”的现象发生。

农业集约化程度在带来农产品产量显著提高和经济效益明显提升的同时，由于过分依赖化肥和农药的使用，致使农田土壤板结、盐渍化及作物重茬连作障碍等问题越来越凸显，越来越成为制约其生物学产量提高和品质改善的限制因子。另外，长期以来，大量工农业废弃物、未经充分发酵处理的畜禽粪便的过量施用，造成农田土壤负载过重和重金属污染。

高亮等针对土壤连作问题开展了广泛的调查，研究了土壤连作障碍的特征特性、对蔬菜的为害症状，以及对土壤理化性状和土壤微生物的影响等，探索了不同地区、不同蔬菜利用酵素菌综合治理土壤连作障碍的方法，为设施蔬菜持续健康发展提供了一定的指导。

在等价施肥情况下，施用酵素腐殖酸肥，土壤有机质含量增加5%～15%，理化性状改善，如土壤容重降低6%～8%，田间持水量增加5%～7.2%，土壤中芽孢杆菌和放线菌数量增加120%～500%，土壤肥力显著提高；植株抗病、抗逆能力提高，蔬菜增产7%～12.5%，水果增产6%～15%，产品外观商品性状和内在品质显著改善，蔬菜、水果的畸形率明显降低，口感好，风味佳，维生素C、糖分含量明显提高，硝酸盐、重金属含量大幅度减少。

2010年1月，山西省太谷县小白乡遭遇－20℃超低温天气并伴有大雪，持续时间长达10多天，绝大多数设施蔬菜受灾严重。然而，施用了酵素腐殖酸肥的棚室地温比常规种植的棚室高1～3℃，黄瓜、番茄、辣椒、西葫芦等蔬菜未出现低温冻害，尽管生长缓慢，但未停止发育，早期产量增加35%以上，增产、增收效果显著。

（一）保护地连作障碍的情况调查

高亮等对山西省阳高县、怀仁县、大同县、晋中市榆次区、太谷县、新绛县、长子县等25个县（市）120处乡镇280多个村进行土壤连作障碍情况调查发现，在设施条件下，连作2年以上的蔬菜，均表现出不同程度的连作障碍，主要表现为蔬菜侵染性病害加重、生理病害显现、根系生长障碍、产品畸形率增加，以及土壤板结、理化性状恶化、酸化、次生盐渍化等。调查中同时发现，土壤耕作层土壤破坏，未充分腐熟有机肥（主要是畜禽粪便）的超量使用，单一化肥及含植物生长调节剂（植物激素）的肥料、农药的不合理使用，不合理灌溉，植株调整不当等因素加剧了土壤连作障碍的危害。

1. 土壤有害生物　土传病虫害是土壤连作障碍中最主要的因子。土壤中有害生物主要包括根结线虫和病原微生物。设施栽培发病严重的主要原因是在同一地块多年重复种植同一种或同一类蔬菜，致使土壤中病原菌大量积累，主要病原菌有腐霉菌（*Pythium* sp.）、疫霉菌（*Phytophthora* sp.）、丝核菌（*Rhizoctonia* sp.）、镰刀菌（*Fusarium* sp.）、核盘菌（*Sclerotinia* sp.）等。染病植株生长势弱，产量降低，有的甚至绝产。研究发现，番茄连作易发生病毒病、枯萎病、黄萎病和根结线虫病等。以病毒病为例，为害番茄的病毒主要有 TMV、CMV、番茄环斑病毒（ToRSV）和番茄黄化曲叶病毒病病毒（TYLCV，或 TY 病毒），除 CMV 主要由蚜虫传播外，其余病毒都是由土壤传染的或土壤至少是重要的传播途径之一。发生病毒病的土壤，可能会使土壤中的微生物数量减少、活性降低，从而使根际土壤中脲酶、转化酶活性降低，多酚氧化酶活性升高，土壤腐殖化程度下降，吸收能力下降。

2. 土壤次生盐渍化和酸化 盲目过量施肥是造成设施土壤次生盐渍化的重要原因之一。调查中发现，菜农对粪肥（主要是鸡粪、猪粪、牛粪等）和化肥（主要是复混肥料、复合肥料、磷酸二铵、尿素、过磷酸钙等）的用量分别是露地蔬菜的 5～10 倍和 3～6 倍，超过蔬菜的正常需要量的 5～8 倍。大量剩余肥料及其副成分在土壤中积累，一方面提高了土壤溶液浓度，另一方面降低了土壤 pH 值，使土壤变酸，Fe^{2+}、Mg^{2+}、Al^{3+} 等离子溶解度增加，进一步增加了土壤溶液浓度，加剧了土壤盐渍化程度。同时，设施内温度高，原生矿物的风化分解速度加快，盐基离子释放增多。加上土壤水分的蒸发量和作物的蒸腾量加大，下层土壤中的盐分向地表移动，积聚在土壤表层，从而导致设施土壤次生盐渍化。

另外，蔬菜根系一般分布较浅，土壤盐分积累后，会造成土壤溶液浓度增加，土壤溶液渗透势加大，导致种子发芽困难、根系吸水吸肥不良。土壤溶液浓度过高，营养元素之间的拮抗作用加剧，蔬菜易出现缺素症状，导致生长生育受阻，产量和品质下降。

3. 蔬菜的自毒作用 自毒作用就是指植物通过释放出的一些物质对同茬或下茬同种或同科植物的生长产生抑制作用的现象。这些物质通过地上部淋溶、根系分泌、植物残体在土壤中分解等途径释放出来，它们对光合作用和养分吸收产生重要影响。随着连作茬数的增加，有害物质在土壤中积累量也越来越多，抑制植物生长发育，表现为生长势衰弱、抗性下降、早衰、产量降低等。

调查中发现，在同一地块上连续种植 6～8 年的番茄，在肥水充足、无病虫害的情况下，收获 6～8 穗果后植株即衰老死亡；黄瓜、西葫芦、草莓 5 年连作地块的产量只相当于未连作地块的60%～80%；辣椒、茄子、西瓜、荷兰豆等表现出类似的情况。调查中同时发现，黄瓜和番茄之间存在着相互影响的现象，产量同比降低10%～30%。

深入研究发现，自毒物质主要包括苯甲酸、苯丙烯酸、对羟基甲酸、肉桂酸等，通过抑制蔬菜对水分和 NO^-、SO_4^{2-}、Ca^{2+}、K^+ 等的吸收，影响光合作用、影响蛋白质和DNA合成等多种途径，影响正常的生长发育。

4. 连作对土壤的影响　研究中发现，随着设施蔬菜种植年限的延长，土壤理化性状发生变化，表现为有机质含量提高，土壤容重降低，pH值降低，全氮、碱解氮、全磷、有效磷、速效钾含量普遍增加，但氮、磷、钾比例失调，突出表现为高氮高磷低钾，或高氮低磷低钾。

多年连作破坏了土壤的团粒结构，影响了土壤孔隙度、土壤容重和保水保肥能力。同时，根系分泌物中的有机酸如甲酸、乙酸、草酸、苹果酸、丙酮酸等释放出的 H^+，使pH值降低。根系分泌的酸性物质和胶黏物质与 Fe^{2+}、Mn^{2+}、Mg^{2+} 等离子形成络合物和配位化合物，严重影响了根系对矿质离子的吸收。

5. 连作对蔬菜的影响　不同的栽培方式，连作蔬菜的植物学特征差异较大；相同栽培方式，连作年限对植物学特征影响较大。研究发现，随着连作年限的延长，番茄、茄子、辣椒等茄果类蔬菜植株生长势下降，叶片大而薄、卷曲下垂，节间增长，畸形花增多，叶上着生花序或花序上着生叶片等“返祖”现象增多，果实外观变差，畸形果增多，结果后期植株衰老迅速。黄瓜、西葫芦等瓜类蔬菜表现为叶片宽大，叶柄增长，叶片下垂，雌花增多，瓜条短粗，尖头瓜、大肚瓜、细腰瓜明显增多，生长后期产量下降明显。

不同栽培设施，土壤连作障碍发生和危害具有一定差异。单斜面节能日光温室发生土壤连作障碍重于圆拱式塑料大棚，而下凹式节能日光温室又重于平地式节能日光温室。随着栽培年限延长，不同栽培设施的蔬菜发生土壤连作障碍危害程度呈现加剧的趋势，但不同蔬菜的表现症状存在显著差异。不同管理技术措施对土壤连作障碍的影响差异显著，不同肥料品种、不同施肥方法对土壤连作障碍影响较大。

（二）酵素菌对设施蔬菜连作障碍的控制效果

在等价施肥条件下，施用酵素菌肥的土壤pH值提高0.31～0.37，土壤溶液浓度下降15.28%～23.14%，电导率降低1.26～2.15西门子/米，土壤全氮增加0.34～0.40克/千克，有效磷增加0.01～5.46毫克/千克，速效钾增加1.33～27.84毫克/千克，土壤盐分下降15.26%～32.17%，土壤有机质增加

0.22%～0.47%。土壤中细菌数增加（2.19～8.66）$\times10^7$个/克，放线菌数增加（3.84～8.81）$\times10^7$个/克，真菌数增加（4.12～2.76）$\times10^6$个/克。土壤微生物数量的增加，改善了土壤微生态环境，加速了物质转化，提高了土壤肥力。土壤生物量碳提高13.64%～23.19%，土壤呼吸强度提高16.34%～27.66%，土壤过氧化氢酶活性提高25.14%～37.23%，土壤脲酶活性降低19.42%～23.12%。

施用酵素菌肥的黄瓜、西葫芦、番茄、辣椒、茄子等的植物学性状均有所改善。番茄株高增加26.5～68.7厘米，中部茎粗增加3.3～5.6毫米，单株果穗数增加2.3～5.2穗，单果重增加12.6～22.7克。植株生长健壮，叶色浓绿，生长发育正常，产量提高2.7%～22.7%，畸形果率下降16.5%～28.3%，发病率降低21.5%～26.7%。

施用添加乙酸钙不动杆菌的酵素菌生物有机肥对于改良土壤连作障碍效果优于常规施肥，土壤连作障碍得到显著缓解，主要表现在：改善土壤团粒结构，增强保肥、保水、供肥、透气、调温功能，增加土壤有机质、氮、磷、钾及微量元素含量，提高土壤肥力效能和土壤蓄肥性能，减少养分流失，增强土壤对酸碱的缓冲能力，提高难溶性磷酸盐和微量元素的有效性，还可消除农药残毒和重金属污染，促进光合作用，提高蔬菜品质。还能有效降低根系分泌物对蔬菜根的毒素伤害。酵素菌肥中的微生物能有效地分解毒素，降低酚酸，如阿魏酸、香草酸、对羟基苯甲酸等的作用浓度，减轻酚酸对农作物的毒害，改变根际微生态环境，使放线菌数量增加，抗生素增多，抗性增强，同时使细菌数量增多，土壤肥力提高、活性增强，提高根系养分的活性和根的吸收能力，促进蔬菜健壮生长。

试验表明，施用酵素菌肥后，黄瓜根系脱氢酶和ATP酶活性增强，黄瓜根系吸收氮、磷、钾和中微量元素明显增加，增强了对逆境胁迫的抵抗能力，黄瓜生长健壮，连作障碍减轻。番茄、辣椒、茄子、芸豆等果菜，施用不同配比下的酵素菌肥后，土壤连作障碍症状不同程度减轻，表现为产量提高、品质改善、抗性增强。

生产上，根据设施类型、蔬菜种类和连作年限的不同，在连作障碍综合治理上存在差异。对于连作年限较短、土壤轻度盐渍化的温室，主要采取施用酵素高温堆肥、土壤酵母、配方施肥，以及进行嫁接栽培，即采取以生态控制和生物防治为主的综合治理技术；对于连作年限较长、土壤严重盐渍化的温室，主要采取施用酵素菌肥、进行无土基质栽培以及生态控制和生物防治为主的综合治理技术。

第三章 微生物酵素的生产技术

微生物数量众多，作用方式和功能千差万别。筛选到最适合的原料，选择最适宜的微生物组合，按照预想的方向制备出理想的产品，这是非常理想的状态，但这个过程十分困难。食用酵素优选有机食材，选用安全、高效的益生菌发酵制备而成。农用酵素将工农业废弃物利用酵素菌进行无害化处理、资源化利用，最大限度发挥其营养特性，减少环境污染，培肥土壤，保护生态环境，保持农业可持续发展。

第一节 食用酵素的生产技术

食用酵素取材方便，所有对人体有益的食材，包括蔬菜、水果、谷物、食药用菌、中草药等均可。但生产实践中，容易出现酵素制作腐败现象，排除工艺本身，最大可能是所选用的食材中农药含量超标所致。由于食材中所含农药成分抑制或干扰了益生菌的定向发酵，出现不可知的腐败现象。因此，制作食用酵素时，应选用有机或绿色食品级产品。笔者团队提出“利用酵素果蔬制作果蔬酵素”的循环开发思路，得到很好的实践验证。下面，介绍几种常见的食用酵素：

一、松针酵素

松针为松科松属植物的叶，含有丰富的营养物质和生理活性成分，具有镇咳、祛痰、抗突变、降血脂、降血压、抗衰老、消炎抑菌等作用。

（一）松针酵素制备工艺流程及操作要点

原料→清洗→热烫→沥干→研磨→酵素发酵→混合发酵→后熟→松针酵素

选取松针、松花粉、松子等原料，清水洗涤后热烫15分钟，冷却沥干后加水研磨得到混合浆液，加入22%红糖和33%冰糖，溶解均匀，再加入0.8%活化后的酵素菌，置于22℃条件下发酵，后熟陈化结束后即得到松针酵素成品。松针酵素于4℃低温陈酿，可分别制成陈酿半年、1年、2年、3年、4年的松针酵素。

（二）检测结果

不同陈酿期松针酵素中均含有丰富的活性酶类，包括超氧化物歧化酶（SOD）、淀粉酶、蛋白酶、脂肪酶和纤维素酶，在陈酿初期，5种酶活力最高，分别为258.67IU/毫升、12.95IU/毫升、427.66IU/毫升、1.90IU/毫升、6.92IU/毫升。随着陈酿时间的延长，松针酵素中SOD、淀粉酶、蛋白酶、脂肪酶和纤维素酶活力均逐渐降低，陈化4年后，分别下降36.79%、88.26%、43.52%、82.63%、28.03%。松针酵素具有良好的抗氧化能力，在陈酿初期，还原力、超氧阴离子清除率和2,2-联氮-二（3-乙基-苯并噻唑-6-磺酸）二铵盐（ABTS）自由基清除率均达到最高值，分别为92.93%、60.57%、98.89%，且均随着陈酿时间的延长而逐渐降低，而1,1-二苯基-2-三硝基苯肼（DPPH）自由基清除率随着时间的延长而增加。

二、树莓-石榴复合果汁酵素

树莓、石榴均富含多酚类化合物，具有较强的抗氧化能力，是制备酵素的好食材。

（一）复合酵素的制备方法

将树莓、石榴与无菌水按质量比0.5∶0.5∶1混合，粉碎成浆液。向树莓-石榴复合浆液中加入1%酵素菌种，后在37℃，180转/分钟条件下培养4天，4 500转/分钟下离心出上清液，即树莓-石榴复合果汁酵素。

（二）检测结果

复合酵素发酵72小时，总酚含量（0.57毫克/毫升）、-OH清除率（67%）及O_2^-清除率（54%）最高；发酵60小时，总黄酮含量（0.41毫克/克）及DPPH自由基清除率（94%）最高；发酵过程中，pH值最低，且变化最小，利于发酵的进行。

三、木瓜酵素

以木瓜为主要原料，分别采用自然发酵（1号罐）、酵母菌-德氏乳杆菌保加利亚亚种-嗜热链球菌先后顺序接种发酵（2号罐）、酵母菌-长双歧杆菌-嗜热链球菌先后顺序接种发酵（3号罐）。

（一）木瓜酵素的制备工艺流程

三种工艺制备木瓜酵素，总时间为100天。具体流程如下：

1. 1号自然发酵（1号罐）

木瓜原料 → 清洗、消毒 → 晾干、切片 → 装桶、压紧 → 加白砂糖 → 常温发酵（60天）→ 酵素 → 过滤 → 装瓶 → 成品

2. 2号接种发酵（2号罐）

木瓜原料 → 清洗、消毒 → 晾干、切片 → 装桶、压紧 → 加白砂糖 → 植入酵母菌 → 常温发酵（30天） → 植入德氏乳杆菌保加利亚亚种 → 45℃下发酵（30天） → 植入嗜热链球菌 → 47℃下发酵（40天）→ 酵素 → 过滤 → 装瓶 → 成品

3. 3号接种发酵（3号罐）

木瓜原料 → 清洗、消毒 → 晾干 → 装桶、压紧 → 加白砂糖 → 植入酵母菌 → 常温发酵（30天）→ 植入长双歧杆菌 → 40℃下发酵（30天） → 植入嗜热链球菌 → 47℃下发酵（40天）→ 酵素 → 过滤 → 装瓶 → 成品

发酵液8 000转/分钟离心后，上清液即为木瓜酵素。

（二）检测结果

不同发酵工艺制得的木瓜酵素均有较强的抗氧化性，对自由基的清除率在80%以上，其中自然发酵制备的木瓜酵素清除自由基的能力更强，工艺相对稳定；人工接种嗜热链球菌后可以提高木瓜酵素清除DPPH·和O_2^-的能力，分别提高30%和10%；自然发酵的淀粉酶活力最高，比人工接种的2号和3号发酵工艺提高约2倍，有机酸含量也最高，但人工接种发酵工艺所制得酵素产品活菌数比自然发酵的高，其中3号发酵工艺所得酵素产品的益生菌数量是自然发酵的2倍多，有机酸中增加了乙酸种类。

四、糙米酵素

糙米是稻谷脱壳后的米粒，与精白米相比，糙米具有更高的营养价值。据美国农业部的研究报告，稻谷中64%的营养元素集中在米糠中。除碳水化合物外，糙米中所有营养素的含量都高于白米，其中粗纤维、烟酸、磷、钾、铁、钠的含量是白米的2～3倍。糙米中还含有丰富的生物活性成分，如GABA（γ-氨基丁酸）是一种生理活性物质，具有降血压、抗惊厥、营养神经、改善脑机能、促进长期记忆、促进激素分泌、活化肾功能和活化肝功能的功效；谷维醇，其分子结构中存在阿魏酸基团，阿魏酸基团中的酚羟基和共轭体系具有抗氧化活性，具降血脂、抗氧化、抗衰老和去自由基等方面的功能。糙米中的米糠纤维可促进肠道蠕动，改善消化道有益菌的生存环境，促进体内毒素的排出，预防和改善便秘病症。糙米中的植酸，以钙、镁、钾复合盐的形式存在，经发酵后可改变这种复合盐的存在形式，从糙米酵素中游离出来，具有极强的络合能力，天然无毒，是极好的抗氧化剂。

以糙米为主要原料，添加蜂蜜、大麦芽、盐、酵母进行发酵，可制得糙米酵素。其培养基的配比（以糙米为基数）是：水150%，蜂蜜8%，大麦芽1%，盐1%。以感官评定为指标，进行发酵效果测定。实验结果表明：酵母用量3%、时间6小时和温度35℃为较适宜的发酵条件，以此条件制得的糙米酵素风味酸甜、乳白色，多糖含量可达18.96%，植酸含量达1.07%。

五、桑葚酵素

桑葚是一种常见的水果，具有帮助消化、预防“三高”和癌症、乌发、保护视力、降低胆固醇、安神、提高智力、美容等多种保健功效。桑葚在发酵过程中会产生对人体有益的物质，如桑葚中含有的抗氧化性物质：总酚、抗坏血酸、总黄酮等，具有清除人体自由基、延缓衰老、预防疾病的功效。

（一）制备方法

将鲜桑葚或干桑葚10千克倒入25千克清水浸泡直到桑葚吸水饱满为止，打浆，加入白砂糖，调节pH值至6.0～6.5，接种发酵菌，于37℃下发酵，4℃下陈化保存。

（二）检测结果

发酵液初始 pH 值为 6.04，接种量为 1.59%，发酵时间 16.86 小时，发酵制得的桑葚酵素其 DPPH 自由基清除率可高达 97.04%。

第二节　农用酵素的生产技术

一、酵素高温堆肥的生产技术

利用酵素菌中好气性发酵微生物产生的糖化酶、蛋白酶等水解酶分解富含有机质的原材料，如各种农作物秸秆、锯末、农副产品废弃物等，通过高温堆积发酵后，再经后熟处理制得酵素高温堆肥（high temperiture brewed compost）。

（一）酵素高温堆肥是好气性发酵的产物

利用酵素菌发酵有机物生产有机肥的初期，料堆中含有较多的空气，微生物进行着旺盛的好气性发酵过程，温度持续上升，但经过一段时间后，由于好气菌消耗了堆肥中的游离的氧气，生成了大量的二氧化碳，进入厌气状态，尤其是将物料堆放的越紧实，含水量越大，厌氧过程来得越快。如果此时保持料堆不翻动，则好气性发酵过程逐渐停止，厌气菌开始繁殖起来，会对物料进行还原，产生甲烷气体，原料中的碳水化合物转化成乳酸，蛋白质则被分解成氨基酸、氨等物质，进而转化成硫化氢，散发恶臭；生成硝酸也会降低 pH 值，使堆肥质量下降。

正确的方式是，及时观察物料外观、温度、色泽、气味等的变化，及时翻堆，以补充氧气，保持良好的好气性发酵状态，才能生产出质量上等、营养丰富的酵素高温堆肥。

（二）酵素高温堆肥生产的基本条件

生产酵素高温堆肥的原料多种多样，生产方式千差万别，但利用酵素菌发酵生成有机肥料的基本条件是大致相同的。

1. 水分　水分是有机肥料发酵质量优劣的关键之一。无论何种原料的有机肥料，其适宜的含水量一般为 55%～60%，即手握成团，在指缝之间将要有水分渗出即为适宜的水分含量。

(1) 水分过剩　如果物料的含水量过剩，即手握物料时，水滴从手缝间滴落，则物料通透性差，不能持续地进行好气性发酵，极易发生厌气性发酵，而使堆肥变酸发臭。

(2) 水分不足　当物料含水量不足时，在堆肥发酵初期，好气性发酵十分旺盛，产生热量多，料堆升温快，同时水分蒸发也快。不久之后物料水分不足，于是料堆中心部位呈现脱水干燥的异常高温状态，此时温度可高达70～80℃，在这样的高温下，好气性有益微生物纷纷死亡，少数微生物发生变异，只剩下少部分高温型的好氧细菌和一部分耐热型放线菌，整个物料好像挂了白霜一样，此时物料中的有效养分迅速分解，肥料质量大幅度下降，失去该有机肥料改良土壤、培肥地力的作用。

2. 碳氮比（C/N）　微生物的活动离不开有机物质，为了保持微生物正常的生命活动，必须保持有机物质中适宜的碳氮比。对一般微生物而言，碳氮比越大发酵越慢，当碳氮比达到一定数值，微生物发酵活动将无法进行。酵素菌中发酵微生物的正常活动碳氮比为（15～50）∶1，适宜碳氮比为（25～30）∶1。

有机物料不同，其碳氮比也有较大差异，如稻秸的碳氮比为54∶1，稻壳为72∶1，麦秸为373∶1，木屑为625∶1。要想以此为基料生产有机肥料，就必须补充一定数量的氮素，如畜禽粪便、人粪尿、硫酸铵、尿素等。如将1 000千克稻秸发酵成有机肥料，必须补充纯氮4千克左右，如果使用干鸡粪，则需要100千克。制作时，稻秸加足水分，将酵素菌、干鸡粪、米糠等原料充分混入，使其旺盛地发酵。实际生产中，干鸡粪的添加量30千克即可实现良好的发酵。对于以碳氮比极高的锯末、木屑、树枝等为原料时，理论上至少需要1 000千克以上的干鸡粪作为氮源，而实际生产只需要300千克即可。

3. 酵素高温堆肥选材及其他养分

(1) 酵素高温堆肥原料　酵素高温堆肥可选用各种农作物秸秆（如稻秸、稻壳、麦秆、玉米秸、烟草秸等）、中药渣、圈肥、锯末、树皮、木屑、畜禽粪、豆饼、人粪尿、豆渣、鱼粉、骨粉、肉粉、果皮等作原料。

(2) 酵素高温堆肥需要的其他养分　酵素菌在发酵过程中，不仅需要氮素这一营养，还需微生物发酵能量源，如蔗糖、淀粉等碳水化合物。此外，还需要磷、钾等大量元素和钙、镁、硫、铁、锰、铜、锌、钼等中微量元素。由于这些营养元素通常在有机原料中都有，因此一般不需要单独添加，但对于以农作物秸秆为主要原料的有机物料，适当添加红糖和钙镁磷肥是必须的。

另外，在调整有机原料的碳氮比时，如果只选用硫酸铵、尿素等化肥时，最好适当补充枸溶性的磷素营养，如骨粉、钙镁磷肥等，可以有效地预防氮素散失。在此基础上，再添加堆肥干重1.5%～3%的米糠或麸皮，则发酵效果更加理想。

4. 酵素高温堆肥的降解机制　用于堆肥的有机原料主要成分为木质素、纤维素等，其中木质纤维素最难分解。木质纤维素降解主要通过微生物进行，但木质纤维中木质素、纤维素、半纤维素相互交联，单一微生物难以降解，需要多种微生物菌群分泌胞外酶协同作用。能够降解木质纤维素的微生物主要是真菌和细菌，而真菌对木质纤维素的降解能力较强，尤其是对木质素的降解远比细菌强，它们可分泌多种酶实现对木质纤维素的降解，如孢原毛平革菌（*Phanerochaete chrysosporium*）、变色栓菌（*Trametes versicolor*）、曲霉（*Aspergillus* sp.）、木霉（*Trichoderma* sp.）等均能降解木质纤维素；细菌主要降解纤维素和半纤维素，它们主要通过分泌纤维素酶和半纤维素酶实现对木质纤维素的降解，如假单胞菌（*Pseudomonas* sp.）、纤维单胞菌（*Cellulomonas* sp.）、热纤梭菌（*Clostridium thermocellum*）等细菌均能降解木质纤维素。

木质纤维素的生物降解由木质素酶、纤维素酶和半纤维素酶三者协同完成，其中木质素需要木质素过氧化物酶、锰过氧化物酶和漆酶等酶族协同实现降解；纤维素需要内切葡聚糖酶、外切纤维素酶和β-葡萄糖苷酶等酶族协同实现降解；半纤维素需要β-1,4-内切木聚糖酶、β-木糖苷酶、β-1,4-葡萄糖苷酶和β-甘露糖苷酶等酶族协同实现降解。

高通量测序、宏基因组学、宏转录组学和宏蛋白质组学的发展，为人们认知特殊生境（如高温堆肥）中微生物群落组成、演替及功能提供了新的技术和手段。这些技术可以在非培育条件下研究特定生境中的微生物及其功能，为特定生境中降解有机物的相关微生物和酶的发掘提供新的可用途径。

由于堆肥原料多样，成分复杂，仅仅将从相对单一的原料中筛选出的功能菌株用于不同的堆肥原料中，确实存在接种效果不稳定的情况。由于不同区域的气候、温度条件存在显著差异，依据不同地区的环境特点，选配有针对性的菌株用于堆肥接种发酵，有利于提高发酵效果。酵素菌是典型的复合微生物菌种，其中所含菌株的复配组合并不是几十个菌种的简单叠加，而是多年长期试验的结果。

（三）酵素高温堆肥的生产方法

1. 酵素麦草高温堆肥

（1）基本配方　麦草1 000千克，钙镁磷钾肥20千克，干鸡粪200千克，麸皮 15 千克，红糖 1.5 千克，酵素菌 1～1.5 千克。

（2）生产流程　将麦草摊成 50 厘米厚，加水充分泡透后，将干鸡粪均匀撒在麦草上，再将红糖和麸皮撒上，最后将酵素菌与钙镁磷钾肥的混合物均匀撒上，充分掺匀后，堆成高 1.5～2 米、宽 2.5～3 米，长度超过 4 米的长方形料堆，原料不少于 15 米^3。

夏季，发酵温度上升很快，一般第二天温度即升至 60℃，维持 7 天左右，翻堆 1 次，注意翻堆要均匀彻底，将外面的原料翻入里面，将里面的料翻出。之后，每 7 天左右翻堆 1 次，前后共需 4 次。最高发酵温度不应超过 70℃。第四次翻堆后，注意观察温度变化，当温度日趋平稳且呈下降趋势时，表明堆肥发酵完成。

（3）注意事项　利用麦草生产酵素高温堆肥，最好在水泥硬质地面上进行。生产过程中，必须切实注意温度、湿度、颜色、气味等的变化。从堆肥发酵开始，每 8 小时测量一次温度。物料的适宜温度控制在 60～65℃，最高不应超过 70℃。生产中，当温度升至 70℃时，要设法控制温度，通常采用喷水或者翻堆的方法。如果温度过低，可能是酵素菌种的质量问题或者料堆中水分含量过大，或通风不良造成，此时要注意及时补充新的酵素菌种，并适当翻堆以通风降湿，麦草堆肥的适宜湿度为 60%左右。由于发酵过程中产生大量的热量，带走大量的水分，所以在翻堆时需要补充适量清水。随着发酵的进行，物料颜色发生变化，由黄色逐渐变成黄褐色，最后变成深褐色，且有光泽。

玉米秸秆作为主要原料的发酵配方和生产过程同上。但制作前要将秸秆粉碎成 3～5 厘米的小段或碾压后方可进行，否则将影响物料吸水和拌匀。物料水分不足和掺混不均匀，会影响发酵质量。

2. 酵素青草高温堆肥

（1）基本配方　新鲜青草 1 000 千克，麸皮 15 千克，酵素菌 2.5 千克。

（2）生产流程　先将新鲜青草用水浸透，摊成 20～30 厘米厚，再将麸皮和酵素菌的混合物均匀地撒在上面，这样一层青草一层酵素菌，料堆高度不低于 1.5 米，体积不少于 5 米^3。堆好后，大约经过 24 小时，温度迅速上升至 60℃，及时翻堆。每天翻堆 1 次，前后共需 4 次即可生产出优质的酵素高温堆肥。

（3）注意事项　用青草作原料生产发酵有机肥，发酵速度快，时间短，要注意及时翻堆，一旦温度上升至 55℃，即每天翻 1 次，不能间隔。而且制作成功后要及时使用，或干燥贮藏。

3. 酵素木屑高温堆肥　木屑、锯末、树皮是一种很好的资源，但不能直接作有机肥使用。利用酵素菌进行高温发酵处理后即成优质的堆肥，具有改良土壤的优良功效。

（1）基本配方　木屑、锯末、树皮等 1 000 千克，干鸡粪 300 千克，麸皮 30 千克，酵素菌 2～2.5 千克，含水量 65%。

（2）生产流程

①先将木屑、树皮粉碎成 1～2 厘米的小段，最好将木屑压扁，便于吸收水分，有利于微生物蓄积、附着、发挥作用。

②选一平地，最好选择水泥地面，铺平并往粉碎的木屑、树皮、锯末喷水，当水从底部流出时，等一段时间，人工或用铲车翻倒一次，继续喷水，直至木屑、树皮充分吸足水分。实践中，通常采用的检验办法是：用手抓起物料，攥紧，水从指缝中渗出但不滴落，张开手指，物料成团，用指头轻轻触碰，物料即可散开，说明含水量适中。如果用手攥起物料，有水流出，说明物料含水量过大，需要补充干料以吸收多余水分；反之，如果手攥物料没有水渗出，且不能成团，说明含水量不足，需要继续喷水以补足水分。

③将鸡粪撒在已吸足水分的木屑、树皮、锯末中，使之混合均匀，备用。

④将酵素菌种掺混于麸皮中，充分混匀后，均匀撒在木屑和鸡粪的混合物中，人工或用铲车拌匀后，堆成山状或长拱棚形，一般底部宽 2.5 米以上，堆高 1.5～2 米。

⑤堆的四周要适当压紧，堆中间自然堆放，不用踩踏，保证通气（补充氧气，有利于好气发酵）。物料自然堆放，不用覆盖任何覆盖物。

⑥一般在春、秋季，堆放 1 天后，料堆温度开始上升，大约 2 天后，温度上升至 55℃以上，夏季温度可达 70℃，保持 7 天时间。在此期间如果水分散失严重，或料堆内温度过高，要适当喷水，保证发酵质量。第八天，人工或用铲车翻堆 1 次，将料堆翻开，重新堆积。要将外面的物料堆放在新料堆的中间，将料堆中间的物料堆在外面，保证所有物料发酵均匀。此时，如果缺水可适当喷水保持湿度。同时可看到木屑颜色已开始变成褐色，表面有大量丝状真菌聚集。物料温度很高，不可直接用手抓物料，待温度稍微下降后，用手抓起物料，感觉非常蓬松，手感很好，鸡粪臭味逐渐散失，树皮已经开始脱离木质部，木屑开始变软。自然堆放 14 天，期间堆温持续上升，维持在 70℃左右，料堆较大时，堆中心温度可能达到 80℃，此时木质素的大分子结构开始被分解破坏，生物腐殖酸开始形成，物料进一步变软，颜色进一步变深，木屑已经开始大量分解，丝状真菌数量激增，发酵速度加快。木屑上携带的病原菌被杀死，鸡粪中的蛔虫卵和大肠杆菌被杀死，鸡粪臭味几乎没有，养分迅速转化，

可溶性有机营养开始形成和积累，维持20天时间，中间如果发现水分散失过多，要注意补充水分，喷水即可。喷水时，料堆底部以不流水为度。第三次翻堆，方法同上。此时物料进一步转化，木屑进一步变软、韧性降低，开始变脆，维持25天左右，进行第四次翻堆。此时物料充分发酵，颜色变深，质地松软，没有臭味，可以使用，也可以自然堆放1～3个月以实现完全后熟，发酵过程结束。

（3）注意事项

①注意木屑的质量。选用原始森林的天然木屑最好；对于木屑中有化学物质残留，如二次加工的木料中含有防腐剂、油漆、沥青等化学物质，尽量不要选用。

②生产上可选用各种果树枝条，切碎或切成3～5厘米长小段后即可。

4. 其他酵素高温堆肥

（1）酵素稻草高温堆肥　基本配方：干稻草1 000千克，米糠50千克，酵素菌1～1.5千克，含水量65%。

（2）酵素稻壳高温堆肥　基本配方：干稻壳1 000千克，米糠30千克，干鸡粪100～150千克，尿素3～5千克，酵素菌1～1.5千克，含水量60%～65%。

生产流程同酵素麦草高温堆肥。

（四）酵素高温堆肥的质量标准

判定酵素高温堆肥的质量，除了进行必要的化验检测外，生产上通常通过温度、颜色、气味、纤维状态以及播种试验法判断。

1. 发酵温度　发酵适宜温度为50～65℃，最高温度为70℃，最低温度为45℃。

2. 颜色　秸秆酵素菌发酵的高温堆肥呈黄褐色，木屑酵素菌发酵的高温堆肥呈深棕色，有鲜亮光泽。

3. 气味　合格的肥料几乎无味，或有点霉味或酵香味。

4. 纤维状态　对于木屑酵素菌发酵的高温堆肥，物料松软，易于捏碎；对于秸秆酵素菌发酵的高温堆肥，纤维变脆，用手一扯即断。

5. 播种试验法　为最理想的判定方法，即将一半酵素菌发酵的高温堆肥，掺上一半园土，然后播种萝卜、白菜、三叶草等，发芽率高且出苗整齐为优质肥料，否则为劣质肥料或发酵不彻底。

（五）酵素高温堆肥的应用

1. 常规应用　酵素高温堆肥最适合用于保护地栽培的各类蔬菜作物，尤其适合根茎类蔬菜如萝卜、生姜、马铃薯、大蒜、洋葱、牛蒡、芋头、山药等，用作基肥，每667米^{2}用量1 000～3 000千克；适用于各种果树的基肥和追肥，每667米^{2}用量1 500～2 500千克；适用于大田经济作物，如棉花、花生、烟草、茶等用作基肥，每667米^{2}用量500～1 000千克；用于粮食作物，如水稻、小麦、玉米、大豆等，可作育苗肥或基肥，每667米^{2}用量300～500千克。

2. 制作苗床培养土 苗床所用的酵素高温堆肥中含氮量不能太高。

（1）标准培养土

配方：酵素高温堆肥50%，河沙20%，田园土17%，珍珠岩或膨润土10%，土壤酵母3%。

适用范围：水稻育秧；番茄、黄瓜、西瓜、甜瓜、辣椒等的育苗；普通花卉、苗木扦插或栽培基质。

（2）高级培养土

配方：酵素高温堆肥60%，河沙或页岩15%，田园土12%，膨润土或珍珠岩10%，土壤酵母2%，酵素高级粒状肥1%。

适用范围：甘蓝、大白菜、青花菜、生菜等蔬菜的育苗；观果、观花花卉栽培基质；果树实生苗的育苗。

培养土配制好后，堆成山状，让培养土自然熟化，若温度持续在35℃以上时，说明掺土较少，适当掺些河沙、页岩或田园土即可。

二、土壤酵母的生产技术

（一）生产原料

在页岩、沸石、膨润土等黏土矿物上培养活性有益微生物，使整个料堆形成一个大的菌落集团，看上去像面包一样聚集在一起，像米曲子一样散发着甜味和酒香味，所以又称为土壤酵母（soil yeast），俗称土曲子。这种微生物菌落是由酵母菌、细菌、曲霉、根霉等活性有益菌组成，同时这些群落中含有一定数量的放线菌。它们之间彼此协同作用，抑制病原菌的生长和繁殖，减少病原菌数量和密度，为作物健康生长创造良好的环境。

此外，由于土壤酵母含多种复合酶，能促进土壤中难溶性的磷、钙、镁以及其他矿物养分的溶解和转化，加速土壤中有机物质的分解，提高肥料的转化利用率，保证作物较好地吸收矿质营养。

土壤酵母的主要原料，如页岩、膨润土、蛭石、沸石、褐煤、风化煤等，其阳离子代换量（CEC）很高，能够提高土壤的保水保肥能力，改善根际的微生物环境，促进作物健壮能力，有利于提高产量。

土壤酵母和酵素高温堆肥的不同点在于，它不仅具有肥料功效，而且具有改良土壤，促进有益微生物快速繁殖的特殊功效。

（二）生产工艺

1. 原料

（1）黏土矿物　最好选用植株根系未扎过的深层生土。可选用页岩、山土、膨润土、沸石、蛭石、褐煤、风化煤等。黏土矿物质应粉碎到粒径0.2～0.5毫米为宜。

（2）米糠或麸皮　米糠和麸皮是酵素菌的培养载体，以新鲜的为好。已经腐烂变质结块的不宜选用。

（3）淀粉或红糖　淀粉是酵素菌中发酵微生物的优良培养基，多用马铃薯、甘薯或玉米淀粉，选用红蔗糖效果更好。

（4）酵素菌种　选用定制的酵素菌种。

2. 基本配方　页岩、膨润土1 000千克，麸皮或米糠30千克，淀粉2千克或红蔗糖1.2千克，酵素菌3～6千克。

3. 生产技术　先将页岩、膨润土与米糠或麸皮充分混合均匀，然后向淀粉中加入少量水，搅成糊状，再加入10升沸水，充分搅拌，使之成凝胶状；如用红蔗糖只需用水化开即可。将淀粉糊或红蔗糖水浇到上述混合原料中，充分拌匀，使含水量达到55%。最后加入酵素菌种，充分拌匀。将拌匀的混合物料堆放到经生石灰水消毒过的水泥地面上，必要时，先过筛后堆放，堆高50～60厘米、宽1.5～2米，长度不限。如果原料较少，可以堆成小山状，上盖经消毒过的麻袋、草苫、棉被，以便保温、保湿和遮光。冬季加盖2层。寒冷的季节和冷凉地区生产土壤酵母，发酵产生的热量散失快，应注意保温。可用玻璃瓶装温水，放入料堆中间，以提高物料温度，加速发酵。夏季，物料堆积好后24～36小时开始发酵，冬季需48～72小时，甚至更长时间。当料温达到45℃时迅速翻堆，将发酵料里外、上下充分翻动打碎掺混均匀，再重新堆好，上盖麻袋，1天内温度可达45℃以上，最高可达65℃，开始闻到甜味和酵香味，在发酵料堆表面可以看到丝状霉菌和酵母菌的群落，此时进行第二次翻堆。此后每天翻堆1次，共4次，此时堆的表面出现面包屑状微生物群落，表明发酵良好。然后摊开进行风干，或直接使用。为防止发酵好的肥料产生恶变，要尽快使之干燥（避免阳光直射），充分干燥后，用纸袋或塑料编织袋包装，可长期存放。

（三）土壤酵母的应用

1. 用作基肥　对于一般农作物，每 667 米^2 用量 100～200 千克，单独使用，或与其他肥料混合使用。用作苗床栽培时，要同苗床土充分混合均匀。

2. 重茬地和病虫害多发田块的应用　对于重茬地，每 667 米^2 用量 300～400 千克；对于病虫害发生严重，特别是根结线虫为害严重地块，每 667 米^2 用量 650～700 千克。如果用药剂对土壤进行消毒处理，必须经过 15～20 天，当药剂充分散失，确定土壤中无药物残留后方可施用土壤酵母，保证其中活性有益微生物快速复活，提高抗病功效。

3. 育苗培养土上的应用　按育苗培养土重量的 1.5%～2%，将土壤酵母添加到培养土中，能够提高培养土的性能，有利于培育健壮秧苗，尤其对茄果类、瓜类蔬菜及水稻育秧效果更佳。对于立枯病和猝倒病发生严重的地块，在拔除病株后，用少许土壤酵母与病土混合，上盖塑料薄膜，静置 3～4 天后，撤去薄膜，再补栽上秧苗，则很少再发病。

4. 土壤消毒处理　生产中，为了预防冬暖式大棚、温室等设施作物发生连作障碍，通常采用高温闷棚消毒法，此时，如果结合土壤酵母或酵素菌，将会收到更好的效果。常用方法是：每 667 米^2 用土壤酵母 300～500 千克或用酵素菌 3～5 千克和麸皮 15～20 千克的混合物，均匀撒在土表，耕翻入土，灌大水，使土壤含水量达 50%以上。迅速扣严薄膜，封闭大棚，经 1～2 天后，土壤开始发酵，地温逐渐上升，温度可达 50℃以上。经过 7～8 天后，撤去薄膜，再灌一次大水，15～20 天后土壤消毒完成，效果更好。因此，土壤酵母是一种优良的土壤修复剂。

（四）土壤酵母的启示

用阳离子交换量（CEC）较高的山土、页岩、膨润土、蛭石、沸石等培养有益微生物，能大量生长繁殖吸附微生物菌群，建立其强大稳定的微生物群落。

土壤酵母是人们向大自然学习，把肥料厂搬到田间，在田间原位活化土壤，调整菌群平衡，解决化肥使用不当造成的土壤板结，使土壤中难溶性的磷、镁、钙、钾及其他矿物质营养成为可溶性的能被植物吸收利用的速效营养，有效预防蔬菜、果树及其他经济作物的重茬障碍。

土壤酵母与其他发酵肥料根本不同点在于，其本身不仅具有肥料效果，而且还能够改良土壤，补充有益微生物，促进前茬作物残体快速腐熟分解，有效补充中微量元素。

三、酵素有机肥的生产技术

酵素有机肥（jiaosu organic fertilizer）是农用酵素的核心，该肥不同于其他肥料的显著特点是在利用酵素菌对各种有机质原料进行发酵分解后，根据其用途不同，在发酵肥料的基础上，额外添加功能菌。

（一）酵素有机肥的概况

1. 有机原料发酵的必要性 如果将豆饼、鱼粉、骨粉、鸡粪等新鲜原料未经发酵处理直接施用时，在土壤中会进行强烈的发酵活动，此时土壤中发酵型微生物占主导地位，产生大量的中间代谢产物，并且消耗土壤中大量的氧气，导致作物根部缺氧、烧伤等，严重影响作物正常的生长发育。

众所周知，使用有机肥栽培的蔬菜好吃，特别是施用豆饼、鱼粉、骨粉的西瓜、甜瓜、草莓糖度高、口感好，风味佳。究其原因是因为豆饼、鱼粉等原料中蛋白质含量高，经好气性发酵处理后，被分解成氨基酸，如脯氨酸等，除了能够持续稳定地为作物提供肥料营养外，还能够增强光合作用，增加光合产物，提高含糖量，提高糖酸比，从而改善口感和风味。此外，发现大部分有机质材料中含有一定量的磷、钙、镁、锌等矿质营养，但由于这些养分绝大多数处于不溶解或难溶解的状态，如果直接使用，难以被作物吸收利用。特别是磷，由于作物根系吸收磷的部位仅限于根尖部位，因此吸收量有限。利用酵素菌对上述有机质原料进行好气性发酵分解，将大分子有机物变成小分子有机物，将难溶性的矿物营养变成可溶性的养分，是一种简单有效的方法。

2. 原料的选择 生产上，根据作物的不同选择不同的有机质原料。对于鲜食的西瓜、甜瓜、草莓、苹果、葡萄等瓜果，由于需要较高的糖度和良好的风味，在原料选择上以脯氨酸含量较高的鱼粉、肉粉、骨粉、血粉、菜籽饼、米糠等为好。对于黄瓜、辣椒等蔬菜作物，由于果实中含有大量的叶绿素，这就要求较多的镁，应选用富含镁的菜籽饼、豆饼、棉籽饼、骨粉等原料。对于一般的禾谷类作物，以及洋葱、大蒜、牛蒡、山药等蔬菜和郁金香、百合等球根花卉，需磷较多，应选用含磷较多的骨粉、毛皮屑、羽毛粉、鱼粉、米糠、麸皮等原料。对于常规观花花卉，要保持花朵鲜艳持久，需要较多的镁、钙、磷，多选用豆粕、骨粉、鱼粉等原料。对于胡萝卜、萝卜等根菜类需要较多的磷、钙、钾，应选用蚕沙、鸡粪等原料。

此外，各地可根据当地的资源特点，本着就地取材、经济方便的原则，选用多种农副产品废弃物作主、辅原料，如厨余、醋糟、中药渣、酒糟等，经精心配制后，利用酵素菌高温发酵处理后也是优良的酵素菌肥。

3. 功能菌的选择　酵素菌是典型的发酵微生物群，是良好的微生物接种剂或有机物料腐熟剂，经其发酵的有机肥可以配制成生物有机肥、复合微生物肥、有机无机复混肥等衍生产品。针对生物有机肥用途不同，或登记要求，选用不同的功能微生物。如果以抗病菌为主，多选用能够产生抗生素类物质的放线菌、芽孢杆菌等；如果以活化土壤、培肥地力为主，则选用曲霉、根霉、细菌等为主；如果以提高作物产量为主，则选用具有解磷、解钾和固氮作用的功能菌。

值得注意的是，功能菌的选择、配比、培养程度、添加时机，不能盲目，否则极易发生拮抗现象而两败俱伤，甚至导致酵素菌生物有机肥生产的失败。

生产上，有不少厂家在发酵好的有机肥中加入一定数量的酵素菌扩繁菌种，这种做法也是不科学的，不仅效果不大，还造成不必要的浪费，而且经这种方法处理后的所谓生物有机肥中，其有效活菌数极少，难以达到生物有机肥的标准要求，生产上是不提倡的。

（二）酵素有机肥的生产

1. 高级粒状肥的制作

（1）材料的选择　高级粒状肥是一类富含多种营养，兼有速效、长效特点的酵素菌肥，可用作基肥和追肥。根据土壤类型、作物特性、栽培方式和对产量、品质要求来选择适宜的原料。

（2）制备方法

①基本配方。页岩、膨润土、硅藻土、山土等250千克，干鸡粪100千克，豆饼50千克，鱼粉50千克，骨粉50千克，米糠15千克，红糖600克，酵素菌3～5千克。

主要技术指标：氮（N）含量≥2.7%，磷（P_2O_5）含量≥4.3%，钾（K_2O）含量≥0.3%。

②制备方法。先将酵素菌、米糠混合拌匀，再将红糖用适量清水化开，加入米糠与酵素菌的混合体一起混合搅拌均匀，调节水分含量45%为宜（手握混合物能成块，用手指轻轻一碰就碎的程度）。如感觉水分不足，可用清水补充。将山土等摊开一层，上面均匀地撒上豆饼面、鸡粪、鱼粉、骨粉后，在其

上面再撒上酵素菌、米糠、红糖水的混合物，逐层添加，最后将山土等和这些材料充分混合搅拌均匀，加水搅拌，保持物料含水量达到45%。含水量不足加清水调节。规模化生产采用搅拌机将大大提高生产效率，但要注意必须在物料充分搅拌后，再添加酵素菌种，以减少机械对菌种的影响。最后，将拌匀的物料堆放在清洁的水泥地面或地板上，堆成山状，上边用干净的席子、草帘子、麻袋、苫布等盖上，既可通气，又有保温和遮光效果。规模化生产可以采用发酵池进行发酵，效率更高。

在冬季或者寒冷地区为防止寒风侵袭要多盖2～3层，以便保温。夏季一般堆好之后放置24～36小时便开始发酵升温。严寒季节发酵热量大量散失，冬季大约需要经48～72小时才能达到40～60℃。无论夏季还是冬季，只要料堆内部温度达到45℃时，经过48小时就要进行第一次翻堆。将发酵料堆里外、上下充分翻动打碎掺混均匀，再重新堆好盖好。再经24小时又可发酵升温至45～60℃，此时料堆内散发出一种香甜的酒糟芳香味，同时肉眼能看到物料表面的菌丝、菌落，用手可轻易拿起一大块类似面包的松软菌块，可看到物料中的菌丝交联，不宜散开，闻之有舒服的窖香气味。此时进行第二次翻堆，之后每天翻堆1次，连续翻堆4次后便可全部摊开进行风干。为防止发酵好的肥料产生恶变，要尽快使之干燥（避免阳光直射），经数日干燥之后装纸袋或麻袋中，可长期保存。

高级粒状肥的单次发酵量最低为300千克，超过1吨以上发酵效果更好。

③使用方法和用量。高级粒状肥是全元素多营养肥料，具有速效长效的特点，适合各种作物栽培。

蔬菜：用作基肥，施用量因蔬菜品种不同而不同。番茄、西瓜、南瓜等每667米^{2}用量为150～200千克，草莓、黄瓜、甜瓜（香瓜）等每667米^{2}用量为400～500千克，茄子、辣椒等每667米^{2}用量为500～700千克。用作追肥，番茄、西瓜等大约每隔20天左右，每667米^{2}追施53～67千克；黄瓜、茄子、辣椒等需肥量较大的作物，每隔15～20天，每667米^{2}追施67～100千克；大棚草莓，进行株间或垄上培肥，每667米^{2}用量200千克。对果菜类蔬菜，可在每次收获后进行穴施，即利用深层施肥的机制，在垄的两侧每隔40～50厘米挖一个10～15厘米深的坑，每667米^{2}追施67千克。高级粒状肥用作追肥，配合使用天赐绿肥（酵素液肥）效果好，再补充一定数量的钾或中微量元素效果更好。

果树：果园施用高级粒状肥，主要以春施为主；夏施以速效性氮肥为主，与少量的高级粒状肥一起使用；秋施以磷酸粒状肥为主，适当配合高级粒状肥。其施用量要视树龄大小、收获量来确定，同时结合果园的立地条件、土壤类型、栽培管理水平等要素。成年果树每 667 米^2 春季高级粒状肥施肥量为 200～330 千克，夏季为 20～33 千克，秋季为 67～100 千克。

2. 磷酸粒状肥

（1）材料选择　制作磷酸粒状肥要选择 2～3 种原料配合使用，如纯干鸡粪，要磨细备用；米糠（麸皮）要新鲜，无霉变；淀粉最好选用马铃薯粉、红薯粉，也可选用玉米粉。

（2）配方

配方 1：页岩（或膨润土、山土）400 千克，干鸡粪 40 千克，钙镁磷肥 120 千克，米糠 15 千克，淀粉 1 千克（或红糖 600 克），酵素菌 2～3 千克。

主要技术指标：氮（N）0.33%、磷（P_2O_5）4.07%、钾（K_2O）0.12%。

配方 2：页岩（或膨润土、山土）400 千克，干鸡粪 40 千克，骨粉 60 千克，钙镁磷肥 60 千克，米糠 15 千克，淀粉 1 千克（或红糖 600 克），酵素菌 2～3 千克。

主要技术指标：氮（N）0.7%、磷（P_2O_5）4.6%、钾（K_2O）2.7%。

（3）制备方法　将酵素菌、米糠混合拌匀放在一边。将淀粉用少量清水拌开，再冲入适量的开水快速搅拌成透明的糊状，待温度降到 50℃以下时再使用。使用红糖时，用适量清水或温水把红糖溶化即可。将淀粉糊和红糖水倒入米糠与酵素菌的混合物中，边倒边搅拌，直到混合均匀，水分含量以 40%～50%为宜，水分不够可用清水补充。向摊开的页岩（或山土）中均匀撒入骨粉、钙镁磷肥、鸡粪等有机质原料，然后再均匀撒入酵素菌、米糠、淀粉等的混合物，充分搅拌后，堆放在干净的水泥地面上或地板上，堆成山状。在上面盖上洁净的席子、草帘子、麻袋、苫布等，既能保证通气，又能保温、遮光。冬季要防止寒气的侵入，可多盖 2～3 层，严格注意保温措施。在严寒期或者寒冷地带，由于发酵热散失较多，要进行加温。夏季堆积 24～36 小时便能发酵升温，冬季要经 48～72 小时发酵热才能达到 40～60℃。不论夏季还是冬季，只要堆内温度达到 50℃以上时，或从制作时间算起，经过 48 小时应及时翻堆，并继续堆成山状，盖好保温。再经 24 小时发酵温度又可达到 45～60℃，并散发出甜香味和酒精的芳香味，堆的表面用肉眼能够看到丝状酵母菌的群落。第二次翻堆要在 48 小时后进行，之后每隔 48 小时翻堆 1 次，共翻 4 次。此时在堆的表面约有 15 厘米厚像面包一样结合在一起的菌层，这是有益微生物群落集结成的菌团。将堆肥置室内风干，避免日光照射，通风良好。

制作磷酸粒状肥时，水分含量要比生产土壤酵母、高级粒状肥时要少一些，这是制作优质磷酸粒状肥的要点。

（4）增效磷酸粒状肥

①微酸性磷酸粒状肥。以钙镁磷肥和骨粉等为主体生产的肥料是碱性发酵肥料，如磷酸粒状肥和高级粒状肥都偏碱性，适合酸性土壤。但对于大部分蔬菜、果树，尤其是南方农作物普遍喜欢弱酸性肥料，pH 值偏高不利于其生长发育。在这种情况下，可在磷酸质肥料中使用一部分过磷酸钙，会收到较好的结果。

配方：页岩（或山土）600 千克，骨粉 100 千克，钙镁磷肥 100 千克，过磷酸钙 100 千克，米糠（或麸皮）100 千克，红糖 3 千克，酵素菌 4～6 千克。

主要技术指标：氮（N）0.58%，磷（P_2O_5）6.49%，钾（K_2O）0.02%。

制作方法如前所述。但是过磷酸钙的加入时机至关重要，千万不要在最初混合原料时加入，而是在堆料发酵升温后，在第一次或者第二次翻堆时加入，并且要充分搅拌混合均匀，这点很重要。若是最初混合时就加入，酵素菌受到酸的影响，则难以顺利发酵升温。

②高糖农作物专用磷酸粒状肥。对于西瓜、甜瓜、草莓等对糖度有特殊要求的农作物，以及烟草等不适合使用鸡粪，或者对磷有特殊要求的农作物，不宜选用鸡粪作为氮源。由于鸡粪含氮量 4%～4.5%，且有一定的速效性，过量使用会造成农作物徒长，可用米糠来代替鸡粪。在配制高糖农作物专用肥时，可选用菜籽饼（渣）、棉籽饼、鱼粉等代替 5%～10%的鸡粪使用。

（5）磷酸粒状肥的使用方法　磷酸粒状肥一般用作基肥，也可用作追肥。作基肥时要全耕土层均匀撒施、深施。

①果菜类。用作基肥，每 667 米^2 用量为 200～270 千克。大棚栽培，凡收获期较长的蔬菜，要求多施磷肥，一般每 667 米^2 施用量为 400～700 千克，特别是草莓、西瓜等要增糖果菜类，可用骨粉为主体。追肥，可按需要每次用量 10 千克。

②根菜类。一般用作基肥为主，667 米^2 用量 200～400 千克。

③结球蔬菜。每 667 米^2 用量 130～270 千克。

对磷需求量大且吸收能力较差的洋葱、大蒜、韭菜等百合科植物，应用作基肥为主，每 667 米^2 用量 330～400 千克。

④花卉类。如和骨粉类并用，则叶色、花色鲜艳，保鲜期会延长。一般每 667 米^2 用量 400～700 千克，其中大部分作基肥，一部分用作追肥。

⑤果树等多年生作物。每 667 米^2 用量为 400～600 千克，其中 60%于果实收获后立即施用，剩余 40%春肥占 30%、夏肥占 10%。如果多用磷酸发酵

肥料，则会促进下年度果树的长势和花芽的分化，并对开花、授粉、坐果有较大影响。

3. 鸡粪粒状肥

配方1：页岩250千克，干鸡粪250千克，米糠15千克，红糖600克，酵素菌2～3千克。

主要技术指标：氮（N）1.72%，磷（P_2O_5）1.35%，钾（K_2O）0.66%。

配方2：页岩250千克，干鸡粪200千克，钙镁磷肥50千克，米糠15千克，红糖600克，酵素菌2～3千克。

主要技术指标：氮（N）1.6%，磷（P_2O_5）2.9%，钾（K_2O）0.54%。

制作方法与其他有机质发酵肥料相同。

4. 其他酵素有机肥的配方

（1）番茄专用型

①高级酵素有机肥配方：菜籽饼150千克，棉籽饼150千克，鱼粉50千克，干鸡粪50千克，米糠30千克，页岩200千克，酵素菌2千克。

②高磷发酵有机肥配方：骨粉100千克，过磷酸钙30千克，钙镁磷肥30千克，米糠30千克，页岩100千克，酵素菌1千克。

（2）黄瓜专用型

①高级酵素有机肥配方：干鸡粪400千克，菜籽饼100千克，鱼粉50千克，米糠30千克，页岩200千克，酵素菌1～2千克。

②高磷酵素有机肥配方：过磷酸钙40千克，钙镁磷肥40千克，骨粉50千克，米糠30千克，页岩200千克，酵素菌1～2千克。

（3）甜瓜专用型

①高级酵素有机肥配方：菜籽饼200千克，鱼粉75千克，骨粉100千克，米糠30千克，页岩200千克，酵素菌1～2千克。

②高磷酵素有机肥配方：过磷酸钙40千克，钙镁磷肥30千克，干鸡粪25千克，米糠30千克，页岩200千克，酵素菌1～2千克。

（4）菜豆

①土壤酵母配方：页岩500千克，米糠30千克，红糖10千克，酵素菌2千克。

②高级酵素有机肥配方：菜籽饼70千克，鱼粉35千克，骨粉40千克，米糠30千克，页岩200千克，酵素菌1千克。

③高磷酵素有机肥配方：过磷酸钙20千克，钙镁磷肥30千克，干鸡粪50千克，米糠30千克，页岩100千克，酵素菌1千克。

（5）马铃薯专用型　酵素有机肥配方为：菜籽饼 15 千克，棉籽饼 15 千克，鱼粉 7 千克，骨粉 10 千克，米糠 10 千克，页岩 100 千克，酵素菌 1 千克。

（6）大白菜专用型　酵素有机肥配方为：干鸡粪 350 千克，钙镁磷肥 30 千克，过磷酸钙 30 千克，米糠 30 千克，页岩 200 千克，酵素菌 2 千克。

（7）青花菜、花椰菜专用型

①高级酵素有机肥：干鸡粪 400 千克，菜籽粕 200 千克，骨粉 20 千克，米糠 30 千克，页岩 200 千克，酵素菌 2 千克。

②高磷酵素有机肥：钙镁磷肥 500 千克，干鸡粪 300 千克，米糠 50 千克，页岩 500 千克，酵素菌 1～2 千克。

（8）绿叶蔬菜专用型　酵素有机肥配方为：菜籽粕 50 千克，鱼粉 20 千克，干鸡粪 200 千克，钙镁磷肥 30 千克，米糠 30 千克，页岩 100 千克，酵素菌 1 千克。

（9）洋葱专用型　酵素有机肥配方为：干鸡粪 250 千克，菜籽粕 30 千克，骨粉 20 千克，钙镁磷肥 40 千克，米糠 30 千克，页岩 200 千克，酵素菌 1 千克。

（10）桃专用型

①高级酵素有机肥配方：菜籽粕 50 千克，鱼粉 30 千克，干鸡粪 100 千克，30％三元复合肥（10－10－10）50 千克，米糠 30 千克，页岩 100 千克，腐殖酸 100 千克，酵素菌 1 千克。

②高磷钾酵素有机肥配方：钙镁磷肥 40 千克，骨粉 50 千克，硫酸钾 35 千克，干鸡粪 100 千克，米糠 30 千克，页岩 100 千克，腐殖酸 100 千克，酵素菌 1 千克。

（11）甘薯专用型　酵素有机肥配方为：菜籽粕 10 千克，鱼粉 8 千克，骨粉 10 千克，米糠 30 千克，页岩 100 千克，酵素菌 1 千克。

（12）花卉专用型　酵素有机肥配方为：鱼粉 100 千克，酵素高温堆肥 300 千克，米糠 30 千克，页岩 100 千克，沸石 100 千克，腐殖酸 50 千克，酵素菌 1 千克。

四、酵素光敏色素肥的生产技术

绿色农作物都含有叶绿素和其他光敏色素，利用酵素菌发酵农作物的绿色组织，将这些光合色素从作物组织中分解出来，可当作液体肥使用。在日本，农民广泛应用这种方法自制液体肥料。目前，在我国许多规模化农场也在推广应用这种自制液体肥的方法。这种液体肥使用效果很好，省事省钱，大大减少了购买肥料的投入，就像上天赐予农民的一样，因此，农民亲切地称之为“天惠绿肥（tenkei green manure）”或“天赐绿肥”，也叫“青草液肥”。由于其中起主要作用的是光敏色素物质，因此也称之为光敏色素肥（photosensitive pigment fertilizer）。

（一）光敏色素肥的作用

1. 护根、养根，促进根系生长　多点试验表明，农作物施用光敏色素肥比施用其他化肥、有机肥、生物有机肥更能促进根系生长，表现在发根快、根量大、须根多。由于根系发达，植株生长健壮，抗性强。

2. 改良土壤理化性状，土壤变得松软　长期施用光敏色素肥的地块，土壤变得一年比一年松软，土壤从单粒结构变成团粒结构，保水保肥性能明显提高。同时，施用光敏色素肥后，活化了土壤中的微生物的活性，加速了养分的转化，提高了根系活力，保证了作物健壮生长。

（二）光敏色素肥的生产和应用技术

1. 露地光敏色素肥的制作和应用

（1）容器准备　准备一个大的容器，容积在 2 000 升左右。

（2）原料准备　所有富含叶绿素的植株体，如杂草、蔬菜叶片、甘薯藤等均可。将原料切成 20 厘米小段，装入容器中，轻轻按压，装入量占容器容积的 80%。同时准备纯干鸡粪 30 千克、米糠 3 千克和酵素菌 750 克，用前先充分搅拌均匀，然后倒入容器中并同原料混匀。最后向容器中灌水，以恰好浸没原料为度。用草苫盖好，严防太阳暴晒。

夏季 2～3 天开始发酵，冬季需 7～10 天。从上面按压时有大量气泡冒出，液体变成蓝绿色，即可取出使用。当液体肥料用完后重新灌满水，静置几天后，生成一种浓度较淡的棕色液体，仍可继续使用。上述方法可重复 3 次以上。

（3）施用技术　对于春播露地蔬菜，需加水 15～20 倍稀释后浇于植株根部。对于果菜类蔬菜，如番茄、茄子、辣椒、黄瓜等，加水稀释 15～20 倍，每 5 天施肥 1 次，可以促进果实发育，提高产量，改善品质。对于秋播蔬菜，如大白菜、萝卜、甘蓝、青花菜等，播种前，加水稀释 15～20 倍后浇入畦中；当幼苗长至 5～6 片真叶时，用 8～10 倍水稀释后作追肥，可以促进生长，有利于培育壮苗。

对于果树，如苹果、梨、葡萄、桃、樱桃、枣等，加水稀释10～15倍，浇入果树根部，或随水冲施，能起到松土、保墒的显著作用，而且能够促进果实着色，果面光洁，商品性状明显提高。

对于花卉，无论是露地还是盆花，随浇水适当追施光敏色素肥料，可以明显提高花卉的色泽，提升观赏价值。

2. 设施光敏色素肥的制作和应用 准备一个200升的大水缸，同时准备菜叶、藤蔓等原料20～30千克，以及豆饼10千克，米糠1千克，酵素菌500克。光敏色素肥的操作方法如前所述。一般夏季3～4天开始发酵，冬季7～12天开始发酵，有气泡冒出，呈现黄绿色或绿棕色液体，即制得光敏色素肥料。

加水稀释150～200倍后作追肥使用。对于瓜果蔬菜，采收期较长，每5～7天追施1次，可以有效防止作物根系老化，促进新根发生，保证植株生长发育良好。

酵素光敏色素肥既可以农民自行制备，又可以工厂化大规模生产。如利用酵素菌发酵规模化农场的尾菜，可大大减少环境污染和病虫害发生，是家庭农场、种植园区可持续发展的一项重要技术措施。

五、酵素发酵液肥的生产技术

（一）酵素发酵液肥的功效

酵素发酵液肥（jiaosu ferment liquid fertilizer）不同于常规有机肥和无机化肥，大量的试验表明，农作物使用酵素发酵液肥后，土壤中有益微生物快速繁殖，能够有效地抑制或杀灭部分土传病菌，作物生长发育良好，能充分体现品种的优良特性。酵素发酵液肥的作用主要体现在以下几个方面：

（1）肥效快，效果好。正常情况下，农作物使用酵素发酵液肥后1～2天即可见效，表现在叶片舒展，叶色浅绿，果实膨大快，着色好。

（2）促进农作物健壮生长，发育良好。

（3）改善土壤的理化性状，防止土壤恶化和荒废。

（4）提高土壤肥力，改善土壤微生态环境。

（二）酵素发酵液肥的制作方法

1. 配方

（1）基本配方 豆饼4千克，鱼粉3千克，米糠1千克，红糖100克，酵素菌 300 克，水 40 升。

(2) 改良配方　豆粕 4 千克，鱼粉 2 千克，干鸡粪 3 千克，骨粉 2 千克，尿素 2 千克，硫酸钾 2 千克，红糖 600 克，酵素菌 300 克，水 60 升。适合保护地栽培的经济作物使用。

2. 生产技术　将配方原料按比例倒入大缸中，加水，搅拌，一般 3～4 天开始发酵，有气泡冒出，此时应每天搅拌 1 次。夏季一般 7 天即可结束，冬季则需要 15～20 天。放置，过滤，取滤液，即是酵素发酵液肥。

（三）酵素发酵液肥的应用

酵素发酵液肥通常用作瓜果蔬菜等的追肥。一般情况下，于作物灌溉时，每 667 米^2 用量 20～50 升，随水冲施。值得一提的是，当酵素发酵液肥施用完后，可再次加水加菌种发酵，如此反复，可持续发酵施用 3 次。由于该肥成本低，效果良好，施用方便，应在大棚蔬菜、果树、花卉生产中大力推广应用。

六、酵素叶面肥的生产技术

（一）酵素叶面肥的成分及特点

酵素叶面肥是利用酵素微生物发酵分解淀粉、蔗糖或麦芽糖，生成葡萄糖，进而部分转化为醇及其他大量的微生物代谢产物。这种葡萄糖具有很强的活力，其渗透性强，如果将其稀释后喷洒到农作物叶面时，会快速通过叶片的气孔和角质层进入叶子内部组织细胞。这种进入叶子的葡萄糖与作物光合作用产生的葡萄糖是相同的，能作为主要营养满足作物的生长发育需要。

（二）酵素叶面肥的功效

1. 营养作用　酵素叶面肥所含的活性葡萄糖等渗透性很强，从叶面喷施到进入作物体内时间很短，农作物体内含糖量迅速提高，可克服因作物偏施氮肥造成的徒长现象，促进植株健壮生长发育，增强其抗逆性，尤其是抗寒性显著增强。

2. 促长作用　酵素叶面肥所含的微生物代谢产物中含有作物生长促进剂，能够促进作物生长发育。

3. 酶促反应　酵素叶面肥中含有大量的酶，能促进作物生长点细胞的分裂和繁殖，加速生长发育，提高叶面积指数和光合作用。

4. 抗病作用　酵素叶面肥中含有大量活性有益微生物和抗生素类物质，

叶面喷施后，为作物体提供了一个安全屏障，能有效地抑制有害菌的侵染，降低发病率。而且，所含的部分醇和有机酸，也具有抑制病原菌的良好作用。

5. 综合作用 酵素叶面肥单独使用效果很好，但如能与氮、磷、钾、钙、镁及微量元素配合施用，效果将更加显著。长期的试验结果表明，酵素叶面肥与化肥配合使用是一种经济有效的方法，生产上应大力推广。

（三）酵素叶面肥的制作

1. 容器及原料 生产所用容器要求高而口小，如陶瓷桶、罐、塑料桶、水缸等。原料糖以粗糖为好，水以软水为好。

2. 辅料配方 凉开水 50 升，熟豆浆 2 升，酵素菌 500～1 000 克。

3. 生产过程 将糖水倒入容器中，再倒入豆浆，充分搅拌，当温度降至 40℃左右，加入酵素菌，充分搅拌均匀。然后用 2～3 层细纱布将容器口封严，能让空气顺利通过，防止落入灰尘、杂质和昆虫。每隔 3 天，将封口揭开，用干净木棍搅拌 5～10 分钟，或用充氧机充氧，以补充空气，使发酵均匀，再封口。夏季约 20 天，冬季 40～60 天，当容器中无气泡冒出，有时液面附着一层白色菌膜时即完成制作。装瓶保存，保存期约为 12 个月。

（四）酵素叶面肥的应用

1. 叶面喷肥时间 一般地，酵素叶面肥应在傍晚之前，即下午 4 时以后进行，效果最好。冬季施用，除了上午 11 时至下午 2 时外，其他时间均可进行。高温天气、阳光充足、光照强烈或风雨天气不能使用。

2. 使用浓度 对于苹果、梨、葡萄、樱桃等果树，以及常见蔬菜、花卉、粮食作物等，加水稀释倍数为 500～600 倍。

第四章 酵素助力农作物病虫害防治

酵素不是农药，不能消除所有的病虫危害。但酵素中的有益成分能增强农作物的抗逆性，净化环境，弱化病原菌，抑制害虫滋生，显著增强农药的功效，从而减少农药的使用量和农药残留，让农产品更安全健康。

第一节 酵素在农作物病害防治上的应用

真菌、细菌、病毒性病害统属于侵染性病害，一般在病部组织内部或外部表现为异常症状。病症是指在植物病部形成的、肉眼可见的病原物的组织结构，主要类型有：粉状物、霉状物、锈状物、索状物、毛状物、粒状物、白色絮状物、菌脓等。

一、酵素在农作物真菌病害防治上的应用

真菌病害种类繁多，占病害种类的80%以上，在植物生长的苗期、生长期和开花结果期、成熟期均可发病。叶部病害包括各种叶斑病、炭疽病、白粉病、霜霉病、疫病等，病部在潮湿条件下伴有霉状物、粉状物、粒状物、锈状物等菌丝、孢子及其变态体；腐烂型病害病部同样有真菌菌丝聚集，但没有臭味；枯萎型病害的植株维管束变色坏死，病茎可见木质部有深褐色条纹。

真菌病害主要表现为5种病症：霉状物（不同颜色、质地和结构的毛绒状霉层）、粉状物（白色或黑色粉层）、锈状物（白色或铁锈色状物）、粒状物（不同大小的颗粒状物）、索状物（病根表面产生的紫色或深色菌丝索）。

（一）猝倒病

1. 症状 主要为害双子叶农作物，如黄瓜、西瓜、甜瓜、苦瓜、丝瓜、番茄、茄子、辣椒、大豆、菠菜、蕹菜、茴香、白菜、甘蓝、青花菜等。病原

菌侵染农作物根部 12 小时后，根呈现浅黄色水渍状，其上长出菌丝；24 小时后茎基部呈现水渍状倒伏，根部颜色变深；48 小时后，根、茎、叶呈浅黄色水渍状软腐，可在根组织中产生大量卵孢子。

2. 病原 侵染黄瓜的病原菌为德里腐霉菌（*Pythium deliense* Meurs.）。侵染西瓜和甜瓜的病原菌除德里腐霉菌外，还有瓜果腐霉菌（*Pythium aphanidermatum* Fitzp.）。侵染苦瓜、丝瓜、菠菜、蕹菜、茴香、甘蓝、青花菜的病原菌为瓜果腐霉菌。侵染番茄的病原菌为终极腐霉菌（*Pythium ultimum* Trow）。侵染茄子的病原菌为德巴利腐霉菌（*Pythium debaryanum* Hesse）。侵染辣椒、甜椒的病原菌为刺腐霉菌（*Pythium spinosum* Sawada）。侵染大豆的病原菌为瓜果腐霉菌和德巴利腐霉菌。侵染白菜的病原菌有瓜果腐霉菌、异丝腐霉菌（*Pythium diclinum* Tokunaga）、宽雄腐霉菌（*Pythium dissotocum* Drechsler）、畸雌腐霉菌（*Pythium irregulare* Buisman）和刺腐霉菌。

3. 防治方法 ①预防为主，综合防治。苗床或播种地块应选在避风向阳高燥的地块，有利于排水，调节苗床土壤温度，保证采光良好。②选用耐低温、耐弱光、早熟、抗病品种。③种子消毒。用 50℃温水消毒 20 分钟，或用 70℃干热灭菌 72 小时后催芽播种也有一定效果。④苗床或棚室土壤施用酵素高温堆肥、酵素有机肥，减少化肥及农药施用量。⑤采用 CO_2施肥技术。⑥施用酵素发酵液肥、含腐殖酸水溶肥料，每 667 米^2 40～80 升，稀释 800～1 000 倍，冲施 2 次。⑦及时检查，发现病苗立即拔除，及时叶面喷施 69%安克锰锌可湿性粉剂 1 000 倍液，或 58%甲霜灵·锰锌可湿性粉剂 800 倍液，或 72.2%普力克水剂 400 倍液，或 15%噁霉灵水剂 450 倍液，配合酵素叶面肥 600 倍液，每平方米喷淋药液 2～3 升，防治 1～2 次。

（二）立枯病

1. 症状 立枯病主要侵染冬瓜、节瓜、西瓜、甜瓜、苦瓜、丝瓜、扁豆、大豆、芹菜、茼蒿、茴香、苦苣、白菜、甘蓝、青花菜等，该病主要发生在育苗后期、育苗盘处于较高温度条件下或直播田中。主要为害地下根部或幼苗基部，发病初期在病部呈现不规则或近圆形、椭圆形暗褐色斑，稍凹陷，病部扩展绕茎 1 周后致茎部萎蔫干枯，造成幼苗死亡。早期症状和猝倒病相似，但猝倒病发病迅速，立枯病病程进展较慢，病部具不明显或明显轮纹及浅褐色珠丝状霉点。

2. 病原 为害冬瓜、节瓜、西瓜、甜瓜、苦瓜、丝瓜、茴香、芹菜、茼蒿、苦苣、白菜的病原菌为立枯丝核菌（*Rhizoctonia solani* Kuhn）。为害扁豆、大豆、甘蓝、青花菜的病原菌为立枯丝核菌及其有性态瓜亡革菌[*Thanatephorus cucumeris*（Frank）Donk]。

3. 防治方法　①加强苗床管理，科学放风，防止苗床或育苗盘高温高湿条件出现。②施用酵素高温堆肥或腐殖酸有机肥料。③选用抗病品种。④苗期叶面喷施酵素叶面肥和腐殖酸叶面肥，增强幼苗抗病力。⑤对于重茬地，用种子重量0.2%的40%拌种双拌种后播种。⑥苗床或育苗盘药土处理。可单独施用40%拌种双粉剂，也可用40%拌种双与福美双按1∶1比例混合后施用，每平方米用药量8克。也可采用氯化苦覆盖消毒法，即整畦后每隔30厘米把2～4毫升的氯化苦深施在10～15厘米处，边施边覆土，全部施完后用地膜或废旧塑料薄膜将畦面盖严，12～15天后揭膜放风换气、播种或定植。⑦发病初期喷淋20%甲基立枯磷乳油1 200倍液，或5%井冈霉素水剂1 500倍液，或15%恶霉灵水剂450倍液，每平方米喷淋2～3升。当猝倒病和立枯病混合发生时，可用72.2%普力克水剂800倍液加50%福美双可湿性粉剂800倍液喷淋，加入酵素叶面肥600倍液有增效作用。

（三）沤根

1. 症状　沤根又称烂根，是育苗期常见病害，主要为害幼苗根部或茎基部。发生沤根时，根部不再发生新根和不定根，根皮发锈后腐烂，致地上部萎蔫，且容易拔起，地上部叶缘焦枯。严重时，幼苗成片干枯。沤根后地上部子叶或真叶呈现黄绿色或乳黄色，叶缘开始枯焦，严重时整叶皱缩枯焦，生长极其缓慢。在子叶期发生沤根，子叶焦枯：在某片真叶期发生沤根，这片真叶就会发生焦枯。苗期长时间处于5～6℃低温，尤其是夜温过低，会导致生长点停止生长，老叶边缘逐渐变褐，整株幼苗干枯而死。

2. 病因　发生沤根的主要原因是地温低于12℃，且持续时间较长，再加上浇水过量，或遭遇连阴雨天气，苗床温度和地温过低，幼苗出现萎蔫，萎蔫持续时间一长，极易发生沤根。

3. 防治方法　①选用抗病品种。②施用酵素高温堆肥、土壤酵母，或酵素有机肥。③畦面要平，尽量避免大水漫灌。保护地深冬季节严禁地表大水漫灌。④加强育苗期的地温管理，避免苗床地温过低、过湿。正确掌握田间温湿度管理技术，必要时采用酿热温床或电热温床育苗。⑤发生轻微沤根时，要及时松土，提高地温，待新根长出后，再转入正常管理。⑥施用酵素光敏色素肥或含腐殖酸水溶肥，可诱导新根发生，并有利于提高低温。⑦必要时，使用

ABT生根剂促进新根早发。⑧发生沤根后，叶面喷施腐殖酸叶面肥和酵素叶面肥各600倍液，每隔5～7天轻微喷施一次，共喷2～3次，可显著缓解沤根症状。

（四）苗期子叶病害

1. 症状 所谓子叶病害系种子带菌引起的子叶发病的病害。子叶病害首先在子叶上产生病变，其症状因病原不同而异。如瓜类炭疽病，种子出土子叶尚未展开，在子叶边缘出现浅褐色半圆形或不规则形病斑，稍凹陷，湿度大时长出粉红色黏稠物。如黄瓜蔓枯病，发芽后子叶边缘或尖端呈现褐色病变，子叶上长出许多黑色小粒点。如黄瓜枯萎病，子叶失去光泽，下胚轴纵裂或生长点产生红褐色坏死斑，致生长缓慢。如黄瓜菌核病，在茎基部和子叶上产生浅褐色水渍状病斑，湿度大时长出白色棉絮状菌丝，致瓜苗软腐。如黄瓜种子带绿斑花叶病毒，种皮上的病毒可传到子叶上，幼苗顶尖部2～3片叶呈现亮绿色或暗绿色斑驳，或产生暗绿色斑。

2. 防治方法 根据病害种类及发病条件采取相应对症措施进行防治。

（1）种传病害 由于种子带菌引起的种传病害，应从建立无病留种地、选用无病种子入手，必要时进行浸种或药剂拌种对种子进行消毒或进行种子包衣。

（2）气传病害 对于空气传播的病害，首先要注意安排育苗畦、育苗温室与生产区分开或隔离一段距离。播种、分苗前彻底清除前茬植株病残体，集中收集、深埋或焚烧以减少传染源。有条件的可用百菌清烟雾机或速克灵烟雾剂进行熏蒸消毒。出苗前后，抓好苗床温度管理，避免夜间温度过低，采用避雨栽培法降低苗床湿度，防止叶面结露和叶缘吐水，尤其是在浇水后，苗床湿度大，夜间遭遇露点温度，经常出现叶面结露。生产上要尽量缩短叶面结露持续的时间，同时注意提高地温，防止徒长，必要时，对症喷施一次杀菌剂，配合酵素叶面肥、腐殖酸叶面肥进行预防性防治。

（五）幼苗根腐病

1. 症状 主要侵染根及茎部，发病初期呈现水渍状，后于茎基部或根部产生褐斑，逐渐扩大后凹陷，严重时病斑绕茎基部或根部一周，致地上部逐渐枯萎。纵剖茎基部或根部，导管变为深褐色，后茎基部腐烂，不生新根，植株枯萎而死。

2. 病原 为害黄瓜的病原菌为群结腐霉菌（*Pythium myriotylum* Drechsler）和卷旋腐霉菌（*Pythium volutum* Vanterp. et Trasc.）；为害冬

瓜、节瓜的病原菌为瓜类腐皮镰孢菌（*Fusarium solani*）。

3. 防治方法 ①选择适宜育苗地块。苗床或播种地应选在避风向阳高燥的地块，利于排水，注重苗床土壤温度管理，保证采光良好。育苗床必要时更新床土施用酵素高温堆肥、酵素有机肥、腐殖酸有机肥或充分腐熟的有机肥料。②选用耐低温、耐弱光、抗病品种。③种子消毒。用50℃温水消毒20分钟，或用70℃干热灭菌72小时后催芽播种。④基肥施用酵素高温堆肥、土壤酵母、腐殖酸生物肥或充分腐熟的粪肥，减少化肥及农药施用量。⑤施用含酵素叶面肥，每667米^2 40～80升，稀释500～600倍，连续喷施2次。⑥及时检查，发现病苗立即拔除，叶面喷施69%安克锰锌可湿性粉剂1 000倍液，或58%甲霜灵·锰锌可湿性粉剂800倍液，或72.2%普力克水剂400倍液，或15%恶霉灵水剂450倍液，配合酵素叶面肥、腐殖酸叶面肥各600倍液，每平方米喷淋药液2～3升，防治1～2次。

（六）疫病

1. 症状 苗期和成株期均可染病，保护地栽培时主要为害茎基部、叶子和果实。幼苗染病多始于嫩尖，初呈暗绿色水渍状萎蔫，逐渐干枯成秃顶，不倒伏。成株发病，主要在茎基部或嫩茎节部出现暗绿色水渍状斑，后变软，显著缢缩，病部以上叶片萎蔫或全株枯死；叶子染病产生圆形或不规则形水渍状大病斑，直径可达25毫米，边缘不明显，扩展迅速，干燥时青白色，易破裂，病斑扩展到叶柄时，叶子下垂。果实所有部位均可染病，开始为水渍状暗绿色，逐渐缢缩凹陷，潮湿时表面长出稀疏白霉，逐渐腐烂，并散发出腥臭气味。为害瓜类、豆类、茄果类、葱蒜类等蔬菜及粮食、草莓、花卉等。

2. 病原 为害黄瓜、南瓜的病原菌为辣椒疫霉菌（*Phytophthora capsici* Leonian）；为害甜瓜、苦瓜的病原菌为甜瓜疫霉菌（*Phytophthora melonis* Katsura）；为害蚕豆的病原菌为烟草疫霉菌（*Phytophthora nicotianae*）；为害大葱、洋葱、大蒜的病原菌为葱疫霉菌（*Phytophthora porri* Foister）。

3. 防治方法 ①前茬作物收获后及时清洁田园，耕翻土壤，采用粮菜轮作，提倡起垄地膜覆盖栽培或高畦栽培。②施用酵素高温堆肥、土壤酵母、酵素有机肥、腐殖酸有机肥及充分腐熟的粪肥，采用测土配方施肥技术，减少化肥施用量，提高植株抗病力。③加强田间管理。植株进入枝叶旺长期及果实旺盛生长期或进入高温（气温高于32℃）雨季，要注意暴雨后及时排除积水，实行“涝浇园”。④拔除病株，清除菌源。⑤药剂防治。发病初期，叶面喷施50%甲霜铜可湿性粉剂800倍液，或70%乙膦·锰锌可湿性粉剂500倍液，或 72.2%普力克水剂 600～800 倍液，或 58%甲霜灵·锰锌可湿性粉剂 500 倍液，或 64%杀毒矾可湿性粉剂 500 倍液，配合酵素叶面肥、腐殖酸叶面肥各 600 倍液进行防治。此外，在高温雨季浇水前每 667 米^2 撒施 96%以上的硫酸铜 3 千克，后浇水，防治效果十分明显。⑥采用叶面喷施法预防。配方为：酵素叶面肥 50 毫升，食醋 50 毫升，硫酸亚铁 50 克，磷酸二氢钾 70 克，过磷酸钙 70 克，清水 60 升。

（七）黑斑病

1. 症状 主要为害作物叶子和果实，发病初期呈水渍状褐色小圆斑，后逐渐扩展成深褐色至黑色稍凹陷的病斑，周围常具黄色晕圈，病部长出深褐色或黑灰色具同心轮纹状排列的霉状物，严重影响产量和品质。生产上常为害冬瓜、节瓜、扁豆、韭菜、菠菜、冬寒菜、叶甜菜、白菜、乌塌菜、青花菜、甘蓝、牛蒡等。

2. 病原 为害冬瓜和节瓜的病原菌为瓜链格孢菌（*Alternaria cucumerina*）；为害扁豆的病原菌为芸薹链格孢菌菜豆变种［*Alternaria brassicae*（Berk.）Sacc. var. *phaseoli* Brun.］；为害韭菜的病原菌为葱链格孢菌［*Alternaria dauci*（Kuhn）Groves et Skilo f. sp. *porri*（Ell.）Neerg.］；为害菠菜的病原菌为桂竹香链格孢菌［*Alternaria cheiranthi*（Lib.）Wiltsh.］；为害冬寒菜的病原菌为链格孢菌［*Alternaria alternata*（Fr.）Keissl.］；为害叶甜菜的病原菌为细交链格孢菌（*Alternaria tenuis* Nees）；为害白菜的病原菌为链格孢菌和细交链格孢菌；为害乌塌菜的病原菌为芸薹链格孢菌和甘蓝链格孢菌［*Alternaria brassicicola*（Schw.）Wiltshire］；为害青花菜和甘蓝的病原菌为甘蓝链格孢菌；为害牛蒡的病原菌为牛蒡叶点霉（*Plyllosticta lappae* Sacc.）。

3. 防治方法 ①收获后及时清理田园，减少病原菌数量和密度，减少感染机会。②种子消毒。播种前用 55℃温水浸种 20 分钟，再用 40℃温水浸种 2～3 小时，漂净，用湿纱布包好，在 25℃下催芽，当 85%种子发芽后即播种，使幼苗茁壮生长，减少苗期感染。③发病严重的地块，采收后，深翻土壤，将病菌深埋入土。④合理密植，保证田间通风透光，减少感染机会。⑤苗期发病初期，用酵素叶面肥 30～50 毫升、食醋 50～60 毫升、磷酸氢钙 80～100 克、磷酸二氢钾 80～100 克、硫酸亚铁 50～60 克、清水 100 升，叶面喷施预防，必要时用 50%DT 可湿性粉剂 500 倍液，或 14%络氨铜水剂 300 倍液，或 77%可杀得可湿性微粒粉剂 500 倍液，隔 10 天左右喷施 1 次，每 667 米^2 用药液量 50～60 升，防治 2～3 次。采收前 7 天停止使用。

（八）灰霉病

1. 症状 主要为害叶子、茎蔓等，分白点型、干尖型和湿腐型。白点型和干尖型发病初期叶子正面或背面生有白色或浅褐色小斑点，随着发病的发展，病斑呈梭形或椭圆形，可互相汇合成斑块，导致全叶枯黄。湿腐型发生在湿度大时，枯叶表面密生灰至绿色绒毛状霉斑，伴有霉味。湿腐型叶子不产生白色斑。干尖型由染病部位向下腐烂，初呈水渍状，后变为淡绿色，有褐色轮纹，病斑扩散后多呈半圆形或"V"字形，并可向下延伸2～3厘米，表面着生灰褐色或灰绿色绒毛状霉。湿度大时，该病易流行，其表面遍布灰霉，灰霉所到之处植株即染病。

2. 病原 为半知菌亚门真菌中的灰葡萄孢菌（*Botrytis cinerea* Pers.）。

3. 防治方法 ①增施有机肥，施用酵素高温堆肥，合理施用氮、磷、钾肥，控制氮肥用量。②清洁棚室，将茄果类、瓜类蔬菜的病株及时清除并带出田外烧掉或深埋，以减少菌源。③合理密植，保证通风透光。④根据棚外天气情况，合理放风，降低棚内湿度和叶面积露时间。⑤对于韭菜，每茬收割后，清理一次残株病叶，集中烧毁，减少病原菌。对于番茄，采用双垄覆膜、膜下滴灌的栽培方式，降低棚内相对湿度，从而抑制灰霉病的发生与再侵染。对于草莓，应采取深沟高畦，实行满园地膜覆盖，一般沟深35～40厘米，同时把地膜盖到畦沟两侧沟底，以减少果实与土壤接触发病；疏除多余的蕾、花、果并适当摘除老叶，带出田外集中处理。⑥化学防治。要在药剂防治适期，即苗期和花果期这两个阶段，交替使用不同剂型的药剂进行防治。其技术要点：一是重视苗期防治，即在灰霉病发病第一个高峰前用药，宜早不宜迟。二是强化花果期防治，即在灰霉病第二个高峰期，间隔7～10天，连续用药多次，保花保果。必须强调的是，花果期是重点防治时期，不同类型的药剂要交替使用，以减少病菌抗药性的产生而降低防效。一定要适时用药、准确用药，在喷药时，添加酵素叶面肥500～600倍液，提高防治效果。

（九）白粉病

1. 症状 主要为害作物叶片、叶柄、茎蔓，少数为害果实。发病初期叶子表面出现褪绿色小点，扩大后呈现不规则粉斑，上生白色絮状物，严重时整个叶片布满白粉。发病后期，白色霉斑菌丝老熟变为灰色，病叶枯黄。有时病斑上长出成堆的黄褐色小粒点，后变成黑色，即病菌的闭囊壳。

2. 病原 为子囊亚门真菌中的单囊壳菌［*Sphaerotheca cucurbitae*（Jacz.）

Z. Y. Zhao]。主要为害黄瓜、西瓜、甜瓜、草莓、葡萄、花生等。

3. 防治方法 ①选用抗病品种，严禁种苗带菌，杜绝病源。②增施磷钾肥，少施氮肥，使植株生长健壮；多施充分腐熟的有机肥，施用酵素高温堆肥，以增强植株的抗病性。③发病初期或病害盛发时，叶面喷施15%粉锈宁1 000倍液，或2%抗霉菌素水剂200倍液，或10%多抗霉素1 000～1 500倍液。另外，也可用白酒（酒精含量35%以上）1 000倍液，加酵素叶面肥500～600倍液，每3～6天喷一次，连续喷3～6次，至叶片无白粉为止。④叶面喷施酵素叶面肥50毫升、食醋50毫升、硫酸亚铁50克、磷酸二氢钾50克、过磷酸钙30克、硫酸镁100克、硫酸锰20克、硼砂20克、硫酸锌25克、钼酸铵5克、水100升的混合液，每7天喷1次，连续使用2次，防治效果显著。

（十）霜霉病

1. 症状 作物苗期、成株期均可发病，主要为害叶子。子叶被害出现褪绿色黄斑，扩大后变为黄褐色。真叶染病，叶缘或背面出现水渍状病斑，病斑逐渐扩大，受叶脉限制而成多角形淡褐色或黄褐色斑块，湿度大时叶背面或叶面长出灰黑色霉层，即病菌的孢囊梗及孢子囊。后期病斑破裂或连成片，致使病叶卷缩干枯，严重的田块一片枯黄。

2. 病原 为鞭毛菌亚门真菌的古巴假霜霉菌［*Pseudoperonospora cubensis*（Berk. et Curt.）Rostov.］。主要为害黄瓜、丝瓜、大葱、洋葱、菠菜、莴苣、大白菜、甘蓝、萝卜、葡萄等。

3. 防治方法 ①对于重病田要实行2～3年轮作。②施足腐熟的有机肥，增施酵素高温堆肥，提高植株抗病能力。③合理密植，科学浇水，防止大水漫灌，以防病害随水流传播。④加强放风，降低湿度。⑤发病初期用75%百菌清可湿性粉剂500倍液喷雾，发病较重时用58%甲霜·锰锌可湿性粉剂500倍液，或69%烯酰·锰锌可湿性粉剂800倍液喷雾，隔7天喷一次，连续防治2～3次，可有效控制霜霉病的蔓延。同时，可结合叶面喷施酵素叶面肥50毫升、食醋30毫升、酒精20毫升、尿素30克、磷酸二钾20克、水60升的混合液，效果更佳。

（十一）炭疽病

1. 症状 炭疽病主要为害叶、茎、蔓和果实。叶子染病，最初在叶子上散生深红褐色小斑，后扩展为1～3毫米中间浅褐色、边缘红褐色斑，后病斑扩展连接成大斑块，呈圆形至不规则形，多在叶脉范围内，叶子很少干枯。茎和叶柄染病，初生红褐色小斑，后扩展成梭形至长形斑，中间暗灰色、四周褐色，稍凹陷。果实染病，病部与健康组织界限明显，病斑红褐色至黑褐色，具同心圆，病斑稍凹陷。

2. 病原 多为半知菌亚门真菌刺盘孢菌（*Colletotrichum lindemuthianum*）。有性态为子囊菌亚门真菌小丛壳（*Glomerella lindemuthianum*）。

3. 防治方法 ①收获后及时清理病残株，以减少菌源。②施用酵素高温堆肥、酵素有机肥、腐殖酸有机肥，或充分腐熟的农家肥；重病田实现2～3年轮作；适时早播；注意及时拔除病弱苗，加强肥水管理。③发病初期喷洒80%炭疽福美可湿性粉剂900倍液，或50%苯菌灵可湿性粉剂1 500倍液，配合酵素叶面肥600倍液，起到增效作用。

（十二）根腐病

1. 症状 主要为害根和茎部，发病初期呈水渍状，后腐烂。茎缢缩不明显，病部腐烂处的维管束变成褐色，不向上发展，有别于枯萎病。后期病部往往变褐，留下丝状维管束。病部地上部初期症状不明显，后叶片中午萎蔫，早晚尚能恢复。严重的则多数不能恢复而枯死。

2. 病原 多为半知菌亚门镰孢菌（*Fusarium solani*）。

3. 防治方法 ①施用酵素高温堆肥、腐殖酸有机肥，或充分发酵的农家肥；采用配方施肥，预防土壤酸化。②科学管理水分，防止水分过多，避免高温高湿条件出现，减少发病。③用40%拌种双粉剂每平方米8克处理土壤。④发病初期叶面喷施50%甲基托布津可湿性粉剂500倍液，或50%苯菌灵可湿性粉剂1 500倍液，结合酵素叶面肥和腐殖酸叶面肥各600倍液，防治效果提高。

二、酵素在农作物细菌病害防治上的应用

细菌可通过植物自然孔口或伤口侵入危害。细菌性病害的病斑呈多角形，易穿孔，初期水渍或油渍状，在潮湿条件下病部常伴有珠状黄色菌脓，表面光滑，外围常有黄色晕圈；腐烂型病部有黏状菌脓，且伴有臭味；枯萎型褐色病部用手挤压可见白色菌脓，维管束一般不变色，发展速度迅猛。

细菌病害的病症主要有4种类型：坏死（主要发生在叶片上，呈多角形病斑，后期中部坏死，形成穿孔）、腐烂（植物多汁柔嫩部位被细菌侵染后，通

常表现为腐烂，流出带有臭味的黏性液体，脓状物)、枯萎（主要是由细菌侵染植株的维管束，破坏输导组织，引起萎蔫)、畸形（细菌侵入植株，刺激植物器官非正常生长，形成畸形)。

（一）细菌性角斑病

1. 症状 主要为害作物的叶片，有时也侵染茎部，苗期及成株期均可受害。子叶染病，初时呈水渍状近圆形凹陷斑，逐渐变为淡褐色，病斑受叶脉限制成多角形，灰褐或黄褐色，湿度大时叶背溢有乳白色浑浊水珠状菌脓，干燥后具白痕，病部质脆易穿孔。

2. 病原 病原菌为丁香假单胞杆菌，属细菌假单胞杆菌（*Pseudomonas syringae*)。主要为害黄瓜、冬瓜、节瓜、大白菜等。

3. 防治方法 采用叶面喷施法预防。喷施酵素叶面肥 40 毫升、食醋 55 毫升、过磷酸钙 70 克、磷酸二氢钾 30 克、白酒 50～60 毫升、硫酸亚铁 50 克、清水 80 升的混合液，可起到较好的预防效果。

（二）软腐病

1. 症状 细菌性软腐病是一种常见的细菌性病害，在十字花科蔬菜上危害最重。十字花科蔬菜软腐病，也称“烂葫芦”、“烂疙瘩”或“水烂”等，我国种植大白菜的地区都有发生。在田间，可以造成白菜成片无收，病害流行年份，造成大白菜减产 50%以上。在窖内，可以引起全窖腐烂。该病除为害白菜、甘蓝、萝卜、花椰菜等十字花科蔬菜外，还为害马铃薯、番茄、辣椒、大葱、洋葱、胡萝卜、芹菜、莴苣等蔬菜以及鸢尾、唐菖蒲、仙客来、百日草、羽衣甘蓝、马蹄莲、风信子等花卉。

2. 病原 为胡萝卜软腐欧文氏菌胡萝卜亚种（*Erwinia carotovora* subsp. *carotovora*)。菌体短杆状，周围有鞭毛 2～8 根，大小（0.5～1.0）微米×(2.2～3.0）微米，无荚膜，不产生芽孢，革兰氏阴性。在琼脂培养基上菌落为灰白色，圆形至不规则形，稍带荧光性，边缘明晰。

3. 防治方法 ①施用酵素高温堆肥、土壤酵母，增加土壤中有益微生物数量和密度，减少染病机会。②采用高畦栽培或起垄栽培，有利于排水防涝，减轻病害发生。③发现病株，及时拔除，带出田园深埋，防止传染。④及早防治地下害虫，减少伤口。⑤发病初期，叶面喷施酵素叶面肥 80 毫升、食醋 60 毫升、白酒 100 毫升、尿素 50 克、硝酸钙 60 克、清水 80～200 升混合液，防止病害蔓延。发病中后期，喷施农用链霉素 2 000 倍液，或敌克松原粉 500～

1 000 倍液，或 50%代森铵 600～800 倍液，配合酵素叶面肥 600 倍液，每 7～10 天喷一次，连续使用 3～4 次。

（三）细菌性萎蔫病

1. 症状 该病又称细菌性疫病，发病初期植株 1 个或几个分枝呈现灰绿色，中午萎蔫，早晚可恢复，茎易捏扁，后生长点变色，逐渐干枯。剖开病茎，维管束、髓部变褐腐烂，轻者仅下部叶片坏死干枯，严重的全株萎蔫。

2. 病原 为欧文氏菌（*Erwinia* ssp.）。

3. 防治方法 ①实行 3 年以上轮作，以减少病害发生。②施用酵素高温堆肥、土壤酵母或充分腐熟的有机肥，定植时秧苗可用 72%农用硫酸链霉素 1 000 倍液浸泡 4 小时，即成无菌苗。③田间操作，尽量减少创伤。④发现病株及时拔除，抓一把土壤酵母放入定植穴中，可防止病菌传播。

（四）细菌性叶枯病

1. 症状 主要为害叶片，初在叶片上生黑褐色不规则枯斑，致叶片扭曲，发病后期病斑融合成片，致使叶片大量干枯，植株倒伏。主要为害生姜、魔芋等。

2. 病原 为油菜黄单胞菌（*Xanthomonas campestris*）。

3. 防治方法 ①尽量避免积水地栽培，并做到深耕细耙，高垄深沟。②做好选种、晒种、浸种，播种前晒种 1～2 天后用硫酸链霉素 2 000 倍液浸种 1 小时，晒干催芽或播种。③施用酵素高温堆肥、酵素有机肥，或腐殖酸有机肥，或充分腐熟的有机肥，减少化肥用量，提高植株抗性。④发现病株及时拔除，并用硫酸链霉素 1 500 倍液灌根及周围植株，同时将土壤酵母放入定植穴中，依靠酵素菌抑制病菌繁殖扩散，效果明显。

三、酵素在农作物病毒病防治上的应用

病毒病主要改变植物生长发育过程，引起植物颜色或形状改变。主要表现为 3 类病症：褪色（表现为褪绿、白化、黄化、紫化、红化等）、坏死或变质（坏死指植物细胞或组织坏死，变质指植物组织质地变软、变硬或木栓化）、畸形（表现为生长萎缩或矮化，卷叶、线叶、皱缩、蕨叶、小叶等）。病毒病多为全株型慢性病害，常为植物顶端鲜嫩部心叶最先发病，表现为花叶、扭曲、皱缩等，然后扩展到其他部位，主要是通过昆虫刺吸植物汁液时传播，或嫁接

感染传播，暴风雨、农事操作等自然、人为因素造成的擦伤也会传播。病毒病迄今为止尚无特效药，主要采取综合预防措施，防病治虫。病毒病在高温干燥条件下发生严重。

（一）花叶病

1. 症状 侵染黄瓜的花叶病，可分为绿斑花叶和黄斑花叶两种类型。绿斑花叶病型，苗期染病时，幼苗顶部的2～3片叶呈现亮绿色或暗绿色斑驳，叶片较平，产生暗绿色斑驳的病部隆起。新叶浓绿，后期叶脉透明，叶片变小，引起植株矮化，叶片斑驳扭曲，呈现系统性传染。瓜条染病，呈现浓绿色花斑，有的也产生瘤状物，致果实畸形，影响商品价值，严重时减产25%以上。黄斑花叶病型，其症状与绿斑花叶病型近似，但叶片产生浅黄色星状疱斑，老叶近白色。侵染西葫芦的花叶病，病叶发皱，叶缘呈锯齿状，叶面上着生深绿色疱状突起，染病植株生长缓慢，花蕾、开花数量明显减少，导致提前拉秧，对西葫芦产量和品质影响很大。侵染菜豆的花叶病，田间表现为系统花叶或在染病的菜豆上形成明显的花叶，或产生褪绿带和斑驳，造成矮化或叶片扭曲。

2. 病原 为害黄瓜的病毒为黄瓜绿斑花叶病毒（简称CGMMV）；为害西葫芦的病毒为西瓜花叶病毒2号（简称WMV－2）；为害菜豆的病毒为番茄不孕病毒（简称TAV）。

3. 防治方法 ①在常发病地区或地块，对种子进行消毒处理，干种子在70℃下处理72小时可杀死病毒源。也可用10%磷酸三钠溶液浸种20分钟，用清水冲洗2～3次后晾干备用或催芽播种。②施用酵素高温堆肥、土壤酵母、腐殖酸生物肥，按照测土配方施肥技术要求，做到有机肥、化肥、生物肥配套，增强植株抗逆性。③发病初期叶面喷洒5%病毒清可湿性粉剂300倍液，或0.5%抗毒剂1号（菇类蛋白多糖）水剂100倍液。同时追加酵素叶面肥600倍液，可显著增强植株抗性，减轻病毒侵染，对生产十分有利。

（二）黄化花叶病毒病

1. 症状 侵染西葫芦的小西葫芦黄化花叶病毒（zucchini yellow mosaic virus，ZYMV），形成系统花叶、矮化，局部褪绿，系统明脉、黄化花叶，叶片畸形、坏死，果实畸形等症状，严重影响产量和品质。侵染豌豆的病毒种类很多，其中蚕豆萎蔫病毒（BBWV）是我国豌豆的主要病毒源，通常表现为重度花叶、植株矮化、叶片皱缩及早枯等。侵染大蒜的大蒜褪绿条斑病毒（galic chlorosis streak virus，GCSV），2～3 叶期染病，病株上出现明显的黄色褪绿条斑；成株染病植株呈现不同程度矮化，瘦弱、纤细，叶子无光泽，蜡质消失，呈半卷曲状，有的上下叶片捻在一起卷曲成筒状；心叶不能抽出，病株一般不能抽薹，即使抽薹，薹上具明显褪绿条斑；病株的根系短而少，黄褐色，严重影响大蒜的产量和品质。侵染大蒜的大蒜嵌纹病毒（galic mosaic virus，GMV），生产上主要分两种，一种为萎缩型（yellow dwarf type），植株矮化，叶片变黄后萎蔫，不结鳞茎，完全没有收成；另一种为嵌纹型（mosaic type），植株叶片呈现浓绿与浅黄色线性之嵌纹症状，影响光合作用和鳞茎膨大，轻则减产 20%，严重时减产超过 50%。

2. 防治方法 ①培育无毒种苗。②尽量避免与同科、同属作物邻作或连作，减少田间自然传播。③田间管理，尽量避免机械损伤。④注意预防蚜虫、红蜘蛛等刺吸式害虫，减少昆虫传毒。⑤测土配方施肥，注意增施酵素高温堆肥、土壤酵母，或腐殖酸有机肥，减少化肥用量，增强植株抗性。⑥发病初期喷洒 5%病毒清可湿性粉剂 400 倍液，或 0.5%抗毒剂 1 号水剂 250～300 倍液，或 20%病毒宁水溶性粉剂 500 倍液，或 83 增抗剂 100 倍液，配合酵素叶面肥 600 倍液，隔 10 天 1 次，连续防治 2～3 次。

（三）小叶病

1. 症状 该病主要为害马铃薯，由植株心叶长出的叶子开始变小，与下位叶差异明显，新长出的叶柄向上直立，小叶常畸形，叶面粗糙。

2. 病原 该病病原尚未完全明确，多认为是马铃薯 M 病毒（PVM）。

3. 防治方法 ①采用无毒种薯。②施用酵素高温堆肥、土壤酵母或腐殖酸有机肥，或充分腐熟的有机肥。③叶面喷施酵素叶面肥 600 倍液可显著提高植株抗性，增强抵抗病毒能力，减少小叶病发生。

四、酵素在农作物生理病害防治上的应用

（一）黄化叶

1. 症状 主要在棚室黄瓜植株上多发。从采瓜期开始，植株的上部和中部叶片急剧黄化，早晨观察叶背面呈现水渍状，气温升高后水渍状消失，几天后水渍状部位逐渐黄化，尤其是在低温条件下，生长势弱的植株易发生。

2. 防治方法 ①施用酵素高温堆肥或腐殖酸有机肥，采用配方施肥技术，加强肥水管理，减少化肥施用量。②提倡使用酵素叶面肥和腐殖酸叶面肥各

600倍液，每667米^{2}用量80～120升，隔7天喷施1次，共2～3次。

（二）大蒜黄叶和干尖

1. 症状 大蒜苗期发生黄叶、叶片黄化；成株期叶片发生干尖。

2. 病因 一是大蒜根部受地蛆为害；二是重茬；三是“退母”时烂母所致。

3. 防治方法 ①实行3～5年轮作。②施用酵素高温堆肥、腐殖酸有机肥，或充分发酵的有机肥，按照配方施肥要求，增加生物肥、有机肥用量，减少化肥施用量，提高土壤活力。③为防止“退母”黄尖，应在“退母”前30天，开始追施腐殖酸高氮型冲施肥、酵素发酵液肥，不仅对促进花薹和蒜瓣分化有一定作用，还可避免或减轻黄叶和干尖的发生。④利用病原线虫防治地蛆。

（三）褐脉叶

1. 症状 主要为害保护地黄瓜，又称褐色小斑病或锰中毒症。棚室保护地栽培的黄瓜多发生，多发生在植株下部和中部叶脉上。发病初期叶的网状脉变褐，沿叶脉产生黄色小斑点，逐渐扩展成条斑；后期条斑变为褐色枯斑，先是叶片基部几条主脉变褐色，后支脉也变褐，严重时叶脉、叶柄变为褐色。在田间有时和霜霉病、细菌性角斑病混发，但该病在湿度大的情况下不产生霉状物，也不分泌乳白色菌脓，有别于霜霉病和细菌性角斑病。

2. 防治方法 ①施用酵素高温堆肥、腐殖酸有机肥。②采用测土配方施肥，注重钙的运用，土壤缺钙容易诱导锰过剩症的发生。③加强苗期和定植后管理，注意适当控制浇水，防止土壤过湿，以免土壤溶液处于还原状态。但也不要过于干旱。④施用酵素有机肥，注重提高地温，以利于肥料的吸收和利用。尤其要注意，在施用酵素菌肥之前，要事先将石灰用上用足。

（四）裂果

1. 症状 夏季栽培的冬瓜、节瓜经常发生裂果，不仅影响外观，且影响品质，严重的失去商品价值。此外，裂果还易引起病菌侵入果实内繁殖，造成果实局部变质或腐烂，影响贮藏和运输。

2. 病因 裂果系生理病害。夏季高温、烈日、暴雨、浇水不当等不利条件是引起裂果的主要原因，特别是遇有降雨和暴雨，引起根系生理机能障碍，且妨碍对硼的正常吸收和运转，经3～6天，即发生裂果。

3. 防治方法　①增施有机肥，施用酵素高温堆肥，增强土壤的通透性和保水力，使土壤水分供应均匀，根系发达，枝繁叶茂，加速果实发育，可减少裂果。②冬瓜等瓜类果实顶端和贴地果皮厚壁细胞层较少，栽培中通过翻转果实促进果实发育，也可减轻裂瓜。③在果实膨大期，叶面喷洒酵素叶面肥600倍液，配合0.1%硫酸锌、0.1%硫酸铜可提高抗热性，增强抗裂果能力。此外，在花瓣脱落后喷洒浓度为15毫克/升赤霉素，或30毫克/升萘乙酸，隔7天1次，连续2～3次，也可减轻裂果。

（五）低温障碍

1. 症状　作物遭遇低温时可受冻，轻者叶缘变白，呈薄纸状，严重的似开水烫过或瘫倒在地。

2. 防治方法　①施用酵素高温堆肥或腐殖酸有机肥，或充分腐熟的有机肥，有条件的可掺入部分马粪，以及采用配方施肥技术，减少化肥用量，促进根系发育，以增强抗寒能力。②适时中耕，疏松土壤，提高地温。③寒流来临之前，叶面喷施酵素叶面肥600倍液，以增强植株抗寒力。

（六）保护地氨害和亚硝酸害

1. 症状　氨过剩：幼苗叶片褪色，叶缘呈烧焦状，向内侧卷曲。植株心叶叶脉间出现褪绿斑，致心叶下的2～3片叶褪色。保护地氨害多发生在施肥后3～4天，中位叶受害，叶片正面出现大小不一的不规则的失绿斑块或水渍状斑，叶尖、叶缘干枯下垂，多整个保护地发病，且植株上部发病重。一般突然发生，上风头发病轻于下风头，棚口及四周轻于中间。保护地亚硝酸气害：多发生于施肥后10～15天，中位叶初在叶缘或叶脉间出现水渍状斑纹，后向上下扩展，受害部位变为白色，病部与健康部位界限明显，从背面观察略凹陷。

2. 病因　保护地产生氨害和亚硝酸害，主要是肥料分解产生氨气和亚硝酸气所致。如保护地内一次性施入过多的尿素、硫酸铵、碳酸氢铵或未经充分腐熟的饼肥、鸡粪等，如放风不当，经3～4天就会产生大量氨气，当氨浓度达到5毫升/米^{3}时，植株外侧叶片开始出现受害症状。当保护地空气中亚硝酸气浓度大于3毫升/米^{3}时，就会发生亚硝酸为害。

3. 防治方法　①施用酵素高温堆肥，或充分腐熟的有机肥，采用测土配方施肥技术，科学施用肥料，减少化肥用量，做到不偏施、不过量施用氮肥。施用饼肥、粪肥必须充分腐熟后才能施用。同时注意施肥方法，追施尿素、硫酸铵时，不要表面撒施，应深埋或深施后踏实。早春气温低，施肥应提早，以免分解不充分。②心叶发生缺绿症状时，用 pH 试纸检测棚室内氨气和亚硝酸气的变化动态，当 pH＞8.0 时，可能发生氨害；pH＜6.0 时，可能发生亚硝酸气害。这时要注意放风，排出不良气体，降低其含量和浓度。③施用酵素发酵液肥，或含腐殖酸水溶肥料，采用膜下滴灌，以减少不良气体挥发。④必要时，叶面喷施 0.2%磷酸二氢钾，配合酵素叶面肥和腐殖酸叶面肥各 600 倍液。

（七）叶烧和日灼

1. 症状 叶烧主要发生在连阴雨天后突然转晴的条件下，叶片凋萎，虽可逐渐恢复，但叶片的边缘变褐枯死，似火烧状。日灼主要发生在果实上，向阳面的果皮褪绿变硬呈黄白色至黄褐色，果实呈有光泽似透明革质状，后变为白色至黄褐色斑块，有的出现皱纹、干缩变硬后凹陷。当日灼部位受病菌侵染后或寄生时，长出黑色霉状物或腐烂。叶子发生日灼时，初期叶绿素褪色，后期叶子的一部分被漂白成白色，最后变黄枯死。

2. 防治方法 ①施用酵素高温堆肥，或充分腐熟的有机肥，改善土壤通透性。保护地栽培时，要注意加强通风，使叶面温度下降，阳光过强 可采用遮阳网覆盖，以降低棚温。②及时灌水，保证蒸腾水量。③喷洒 0.1%硫酸锌或硫酸铜可提高植株抗热性，增强抗日灼能力。④喷洒 27%高脂膜乳剂 50～100 倍液，有一定保护作用。

（八）盐类障碍

1. 症状 从植株生育初期可见叶色深绿，有硬质感，植株矮化，心叶卷翘。番茄果实肩部深绿色，与果脐、果蒂部形成明显对比，严重的植株呈现萎蔫状，叶缘枯萎。

2. 病因 当土壤溶液 EC 值＞1.5 毫欧/厘米时，即易发生盐类生理障碍，这与施肥过多和肥料难于淋溶有关，在保护地内尤其容易发生。生产上施用过多的畜禽粪便有机肥，致使氯化铵、氯化钾等盐类浓度增加，此外土壤中氯化钠浓度过高也易发生盐害。

3. 防治方法 ①施用酵素高温堆肥、腐殖酸有机肥，采用测土配方施肥技术。②选用酵素发酵液肥、酵素光敏色素肥、含腐殖酸水溶肥料、含氨基酸水溶肥料、含海藻酸水溶肥料，以降盐促根。③发现盐害，可加大灌水量，有条件的可种植绿肥作物或采用雨水排盐等方法。

（九）烧根

1. 症状　植株烧根苗期和成株期时有发生。发生烧根时，根尖变黄，不发新根，前期一般不烂根，表现在地上部生长缓慢，植株矮小脆硬，形成老小苗，有的苗期开始发生烧根，到高温季节才能表现出来。烧根轻的植株中午萎蔫，早晚尚能恢复，后期由于气温高，供水不足，植株干枯，似青枯病或枯萎病，纵剖茎部未见异常，有别于感染病害。

2. 病因　主要是施用过量未充分腐熟的有机肥，尤其是施用未经腐熟的鸡粪，或处于土壤水分供应不足的情况下，极易发生烧根现象。这与这些肥料在土壤中经微生物继续发酵腐熟，产生高温，并消耗大量土壤空气，造成作物根系受伤和缺氧有关。

3. 防治方法　①严格测土配方施肥，施用酵素高温堆肥。若施用鸡粪最好掺混酵素菌或土壤酵母，加速发酵，预防烧根。②提倡施用酵素有机肥或腐殖酸有机肥。③已经发生烧根时，要增加灌水量，降低土壤溶液浓度。④使用地膜覆盖的，进入高温季节逐渐破膜，防止地温过高，必要时应加大放风量或浇水降温。

（十）肥害

1. 症状　肥害主要包括外伤型和内伤型。外伤型肥害是指由肥料外部侵害所致，造成植株的根、茎、叶的伤害；内伤型肥害是指施肥不当造成植株体内离子平衡受到破坏引起生理伤害。

2. 病因　一是气体毒害，主要是氨气伤害。二是浓度伤害。施用化肥或有机肥过量都会造成浓度伤害。当土壤中盐分浓度高于 3 000 毫克/千克时，植株吸收养分和水分的功能受到抑制，细胞渗透阻力大，产生反渗透现象，严重时，造成作物组织内的水分向根外释放，导致组织细胞缺水萎蔫。另外，使用肥料中的有毒有害物质超出产品标准要求。目前已知的有毒有害物质主要有：①氯离子。忌氯的烟叶、茶叶、柑橘、葡萄、西瓜、马铃薯、甘薯、番茄等作物使用了这类肥料，将会严重影响作物生长；在酸性土壤中，施用含氯化肥会使土壤酸性增强，增大土壤中活性铝、铁的溶解度，加重对作物的毒害作用。②缩二脲。会导致作物烧苗、烧根，造成肥害。③游离酸。游离酸超标的产品可以伤害作物种子和幼苗，易导致土壤板结。若含量高于 5%，施入土壤后容易引起作物根系中毒腐烂。④三氯乙醛。除以上有毒有害物质外，还有肥料的酸碱度偏酸或偏碱、钠离子含量过高等都可能造成肥害。之外，养分严重不足的假肥所造成的减产也应该列入肥害范畴。

3. 防治措施 科学施肥，加大有机肥投入。如施用酵素高温堆肥；如果施用动物粪便等土杂肥，一定要经过充分发酵后使用。不使用含有激素的化肥和未发酵的动物粪肥，不使用含高氯和缩二脲超标的肥料。

五、酵素在根结线虫防治上的应用

根结线虫是当前冬暖式大棚、温室常见的根部线虫，寄主广泛，为害严重。将发酵过程经历一半的酵素菌发酵高温木屑堆肥，按每667米^{2}用量1 000～2 000千克，施入感染根结线虫的土壤，尽快中耕翻土，使肥土充分混匀。为了使杀灭线虫的效果彻底，翻土深度要达35厘米以上。适当灌水保墒，并加盖薄膜，经30～40天后，即可几乎将所有线虫杀死。如果在此基础上，每667米^{2}增施80～120千克石灰氮（氰胺化钙），则杀灭线虫效果更好。保护地重病田，定植时，配合上述酵素菌肥，穴施10%力满库颗粒剂，每667米^{2}5千克，或用50%克线磷颗粒剂，每667米^{2}300～400克，杀灭线虫效果更理想。

六、酵素在反季节蔬菜病害防治上的应用

（一）反季节瓜类蔬菜病害发生与防治

瓜类蔬菜反季节栽培一是早熟和特早熟栽培；二是秋延后或冬季栽培。早熟栽培是在冬春季，利用塑料大棚、温室等保护地设施或在南方露地进行反季节栽培，由于棚室具有高温、高湿、密闭及连作重茬等特点，非常适合一些病害的发生，如苗期的猝倒病、立枯病、低温障碍及生育期间的灰霉病、炭疽病、根腐病。如进入雨季，棚内外进入高湿阶段，昼夜温差大，结露时间长，霜霉病、疫病、细菌性角斑病易发生和流行。连年种植瓜类，枯萎病、蔓枯病等土传病害和连作障碍普遍发生。

秋延后或冬季栽培的主要有秋黄瓜、秋西葫芦等，北方通常6月或7月播种，8～10月收获。此间，前期雨水多，阳光强烈，病害重，幼苗的真叶刚长出，霜霉病、疫病、白粉病、细菌性角斑病、炭疽病等多发，生产难度较大。

防治方法：①选用适宜品种。早春的黄瓜要注意选用耐低温弱光的黄瓜品种，同时要抗枯萎病、霜霉病、疫病等。秋季栽培的黄瓜应选择耐湿热、抗病

性强的品种。②育苗或直播。早春宜育苗移栽，秋季宜直播。播种前采用种子包衣，或利用温汤浸种消毒。③施用酵素高温堆肥、土壤酵母，或充分腐熟的有机肥，可有效减轻土传枯萎病、蔓枯病、疫病和气传霜霉病、灰霉病、炭疽病、白粉病等的发生和流行。

（二）反季节茄果类蔬菜病害发生与防治

番茄、茄子、辣椒（甜椒）等茄果类蔬菜的反季节栽培，分为春提前和秋延后。茄果类蔬菜育苗普遍提早，一般多安排在全年气温最低的一、二月份育苗。定植后由于气温低，棚温、地温始终上不来，幼苗处于“半生长”状态，持续时间很长，很容易诱发猝倒病、灰霉病、菌核病等低温病害或出现低温障碍，成为生产上的重要问题。

在温室、大棚条件下连年或单一种植茄果类蔬菜，易造成土传病害严重，如茄子黄萎病、番茄枯萎病、根腐病、根结线虫病等，以及番茄早疫病、晚疫病、叶霉病等气传病害的经常流行。

在茄果类蔬菜生长中，辣椒（甜椒）疫病是反季节生产中的难题，高温多雨季节，辣椒（甜椒）根茎部浸在水中，极易造成疫病毁灭性流行。

茄果类蔬菜青枯病、辣椒和番茄疮痂病随反季节栽培面积不断扩大，现在北方保护地发病也十分严重。

在反季节栽培中，日照不足或过强，棚室温度过低或过高，营养缺乏或过剩，水分供应不均衡，土壤透气性差，或因施肥不当、放风不及时，产生的氨气、亚硝酸气，加热炉排放的一氧化碳、二氧化硫过多，杀虫剂、杀菌剂、作物生长调节剂、液体肥料施用过量等，都会使蔬菜生长发育受到抑制，茎叶上出现病变，产生畸形花、变形果、裂果等，严重的产生落叶、落花、落果，造成很大的经济损失。

防治方法：①科学地确定播种期和定植期，以保证定植后的棚室气温、地温能满足辣椒（甜椒）、茄子等对低温的要求。②选用耐低温、耐弱光品种，同时注意兼抗当地主要病害。③北方棚室栽培的秋番茄、南方栽培的露地番茄要注重防治病毒病。④针对反季节栽培中高温高湿或进入雨季易流行的番茄晚疫病、辣椒（甜椒）疫病，适宜采用高垄栽培，地面覆盖稻草，浇水改在上午，加强夜间通风，千方百计减少叶面结露等防病措施。⑤针对反季节栽培中高湿低温型灰霉病，提倡采用局部控制技术，即带药蘸花，预防灰霉病菌和其他病害对果实的为害。必要时采用烟雾剂、粉尘剂进行防治。⑥提倡施用酵素高温堆肥、土壤酵母，或充分腐熟的有机肥，采用测土配方施肥技术，防止生理障碍发生，提倡施用酵素叶面肥和含腐殖酸水溶肥料，以提高植株抗病力。

（三）反季节白菜类、甘蓝类蔬菜病害的防治

多年以来，白菜类、甘蓝类蔬菜主要在春、秋两季栽培。但随着科技的进步和市场需求，大白菜、甘蓝、花椰菜、青花菜等蔬菜已实现周年生产周年供应。过去春、秋两季栽培情况下，大白菜等十字花科蔬菜主要有霜霉病、白粉病和软腐病三大病害，现在黑斑病、白斑病、黑腐病等也越来越严重，尤其是夏季高温多雨季节，由于气温高、降雨频繁，白菜类、甘蓝类的细菌病害、真菌病害、病毒病和根结线虫病都成为生产上的难题。

防治方法：①反季节栽培的白菜类、甘蓝类蔬菜品种要选择耐热性、抗抽薹性、抗病性更强的早熟或极早熟品种。②施用酵素高温堆肥或充分腐熟的有机肥。③采用高畦直播技术可减轻病害发生。④对于白菜、甘蓝黑腐病、软腐病多发的地块，除了选用抗病品种外，播前用多菌灵拌种或用种子重量0.4%的50%琥胶肥酸铜（DT）可湿性粉剂拌种，也可用种子量1%的农抗75-1拌种。⑤反季节栽培的重茬地块，除了进行土壤处理外，可选用土壤酵母，或每667米^{2}用酵素菌3～5千克、麸皮或米糠15～30千克，掺混后撒施地表，立即耕翻，覆盖薄膜后灌大水，依靠酵素菌的繁殖和高温抑制病原菌。

第二节　酵素在农作物虫害防治上的应用

一、蚜虫、茶黄螨、红蜘蛛

通常采用叶面喷施法防治。在未发生虫害之前，每667米^{2}用酵素叶面肥50毫升、食醋50毫升、过磷酸钙50克、清水50升的混合液预防。在发生虫害初期，每667米^{2}用酵素叶面肥50毫升、食醋50毫升、过磷酸钙30～80克、磷酸二氢钾30～80克、硫酸亚铁20～30克、硼砂20～25克、白酒100～200毫升、清水100升的混合液防治。虫口数较多时，每667米^{2}用酵素叶面肥50～60毫升、食醋60～80毫升、硝酸钙50～60克、磷酸二氢钾60～80克、硫酸亚铁30～50克、硼砂20～30克、大蒜200克（榨汁）、清水80升的混合液防治，效果良好，害虫不产生抗药性。如结合化学农药防治，或与化学农药交替使用，效果更加显著。

二、康氏粉蚧、桑白蚧、梨木虱等

通常分三次防治，早春每667米^{2}用酵素叶面肥100毫升、食醋100～120毫升、硝酸钙80～100克、硫酸亚铁30～50克、清水60～80升的混合液喷防，间隔2～3天再喷1次；夏季每667米^{2}用酵素叶面肥100毫升、食醋80～100毫升、磷酸二氢钾60～80克、硫酸亚铁30～50克、硫酸铜30～50克、清水80～100升的混合液喷防，连用2次，中间间隔3～5天；秋季每667米^{2}用酵素叶面肥100～120毫升、食醋120～150毫升、磷酸二氢钾80～100克、过磷酸钙60～80克、清水80～100升的混合液喷防，连用2次。与化学农药交替使用，效果更好。

三、壁虱

最好在冬季扑杀。第一次喷洒，每667米^{2}用酵素叶面肥40～50毫升、食醋80～100毫升、过磷酸钙70克、尿素100～120克、清水70升的混合液；第二次喷洒，每667米^{2}用酵素叶面肥50～60毫升、食醋100～120毫升、硝酸钙80～100克、硫酸铜50～60克、硝酸亚铁30～50克、清水80～100升的混合液。直接喷洒，间隔期为20～30天。如涂干，浓度需提高3倍以上。如果对果树，结合冬季剪枝、刮去老皮等措施，或结合石硫合剂涂干，再进行叶面喷洒，效果更佳。

第五章

酵素助力防治农作物缺素症

自1978年以来，中国科学院南京土壤研究所对全国土壤微量元素锌、硼、锰、钼、铜、铁的含量做了调查。结果表明，我国大部分地区都存在不同程度的微量元素缺乏。根据全国土壤普查数据，南方酸性土壤，硼、镁、钙、钼的含量都非常缺乏；北方碱性土壤，缺铁、锌、锰、钙等中微量元素。微量元素中，硼的缺乏最为严重。全国耕地缺硼土壤主要集中在中国东南部（长江中下游）、黄土高原、华北平原和淮北平原。

作物缺素症会造成植物生长发育障碍，影响产量和品质，其危害程度甚至超过病虫害，需要引起生产者的高度重视。

酵素含有生物活性物质，可以激活植株生理机能，增强抗逆性，提高养分利用率，对于预防作物缺素症十分有利。

第一节　农作物缺氮症状及其防治

一、农作物缺氮症状

（一）大田作物缺氮症状

1. 水稻　缺氮时，叶色淡黄，植株矮小，生长缓慢，不易分蘖。下部叶片叶色淡于上部叶片叶色，并慢慢由黄而逐渐枯死。抽穗早而不整齐，穗短粒少，过于早熟早衰，产量低。

2. 玉米　缺氮时，幼苗矮化、瘦弱，叶丛黄绿；生长株从叶尖开始变黄，沿叶片中脉发展，叶片上形成一个V形黄化部分；致全株黄化，后下部叶尖枯死且边缘黄绿色。缺氮严重时，或关键期缺氮，果穗小，顶部籽粒不充实，蛋白质含量低。

3. 棉花　缺氮时，先是下部老叶变黄绿色。严重缺氮时，全株叶片变黄色，再转红色至棕色干枯，顶端生长停止，植株矮小，枝条稀少细弱，花铃也很少，下部老叶早落。

4. 烟草　缺氮时，下部叶片首先表现出症状，严重时，下部叶片黄花，并向中部叶片发展。如果前期缺氮，则生长缓慢，植株矮小而黄瘦；如果在打顶后缺氮，则叶片和根系早衰，上部叶片狭小，叶片中蛋白质、烟碱等含量显著下降。烤后叶色淡，叶片薄，香气和吃味淡薄，烟灰暗。

5. 油菜　缺氮时，叶片变红或呈现红紫色，早衰脱落；植株矮小，生长势弱，薹期分枝短小，全株上大下小。

6. 小麦　缺氮时，主要表现为植株生长不良，幼苗细弱，分蘖少而弱，叶片窄小直立，叶色淡黄绿色，老叶叶尖干枯，逐步发展为基部叶片枯黄，根数少而短，穗少穗小，成熟期提前，产量低。

（二）蔬菜缺氮症状

1. 番茄　缺氮时，植株生长缓慢呈纺锤形，全株叶色黄绿色，早衰。初期老叶黄绿色，后变浅绿色，小叶细小，直立，叶片主脉由黄绿色变为紫色至紫红色，下部叶片更加明显，茎秆细，果实小，后期下部黄色叶子出现褐色小斑点。

2. 茄子　缺氮时，先是老叶叶色失绿变黄，茎色也常有改变，生长停滞，最后全部叶子变黄，结果少、小且黄，植株矮小，叶片黄化。缺氮植株在开花前虽然形成少量花蕾，但由于没有足够养分供给，发育处于受抑制状态，因此大部分花蕾都枯死脱落。

3. 黄瓜、西瓜、南瓜等　缺氮时，叶片小，上位叶更小，从下向上逐渐变黄；叶脉间黄化，叶脉突出，后扩展至全叶；坐瓜少，膨大慢。

4. 芸豆、豇豆、荷兰豆等　缺氮时，茎叶生长迟缓，叶片薄、瘦小，下部叶片变成淡绿色或黄白色；豆荚不饱满，豆荚弯曲。

5. 白菜　缺氮时，新叶生长缓慢，叶片少，叶色淡，逐渐褪绿呈现紫色，叶缘发红。严重的呈现焦枯状，出现淡红色叶脉，植株生长瘦弱，植株矮小，株型松散。

6. 萝卜、胡萝卜　缺氮时，整个植株出现症状，生长不良，尤其在老叶上易见。从老叶到新叶逐渐发展，叶长明显变小，发育迟缓，肉质根也较小。

7. 辣椒　缺氮时，植株瘦小，叶小且薄，发黄，后期叶片脱落。

（三）果树缺氮症状

1. 苹果　缺氮多发生在春、夏间果树生长旺盛时，新梢基部的成熟叶片逐渐变黄，并向顶端发展，使新梢嫩叶也变成黄色。新生叶片小，带紫色，叶脉及叶柄呈红色，叶柄与枝条成锐角，易脱落。当年生枝梢短小细弱，呈红褐色。所结果实小而早熟、早落，花芽显著减少。

2. 梨 缺氮时，新梢基部的成熟叶片逐渐变黄，并向顶端发展，新梢嫩叶也变成黄色。当年生枝梢短小、细弱，呈红褐色。新生叶片小，带紫色，叶脉及叶柄呈红色，叶柄与枝条成锐角，易脱落。果实小，早熟、早落。

3. 葡萄 缺氮时，叶片失绿黄化，叶片小而薄，易早落；老叶先开始褪色，并逐渐向上部叶片发展；新梢生长缓慢，枝蔓节间短而细；花、芽及果均少，果粒小，果穗松散，成熟不齐。

4. 柑橘 缺氮时，新梢抽生缓慢，叶色淡绿至黄色，叶薄；结果性差，落花落果多。由氮正常转入缺乏时，老叶先黄，新生叶呈黄绿杂斑，最后全叶发黄而脱落。

5. 草莓 缺氮时，叶色呈青铜色至暗绿色，叶面近叶缘处呈现紫褐色斑点，植株发育不良，叶小。

二、综合防治措施

1. 测土配方施肥，增施酵素菌肥 增施酵素高温堆肥、酵素有机肥，或腐殖酸有机肥，采用测土配方施肥技术，防止氮素缺乏；低温条件下可施用硝态氮；田间出现缺素症状时，应立即埋施酵素有机肥，或追施腐殖酸高氮型冲施肥，也可将尿素混入10倍有机肥中，施在植株两侧，覆土并浇水。

2. 根外追肥 叶面喷洒0.5%尿素、1%红糖、2%发酵豆浆溶液，或叶面喷施0.2%碳酸氢铵、1%发酵牛奶、1%聚谷氨酸溶液，防治效果显著。

第二节 农作物缺磷症状及其防治

一、农作物缺磷症状

（一）大田作物缺磷症状

作物缺磷时，植株矮小，瘦弱，分枝或分蘖少，功能叶变窄，呈暗绿色或灰绿色，缺乏光泽；成熟期推迟，谷粒或果实变小。

1. 水稻 缺磷时，植株紧束呈“一炷香”株型，叶片及茎为暗绿色或蓝灰色，叶尖及叶缘略带紫红色，无光泽。

2. 玉米 缺磷时，从幼苗开始，从叶尖部位沿着叶缘向叶鞘发展成深绿带紫红色斑，逐渐扩展到整张叶片。症状自下而上发展，甚至全株呈紫红色。严重时，叶尖开始枯萎呈褐色，花丝抽出延迟，雌穗发育不全，常弯曲、秃尖等。

3. 棉花 缺磷时，棉株最明显的症状是植株矮小，茎秆细脆，叶片小且叶色暗绿，早落叶，开花结铃稀少，生育期延迟，种子不饱满，纤维少且品质低劣。严重缺磷时，植株下部叶片出现紫红色斑块，棉桃开裂吐絮差，籽粒不饱满。

4. 烟草 缺磷时，影响植株对氮、镁的吸收，植株生长缓慢，矮小瘦弱，呈簇生状；叶片窄，色暗，除顶叶深绿色外，中下部叶片暗绿无光泽，老叶有坏死的斑点（麻斑病），干枯后变为棕色。复烤后烟叶颜色暗淡无光泽，根系发育差，生育期推迟。

5. 甜菜 缺磷时，植株矮小，叶片细窄，直立，叶色暗绿，有时带红色条纹，缺乏光泽。生长中后期，叶片由暗绿变为淡绿或黄绿色，下部叶片提早脱落。

6. 油菜 缺磷时，叶片较小，深绿，背面紫红色，分枝少，开花成熟期延迟。

7. 小麦 缺磷时，叶色暗绿，分蘖少，抽穗、开花、成熟期延迟。

（二）蔬菜缺磷症状

蔬菜缺磷时，植株矮小，发僵，出叶慢，叶片少儿小，色暗绿无光泽，有的叶脉呈紫红色。果菜类花芽分化受阻，开花结果不良。结球类结球迟缓，球体疏松不实，品质变差。

1. 番茄 缺磷时，植株生长缓慢，矮小，茎叶细，叶子常卷曲，叶背面和叶脉呈紫红色，老叶变黄，并伴有紫褐色枯斑。早期缺磷时，开花稀少，结果不良，对早期产量影响很大。

2. 黄瓜、西瓜、南瓜等 缺磷时，瓜蔓抽生慢，幼叶小而僵硬，深绿色，老叶片常出现大块水渍状斑，病斑逐渐变褐干枯，叶片凋萎脱落。根系发育差，花芽分化不正常，开花结果明显减少，有时出现不开雌花的现象。

3. 芸豆、油豆、荷兰豆等 缺磷时，植株矮小，叶色暗绿，基部叶片极易脱落，根系少，根瘤少且发育不良，易落花、落荚。

4. 甘蓝、花椰菜等 缺磷时，叶片小而挺立，叶尖和叶缘呈紫红色，结球松弛，花球小，无光泽。

5. 萝卜、胡萝卜 缺磷时，叶片小，暗绿色，无光泽，叶背面呈红色。

地下根发育不良，常带一根筋，不充实。

6. 洋葱 缺磷时，生长迟缓，老叶尖端干枯死亡，有时管状叶上表现出绿褐色相间的花斑；地下鳞茎小，不饱满，品质差。

7. 白菜 缺磷时，叶片呈暗绿色至淡紫色，叶片小，叶肉厚，无叶柄，叶脉边缘有紫红色斑点或斑块，叶数量少。严重时叶片边缘坏死，老叶提前凋萎，叶片变成狭窄状；植株矮小，植株外形瘦高而直立；根系少，发育差，侧根少。

（三）果树缺磷症状

果树缺磷时，植株生长不良，老叶黄化，落果严重，果实酸，品质降低。

1. 苹果 缺磷时，幼叶小，呈暗绿色，功能叶呈灰绿色并带紫色，无光泽，以新梢末端的枝叶表现特别明显。叶柄与枝条多呈锐角分布。

2. 梨树 早期缺磷无明显症状，只有进入中后期时，才表现出生长发育受阻，花、果实、种子减少，开花、成熟期延迟，抗逆性差。

3. 葡萄 缺磷时，叶片小，暗绿，有时叶柄及叶背面叶脉呈紫红色。从老叶开始，叶缘先变为金黄色，然后变成淡褐色，继而叶片失绿坏死，干枯；易落花，果穗发育不良，抗性差。

4. 李子 缺磷时，叶色暗绿色转紫红色，叶缘向外卷曲，叶片稀少，生长发育受阻，花芽形成困难，产量明显下降。

5. 柑橘 缺磷时，新梢抽生慢，小叶密生，叶上有坏死斑点，老叶古铜色，枝条和叶柄略带紫红色；果实组织粗糙，橘皮厚，未及成熟即变软；落花、落果严重，品质差，产量低。

6. 桃 早期缺磷，叶片窄小，呈青铜色，叶背、叶脉带紫红色，产量低，品质差。

7. 草莓 缺磷时，叶色呈青铜色至暗绿色，叶面近叶缘处呈现紫褐色斑点，植株发育不良，叶小。

二、综合防治措施

1. 改良土壤 对于酸性土壤应增施石灰，对于碱性过强的土壤增施石膏，减少土壤对磷的固定。

2. 增施酵素菌肥 增施酵素高温堆肥或生物有机肥，以富含骨粉的酵素有机肥为好。

3. 增施磷肥

（1）基肥　每667米^{2}增施过磷酸钙20～50千克，但必须同酵素高温堆肥充分混匀后使用，单独施用，效果很差。

（2）根外追肥　为了提高补磷效果，常用酵素叶面肥作为肥料增效剂使用。生产上常用酵素叶面肥500～600倍液加1%～1.5%过磷酸钙，或0.2%～0.3%磷酸二氢钾，连续使用2～3次，每次间隔5～7天。

4. 其他措施　对于有内生菌根的果树，如苹果、柑橘、梨、杨梅等，可以接种真菌，以增加植株根系对土壤中磷的吸收利用率。

第三节　农作物缺钾症状及其防治

一、农作物缺钾症状

（一）大田作物缺钾症状

1. 棉花　棉锈病是棉花严重缺钾时的典型症状。开始时较老叶片的叶尖和叶缘上出现带黄色的白斑，并逐渐扩展到叶脉之间的组织，主、侧脉及两边区域保持绿色，如此形成黄、绿相间的花叶，其状似“虎皮斑纹”，继而褪绿焦枯，最后全叶呈红棕色，焦枯脱落。蕾、铃发育不良，容易脱落。棉田土壤缺钾可导致棉株表现红（黄）叶症状，由棉株自下而上发展，叶片自叶缘和叶尖向叶片中心和叶基逐渐变色。严重时甚至全株发病，叶面皱缩变脆，最后呈红褐色，干枯脱落。病株棉铃瘦小，难于成熟，产量和品质明显下降。

2. 烟草　缺钾时，典型症状多在下部老叶首先出现，生长中后期症状主要出现在中上部叶片，叶尖发黄，叶片变小，下部老叶叶尖和叶缘向下卷曲呈“伞状”。叶脉间，尤其在叶尖和叶缘出现黄色斑点，继而迅速坏死，叶缘焦枯脱落，叶缘残缺不全。随着症状向中上部叶子蔓延，植株生长缓慢，矮小不开张，叶片纤维化或木质化，烤后叶子色泽、香气、燃烧性能大大降低。缺钾容易遭受病虫害，根系发育不良而短小，易早衰。

3. 大豆　缺钾时，中上部叶片的叶尖和叶缘颜色变浅，继而褪绿黄化，只有沿叶脉的叶肉组织仍保持绿色，叶片呈“鱼骨”状。由于缺钾组织失水较多，因而叶缘皱缩，叶片向内卷呈“杯状”，最后组织焦枯，叶缘破碎。

4. 花生　缺钾时，叶尖出现黄斑，叶缘出现棕色的斑点，叶缘组织焦枯，但叶脉仍保持绿色。叶片常常因失水而卷曲。

5. 甘薯　缺钾时，老叶易显现症状，发病初期叶尖开始褪绿，逐渐扩展到叶脉间的叶肉组织褪绿变黄，节间短缩，叶片变小，叶柄短，叶尖和叶缘受害组织开始坏死干枯，继而整张叶片均有褐色斑点，最后全叶过早焦枯。

6. 甘蔗　缺钾时，茎秆细，节间短，簇生；嫩叶狭窄，呈暗绿色；老叶叶缘带有灰色坏死中心的褐斑，继而整个叶缘呈棕色，功能叶明显减少。

7. 甜菜　缺钾时，叶片变小，呈暗绿色，叶表面起皱。老叶叶缘变黄并逐渐加重，最后叶缘破碎，坏死。严重缺钾时，嫩叶叶尖和叶缘也出现棕色坏死斑点，叶片向内卷曲，块根小，含糖量低。

8. 蚕豆　缺钾时，植株矮化，叶节间距缩短，簇生，中上部叶片叶缘首先出现枯死状，最后茎叶完全干枯死亡。

9. 玉米　缺钾时，下部叶片的叶尖、叶缘呈黄色或似火红焦枯，后期植株易倒伏，果穗小，顶部发育不良。

（二）蔬菜缺钾症状

蔬菜缺钾时，老叶边缘失绿，出现黄白色坏死斑，并逐渐向植株上部发展，老叶依次脱落。

1. 番茄　缺钾时，植株下部叶片出现灰白色斑点，少光泽，叶缘卷曲，老叶易脱落。果实发育迟缓，成熟不齐，着色不匀，果蒂附近转色很慢，绿色斑驳其间，俗称“绿肩”果。

2. 黄瓜　缺钾时，植株下部老叶叶尖和叶缘先发黄，继而向叶脉间叶肉组织扩展。严重时，叶片焦枯、卷缩、脱落，植株萎蔫。果实生长发育受阻，常呈现头大蒂细棒槌形的畸形果。进入开花结果期，缺钾症状明显。

3. 西瓜　缺钾时，茎蔓细弱，叶色暗淡，无光泽，老叶叶缘变褐枯死，严重的扩展到心叶，呈淡绿色或焦枯。一般老叶叶缘、叶尖黄化，并伴有褐色斑点，继而发展到整个叶缘褐变枯死，叶片向内卷缩。坐果困难，果实发育受阻，因而糖分减少，品质下降。

4. 芸豆、豇豆　缺钾时，叶色深绿，下部老叶边缘褐变黄化，叶片皱缩，开花结荚少，矮生品种表现尤其明显。

5. 甘蓝、花椰菜　缺钾时，外叶边缘焦枯，叶脉间黄化，球叶减少，甘蓝包心不紧，甚至不能包心。花椰菜发育不良，花球小，松散，色泽暗，品质差。

6. 大葱、洋葱　缺钾时，管状叶尖焦枯，叶黄绿相间，易折断；洋葱鳞茎小，鳞片薄，品质差。

7. 白菜　缺钾时，幼苗呈现匍匐状，叶片暗绿色，叶片小，叶肉似开水烫过，叶缘下垂，叶面凹凸不平，松脆，易折断。成株叶片边缘或叶脉间失绿，开始呈现小斑点，后发生斑块状坏死。严重缺钾时叶片全部枯死，但不脱落。

（三）果树缺钾症状

1. 苹果　缺钾时，新生枝条的中下部叶片叶缘发黄呈暗紫色，皱缩或卷曲，并逐渐向顶部扩展，严重时，几乎整张叶片呈红褐色，干枯、焦灼状特别显著，焦枯叶片长时间不脱落。

2. 梨　缺钾时，叶色变黄，有的叶片呈杯状卷曲或皱缩，逐渐坏死；枝条生长细弱柔软，抗性差。

3. 葡萄　缺钾时，最初是叶片变小，叶缘失绿，绿色葡萄品种的叶片颜色变为灰白或黄绿色，而黑色葡萄品种的叶片呈红色至古铜色，并逐渐向叶脉间扩展，继而出现许多坏死斑点，叶片变脆，早落。果粒小，成熟不整齐，浆果可溶性固形物含量低，风味差。

4. 桃　缺钾时，症状最早出现在新梢中部成熟叶片上，当年生新梢中部叶片发黄变皱卷曲，随后坏死并向上部叶片蔓延，一般叶尖先焦枯，然后扩展到叶缘。严重时，叶片出现裂纹、开裂，特别是纵向卷曲叶片的背面呈淡红色或紫红色，易脱落。小枝生长纤细，花芽少，产量低。

5. 李子　缺钾时，一般中下部老叶发黄，叶片呈青绿色，叶脉间失绿黄化，随后新叶从叶尖开始焦枯逐渐扩大到叶缘，病叶焦灼坏死。

6. 柑橘　缺钾时，叶片变小卷曲至畸形，叶色变黄；新梢生长短小细弱；花期抗寒、抗旱性显著降低；果实变小，果皮薄而光滑，容易裂果，落果严重。

7. 杨梅　缺钾时，春、夏梢生长不充实，枝梢纤弱，花芽少，易落花。严重时，中下部老叶叶缘先变红褐色，随后向基部扩展，最后全叶呈红褐色焦枯、脱落。新梢生长量明显减少，大小年结果现象明显。

8. 荔枝　缺钾时，叶片大小变化不大，颜色稍浅，叶尖端出现灰白、焦枯，叶缘棕褐色，并逐渐从叶缘向基部扩展；新梢抽生后易落叶；根系生长缓慢，根量少。

9. 香蕉　缺钾时，生长量明显减少，老叶过早发黄，叶缘紫红色，焦枯；抽穗迟缓，果穗小，产量低，品质差。

10. 草莓 缺钾时，老叶叶脉间产生褐色小斑点。

二、综合防治措施

1. 增施酵素菌肥 增施酵素高温堆肥料、土壤酵母，或腐殖酸有机肥，以改善土壤的理化性状，增强根系对钾的吸收利用。

2. 合理轮作，加强田间管理 合理轮作，对钾反应敏感的作物不宜种在需钾量大的作物之后。加强肥水管理，土壤过干过湿均会影响作物对钾的吸收。对于露地果树，最好采用树下生草、地面覆草或地面覆盖酵素高温堆肥等管理措施，均能减少土壤中钾的淋失，提高土壤中钾的有效性。

3. 科学合理施用钾肥

（1）基肥 对于一般作物多选用硫酸钾、硝酸钾或氯化钾，对于苹果、葡萄、烟草等作物宜选用硫酸钾或硝酸钾作基肥或追肥。一般每667米^{2}施用硫酸钾10～50千克，株型大的作物、生长期长的作物，需钾量较大，最好分次施肥。特别是沙性土壤，雨水多的季节，钾素淋失快，应采用酵素高温堆肥料与钾肥配合使用。

（2）根外追肥 宜用酵素叶面肥，即酵素叶面肥500～600倍液，配合0.2%～0.3%硫酸钾，或0.2%～0.3%磷酸二氢钾，或0.3%硝酸钾，补钾效果良好。

第四节 农作物缺钙症状及其防治

一、农作物缺钙症状

（一）大田作物缺钙症状

1. 玉米 缺钙时，幼苗叶片不能抽出或不展开，有的叶尖黏合在一起，植株呈轻微黄绿色或引起矮化。

2. 棉花 缺钙一般较少出现。缺钙棉株生长点受抑制，呈弯钩状，株型矮小，叶片萎垂，易老化脱落，高温下易腐烂；果枝数及蕾铃数量均稀少，产量极低。

3. 烟草 缺钙时，首先症状出现在顶部芽叶和根尖。缺钙根系发育不良，根尖停止生长，根组织呈半透明状；严重时，根系发黑，产生大量侧根，但新根很快坏死。地上部幼叶褪绿黄化，顶芽下垂弯曲，变黑坏死；上部叶尖、叶缘向背后卷曲，叶片变厚呈唇状，叶色暗绿出现坏死，有棕红色斑纹出现。严重时顶端和叶缘折断，叶片呈扇贝状，短而窄，叶缘不规则；下部腋芽萌发，产生大量侧枝，但新生侧芽很快坏死，使植株呈丛状，新生侧枝易折断。花期缺钙，花芽易凋萎，花冠出现坏死斑点，后枯死，雌蕊突出。

（二）蔬菜缺钙症状

蔬菜不仅需钙量大，而且在整个生长过程中都很需要。一旦缺乏，就会出现症状：植株矮小，生长点萎缩，顶芽枯死，生长停止；幼叶卷曲，果实顶端易出现凹陷，黑褐色坏死。

1. 茄果类蔬菜　缺钙时，典型症状是脐腐病。番茄、甜椒幼果发病初期，其果实前端果肉呈水渍状，果皮完好。随着果实的膨大，果实前端患病部位干缩凹陷并变黑变褐，病斑处常被霉菌寄生而出现黑色霉层，呈烂顶状。果实其余部位仍能正常着色。甜椒顶端凹陷不如番茄明显。脐腐病通常在果实近拇指大小时发生，膨大期的果实一般不发病。

2. 大白菜、甘蓝　缺钙时，典型症状是缘腐病。内叶边缘由水渍状变为果酱色，继而褐变、坏死、腐烂。干燥时似豆腐皮状，极脆，又称“干烧心”。外叶无明显症状。纵切叶球时，在剖面中上部出现棕褐色弧形状带，而叶球最外面的1～3层叶和中心嫩叶一般不发病。

3. 胡萝卜　缺钙时，根部易开裂。

4. 莴苣　缺钙时，植株顶部出现灼伤现象。

5. 黄瓜、西瓜、甜瓜　缺钙时，幼叶叶缘黄化，叶中间上拱，四周下卷，全叶呈降落伞状，有的植株生长点坏死、腐烂。香瓜易出现“发酵瓜”，整个瓜软腐，挤压时出现泡沫。

（三）果树缺钙症状

果树中苹果树容易缺钙，主要表现在果实上。

1. 苹果　缺钙时，会诱发果实的多种生理性病害，如水心病、苦痘病、痘斑病和红玉斑点等。果实一旦发生这些病害，其商品价值大幅度下降，严重时丧失商品价值。上述生理性病害的发生，既与果实的钙浓度有关，但更重要的是和果实中钙与氮、钾、镁等元素的比例有关。当果实中“钾/钙”“（钾＋镁）/钙”或“钾/（钙＋镁）”的比值高时，易得缺钙性生理病害。

2. 梨　缺钙时，表现为新生组织、幼叶、幼果生长缓慢。

3. 葡萄 缺钙时，新梢顶端枯死，叶片严重烧边，坏死部分从叶缘向叶片中心发展，蔓上随机散布着深褐色疱疹。

4. 柑橘 缺钙常发生在新生组织上。缺钙时，生长点受损，根尖和顶芽生长停滞，根系萎缩，根尖坏死。夏梢叶片上常表现叶片先端黄化，而后扩展到叶缘部位。病叶较狭长、畸形，并提前脱落。树冠上树梢短、弱，早枯的落花落果严重。果小味酸，果形不正。

5. 草莓 缺钙多发生在现蕾时，新叶端部产生褐变或干枯。

二、综合防治措施

1. 要根据不同的原因，采取针对性的措施来防治。

(1) 看土施肥 对于供钙不足的酸性土壤，应施用石灰、碳酸钙等含钙肥料。石灰的用量与土壤质地有关，同时应考虑土壤的 pH 值。施用碳酸钙，要充分考虑土壤类型和 pH 值，如土壤 pH 为 5.5 时，每 667 米^2 碳酸钙用量：沙壤土为 160 千克，壤土为 290 千克，黏壤土为 410 千克；当 pH 为 6.0 时，每 667 米^2 碳酸钙用量：沙壤土为 80 千克，壤土为 150 千克，黏壤土为 170 千克。对于因土壤溶液浓度过高引起的钙的吸收障碍，仅仅通过土壤施钙常常是无效的，一般采用氯化钙或硝酸钙进行根外追肥。根外追肥时用酵素叶面肥作为钙肥增效剂效果显著，可用酵素叶面肥 500～600 倍液，配合 0.3%～0.5% 硝酸钙，或 0.2%～0.4%氯化钙，每隔 7 天左右喷 1 次，连续 3～4 次。同时注意喷钙时期，对于番茄，应在开花时进行，对花絮上下的 2～3 片叶喷钙效果较好；对于大白菜，则在结球前喷钙为佳。

(2) 及时灌溉，防止土壤干燥 农作物遇到干旱天气，土壤过度干燥时，植株吸钙困难，易发生缺钙症状。

(3) 控制化肥施用量 对于盐碱土壤或次生盐渍化土壤，应该严格控制氮、钾肥的用量，一次施肥量不宜过大，以防耕作层土壤盐分浓度过高。在肥料种类中要特别注意含氯化肥的使用量。

2. 叶面喷施 当发生缺钙时，针对性的防治措施是叶面喷施硝酸钙或氯化钙。对于果树，通常在果实采收前 8 周开始喷施酵素叶面肥 500～600 倍液配合 0.3%硝酸钙，隔 7 天喷 1 次，连喷 4 次，可有效矫治苦痘病（生理性缺钙引起）。于盛花期后 20 天、35 天，采收前 70 天、55 天，每年喷 4 次酵素叶面肥 500～600 倍液配合 0.5%硝酸钙，可减少水心病（多为缺钙引起）。

第五节　农作物缺镁症状及其防治

一、农作物缺镁症状

（一）大田作物的缺镁症状

大田作物缺镁时，通常是下部老叶的叶脉间褪绿黄化。阔叶类作物多为全叶均匀褪绿，部分由边缘开始，逐渐向中心扩展，有的作物叶片还有斑点或斑块状黄化，但叶脉均为绿色。禾谷类作物，缺镁时叶脉间失绿，形成黄绿相间的条纹叶。

1. 棉花　缺镁时，叶绿素合成受阻，叶片失绿，脉间出现斑块，植株发育迟缓。老叶叶脉间失绿，网状脉纹清晰可见，症状自上而下发展，由叶缘向中心开始出现紫色斑块甚至全叶变红，叶脉保持绿色，下部叶片提早脱落。

2. 烟草　缺镁时，症状首先出现在下部老叶，多发生在旺长植株上，先是下部叶片尖端、边缘和脉间失绿，叶脉及周围保持绿色，后失绿部分迅速蔓延到整个叶片。严重时，下部叶片变成白色，极少数干枯或产生坏死的斑点。

3. 花生　缺镁时，老叶边缘失绿，向主叶脉逐渐扩展，而后叶缘部分变为橙红色。

4. 大豆　缺镁时，生长前期脉间失绿变为黄色，并带有一些棕色小斑点；生长后期缺镁，叶缘向下卷曲，边缘向内逐渐变黄，以致整张叶片呈橘黄色或紫红色。

5. 油菜　缺镁时，苗期子叶背面及背面边缘出现紫红色斑块，中后期下部叶片叶缘及脉间失绿，逐渐向内扩展，失绿部分由淡绿变成黄绿，最后紫红色，植株生长受阻。

6. 甘蔗　缺镁时，老叶上先出现脉间失绿斑点，再变为棕褐色，随后这些斑点结合成大块锈斑，茎秆细长。

7. 玉米　缺镁时，幼苗上部叶片发黄，叶脉间出现黄白相间的褪绿条纹，下部老叶尖端和边缘呈紫红色。缺镁严重时叶缘、叶尖枯死，全株叶脉间出现黄绿条纹或矮化。

（二）蔬菜缺镁症

蔬菜尤其是果菜类和豆类，由于结果多，产量高，每年都要从土壤中带走大量镁。蔬菜缺镁时，一般是下部叶片脉间失绿黄化，有时叶片伴有橘黄、紫红等杂色。果菜缺镁时，症状通常出现在果实附近的几张叶片，这是因为叶片中的镁转运到果实中，供果实发育之需所致。

1. 番茄 缺镁时，叶片沿主脉两侧叶肉呈斑块状黄化，叶尖、主脉和侧脉仍保持绿色。果实膨大期易发生。

2. 茄子 缺镁时，脉间均褪淡黄化，但圆茄和长茄所表现的症状略有不同，圆茄为叶周均匀失绿，叶脉保持绿色，呈明显的网状花叶；而长茄则沿叶脉附近黄化，再向叶肉发展。茄子缺镁发生在始收期。

3. 辣椒 缺镁常始于结果期，叶片沿主脉两侧黄化，逐渐扩展到全叶。辣椒坐果越多缺镁越严重。

4. 马铃薯 缺镁时，老叶的叶尖、叶缘及叶脉间失绿，并向中心扩展，后期中下部叶片变脆、增厚，严重时植株矮小，失绿叶片变成棕色，坏死、脱落。

5. 黄瓜、丝瓜 缺镁时，植株下部叶片脉间均匀褪绿，逐渐黄化，尤其是丝瓜，色泽清晰，形似雕刻。严重时，黄瓜叶脉间会出现黄白色块状坏死；丝瓜叶肉及叶缘呈黄白色干枯。丝瓜在夏末秋初缺镁尤为明显。

6. 西瓜 缺镁时，老叶易显现缺镁症状，主脉附近叶脉间先变黄，后逐渐扩展，致整叶变黄或显现枯死斑。

7. 芸豆 芸豆极易缺镁，矮生品种更易发生。矮生品种缺镁时，叶脉间出现斑点状黄化，继而扩展到全叶，叶脉仍保持绿色，多发生在结荚期，尤其是在豆荚着生节位以上的叶片更易发生缺镁症状。蔓生品种也易发生在结荚期，以下部叶多见，叶片从边缘开始失绿，逐渐叶片呈块状黄化，并伴有棕褐色斑块，叶脉仍保持绿色，叶缘完好。

8. 甘蓝、花椰菜 缺镁时，老叶脉间黄化，并伴有紫红、橘黄等杂色，呈现“大理石”花纹。以叶片前端最为明显。

9. 白菜 缺镁时，叶片失绿，但叶脉仍然保持绿色，其基部老叶开始变黄。

（三）果树缺镁症状

果树缺镁时，下位叶叶肉组织褪绿黄化，此症状多发生于生育中后期，尤其在果实形成后多见。

1. 苹果 缺镁时，叶脉间呈现淡绿斑或灰绿斑，常扩散到叶缘，并迅速变为黄褐色至暗褐色，随后叶脉间和叶缘坏死，叶片脱落，顶部呈莲座状叶丛。果实不能正常成熟。

2. 葡萄 缺镁时，较老叶片脉间先呈现黄色，后变红褐色，但叶脉仍为绿色，呈网状失绿，最后黄化区逐渐坏死，叶片脱落。

3. 李子　缺镁时，老叶失绿，从近叶缘或叶脉间开始发黄，严重时老叶呈现水渍状黄褐色枯死斑，叶片提前脱落，花芽形成受阻，产量下降。

4. 柿　缺镁时，老叶脉间失绿，严重时，产生红褐色斑，受害的老叶过早脱落。

5. 草莓　缺镁时，老叶叶缘褪绿，叶脉间出现褐色斑点，有的叶片上或叶缘出现黄晕或红晕。

二、综合防治措施

1. 平衡施肥，提高镁肥利用率　对供镁较低的土壤，特别是大棚蔬菜土壤，要控制氮、钾肥的用量，特别是控制铵态氮，以免影响作物对镁的吸收。

2. 科学施肥，补充镁肥　增施酵素高温堆肥，特别是注重酵素有机肥的使用，对于防止镁被土壤固定十分有利。对于酸性土壤，最好施用镁石灰，既能降低土壤酸性，又能补充镁素，一般每667米^{2}用量50～100千克。对于一般土壤，可用富含钙镁磷肥的腐殖酸生物有机肥和酵素发酵液肥，并适当补充硫酸镁，对预防缺镁症具有良好的效果。在作物发生缺镁症状时，可用酵素叶面肥500～600倍液，配合0.5%～1%硫酸镁，每隔7天喷施1次，连续使用3～4次。研究发现，用硝酸镁代替硫酸镁作根外追肥更加有效，其喷施浓度为0.5%～0.8%。

第六节　农作物缺硫症状及其防治

一、农作物缺硫症状

作物缺硫时，先是叶芽变黄色，心叶失绿黄化。后叶片变小，茎细弱，根系长而不分枝，开花结果推迟，果实减少。通常豆科作物、十字花科作物需硫较多，容易缺硫。

1. 油菜　缺硫时，初始症状为植株呈淡绿色，幼叶浅绿色，以后叶片逐渐出现紫红色斑块，叶缘向上卷曲，开花结荚迟延。

2. 大豆　缺硫时，新叶淡绿色到黄色，失绿色泽均一，生育后期老龄叶片发黄失绿，并出现棕色斑点，植株纤弱，根系瘦长，根瘤发育差。

3. 棉花　缺硫的症状与缺氮近似，但以顶部叶片变黄更明显，叶面常现紫红色或棕色病块。植株瘦弱，整个植株变为淡绿或黄绿色，生长迟缓，生育期推迟。

4. 烟草 缺硫与缺氮相似，但症状先出现在中上部叶子上，叶片明显表现失绿黄化，整个叶子均匀黄化，叶脉发白，叶脉周围叶肉变成蓝绿色，植株变成淡绿色，下部老叶易焦枯，叶尖常常卷曲，叶面皱缩。严重时，植株矮小，根、茎生长受阻，上、下部叶子黄化，下部叶易早衰、易焦枯，叶尖常卷曲，但无坏死斑出现，叶质变脆、变硬。

5. 苜蓿 缺硫时，叶色呈黄绿色，小叶比正常叶更直立，茎变红，分枝少。

6. 甘蔗 缺硫时，幼叶先失去浓绿的色泽，呈浅黄绿色，以后变成淡柠檬色，并略带淡紫色。老叶的紫红色深，植株根系发育不足。

7. 马铃薯 缺硫时，植株生长缓慢，叶片和叶脉普遍黄化，但叶片不提早干枯脱落，严重时，叶片出现褐色斑。

8. 水稻 缺硫时，返青慢，不分蘖或少蘖。植株矮小，叶片薄，幼叶呈淡绿色或黄绿色，叶尖有水浸渍状的圆形褐色斑点，叶尖焦枯。

9. 小麦 缺硫时，新叶脉间失绿黄化，老叶仍然保持绿色。

10. 玉米 缺硫时，新叶和上部叶片脉间失绿黄化；后期叶缘变红，然后扩展到整张叶面，茎基部也变红。

11. 番茄 缺硫时，叶色呈淡绿色向上卷曲，后心叶枯死或结果少，中上位叶子浅于下位叶，严重的变为浅黄色。

12. 白菜 缺硫症状和缺氮类似，幼苗窄小黄化，叶脉失绿，后期逐渐遍布全叶。

二、综合防治措施

缺硫的矫治比较容易，在作物施用基肥时，将硫黄粉碎后与酵素高温堆肥、酵素有机肥，或腐殖酸有机肥混合，每 667 米^2 用量 15～20 千克。

第七节　农作物缺铁症状及其防治

一、农作物缺铁症状

（一）大田作物缺铁症状

大田作物缺铁的共同症状是幼叶失绿黄白化。

1. 玉米　缺铁时，幼叶脉间失绿呈条纹状，中上部叶片黄绿色，老叶绿色。严重时整个新叶失绿变白，失绿部分色泽均匀，一般不出现坏死性斑点。

2. 大豆　缺铁时，植株上部叶片脉间黄化，叶脉仍保持绿色，严重时整张新叶失绿呈白色。

3. 甜菜　缺铁时，新生叶片比较小，并有失绿的花斑叶，中部叶片黄绿色，老叶微红色。

4. 甘蔗　缺铁时，幼叶上灰色条纹贯穿整张叶片，中部叶片上也有浅色条纹，但长短不一，老叶仍绿色。

5. 烟草　缺铁时，顶芽嫩叶首先变黄、黄白直至白色，但老叶和失绿叶子叶脉仍保持绿色，叶面呈网纹状。严重时，植株中上部叶子除主叶脉呈绿色外，其余部分均呈白色进而变成褐色，出现坏死斑块，枯斑易脱落，叶子易碎，株型呈三角形。

（二）蔬菜缺铁症状

1. 番茄　缺铁时，上部的幼叶失绿，叶片基部出现灰黄色斑，沿着叶脉向外扩展，有时脉间焦枯、坏死。

2. 马铃薯　缺铁时，幼叶轻微失绿，并有规律地扩展到整株叶片，继而失绿部分变成灰黄色。严重时，失绿部分几乎全部变成白色，新叶向上卷曲，但老叶保持正常绿色。

（三）果树缺铁症状

果树，特别是桃树，极易发生缺铁现象。

1. 桃树　缺铁时，幼叶叶肉失绿黄化，严重时整个新梢黄萎，新叶呈现黄白色。后期叶缘呈烧焦状，褐色，叶子提前脱落。

2. 苹果　缺铁时，新梢顶端叶片变黄白色，严重时，叶片边缘逐渐干枯变褐而坏死。

3. 梨　缺铁时，幼叶脉间失绿黄化，严重时整张叶子黄白色，甚至呈白色，出现"顶枯"现象。

4. 柑橘　缺铁时，幼嫩新梢叶的叶肉发黄，但叶脉仍保持绿色，且脉纹清晰。随着缺铁程度的加剧，叶片除主脉保持绿色外，其余部位均变成黄色或白色，严重时，仅叶脉基部呈绿色，叶子呈黄白色，失去光泽，叶缘焦枯变褐，提早脱落。但同一树上老叶仍保持绿色。

5. 草莓　缺铁多发生在夏秋季。新叶叶肉褪绿变黄，无光泽，叶脉及脉边缘仍为绿色，叶小、薄，严重时变为苍白色，叶缘变为灰褐色枯死。

（四）花卉缺铁症状

1. 一品红　缺铁时，株矮，枝条丛生，顶部叶片黄化变白。

2. 月季　缺铁时，顶叶黄白化，严重时生长点及幼叶焦枯。

3. 菊花　缺铁严重时，上部叶片全呈白色或乳白色，老叶多呈棕色，植株部分死亡。

4. 西洋杜鹃　缺铁时，极易发生缺铁症状，新叶黄白化，细弱，观赏性能大大降低。

二、综合防治措施

1. 改良土壤理化性状　将硫黄粉加入酵素高温堆肥中，充分搅拌后施用，以增加土壤的缓冲性，降低土壤 pH 值，提高铁的有效性。

2. 选择抗性品种　如柑橘用高橙为砧木嫁接的温室蜜柑和文旦柚，或枸头橙为砧木的温州蜜柑、早柑、椪橘、椪橘均不易发生缺铁症状。

3. 科学施肥　生产上常用硫酸亚铁，但施入土壤后，容易被氧化成硫酸铁而失效。最好将硫酸亚铁与 20～30 倍的酵素高温堆肥混合后施用。选用 EDTA－Fe、腐殖酸铁。注意追施酵素发酵液肥。采用叶面喷施法补铁是一种经济有效而快速的方法。通常将 0.2%～0.3%腐殖酸铁、硫酸亚铁配合酵素叶面肥 500～600 倍液，隔 7～10 天喷 1 次，连用 3～4 次。此时要注意雨后及时排涝，保持根系活力。

第八节　农作物缺锰症状及其防治

一、农作物缺锰症状

（一）大田作物缺锰症状

作物缺锰时，首先幼叶失绿黄化，但叶脉及其边缘仍保持绿色，脉纹清晰。严重时，叶面上有黑褐色的细小斑点，并逐渐增多扩大，散布在整张叶片。有时叶片皱缩卷曲或凋萎，花器发育不良。

1. 大麦、小麦　早期缺锰时，叶片出现灰白色浸渍状斑点，新叶脉间黄绿化，叶脉仍然保持绿色，随后黄化部分逐渐变褐色坏死，形成与叶脉平行的长短不一的短线状褐色斑纹，叶片变薄，柔软萎垂。

2. 烟草　缺锰时，幼叶褪绿，脉间组织变为灰绿色及白色，并出现坏死斑点。

3. 甜菜　缺锰时，生育期间叶片脉间呈斑块状黄化，继而黄褐色斑点坏死，逐渐合并遍及全叶，叶缘上卷，严重时坏死部分脱落穿孔。

4. 棉花　缺锰时，表现顶芽坏死，植株矮小多分枝，幼叶失绿变黄，叶脉及其边缘保持绿色，叶脉清晰。

（二）蔬菜缺锰症状

1. 番茄　缺锰时，叶片脉间失绿，距主脉较远的地方发黄，叶脉保持绿色。后叶片上出现花斑，最后叶片变黄。多数情况下，出现黄斑前先出现褐色小斑点。严重时，生长发育受抑制，不开花，不结实。

2. 马铃薯　缺锰时，叶片脉间失绿，因品种不同可呈现淡绿色、黄色或红色。严重缺乏时，叶脉间几乎全部变成白色。后沿叶脉出现很多棕、褐色小斑点，进而枯焦死亡，脱落，使叶片变残破不全。根系生长不良，根量少，产量低。

3. 西瓜　缺锰时，嫩叶叶脉间变黄，主脉仍为绿色，严重的主脉或全叶变黄或出现畸形瓜。

4. 白菜　白菜对锰反应很敏感，缺锰时，幼叶呈现黄白色，叶脉仍绿色；老叶开始时产生褪绿斑点，后除叶脉外，全部叶片变黄。一般植株生长势弱，黄绿色。

（三）果树缺锰症状

不同果树对锰的需求各异，苹果、柑橘等对缺锰反应敏感。生长在富含碳酸盐的土壤，或质地轻、有机质少的淋溶性土壤，以及在低温、弱光及干燥气候的环境条件下，果树容易发生缺锰症状。

1. 苹果　缺锰时，叶脉间失绿，成浅绿色，有斑点，从叶缘向中脉发展。严重缺锰时，脉间为褐色并坏死，失绿遍及全树，叶片全部变为黄色。

2. 柑橘　缺锰时，幼叶淡绿色并呈现极细的网纹。随后叶片老化，网纹变为深绿色。在主脉及侧脉间出现许多不透明的白色斑点，从而使叶片变为白色或灰白色。大部分细小枝条干枯死亡。

3. 桃树　缺锰时，叶脉间失绿，产生枯斑，而叶脉仍保持绿色。失绿往往从叶缘开始，以后遍及全树，生长点受阻。

4. 梨 缺锰时，失绿往往从叶缘开始，严重时失绿部分变为灰色、苍白色，但叶脉仍为绿色，叶片变薄脱落，出现枯梢。

5. 李 缺锰时，叶片开始失绿，出现枯斑，叶片柔软。严重时失绿现象能发展到全树所有叶片，顶枯。

二、综合防治措施

1. 改良土壤理化性状 增施酵素高温堆肥，对石灰质土壤，掺施硫黄粉，适当提高土壤酸度，以提高锰的吸收利用率。

2. 加强田间管理 及时浇水，保持土壤湿度，以提高锰的有效性。

3. 科学补锰

（1）根外追肥 选用硫酸锰，可将0.2%～0.3%硫酸锰与酵素叶面肥500～600倍液混合喷施，每隔7天喷1次，连续2～3次。

（2）浸种 用0.05%～0.1%硫酸锰溶液，种子与溶液的比例为1∶1，浸种时间不超过12小时。

（3）拌种 按每千克种子用硫酸锰4～8克进行拌种。甜菜硫酸锰用量可增加至16克。

第九节 农作物缺硼症状及其防治

一、农作物缺硼症状

（一）大田作物缺硼症状

硼供应充足时，植株生长繁茂，籽粒饱满，根系良好，丰收有保证。反之，作物缺硼时，表现为顶端萎缩死亡；侧枝发展，呈丛生状；叶片肥大，变厚、变脆、起皱；花药花粉异常，落花落果严重；果实、块根、块茎内部出现褐斑、坏死、龟裂等，甚至颗粒无收。

1. 棉花 硼素有助于根系和生殖器官发育，促进元素吸收，还可促进花粉形成和受精过程。棉花缺硼时，子叶肥厚，叶色深绿，严重时生长停止，不发真叶。现蕾前发病则叶柄变长，基部叶柄出现环带，色深绿而肥大，后下部叶萎垂，现蕾少，果枝粗短。现蕾后未开花前缺硼叶柄上出现暗绿色环带，顶芽萎缩，主茎不能正常生长，形成多头簇型植株，“蕾而不花，花而不铃”。花铃期发病则蕾铃稀少而小，多数花蕾失绿，苞叶张开，严重时脱落或结瘦小棉铃，无产量。

2. 油菜　缺硼时，上位抱茎叶脱落迟延；根颈粗，空心、变脆，“花而不实”。

3. 大麦、小麦　缺硼时，“穗而不实”。

4. 花生　缺硼时，“有壳无仁”，空壳果，秕果多。

5. 蚕豆　缺硼时，茎秆扭曲，茎表皮劈裂；顶部叶片弯曲，呈现“菊花状”植株；“花而不实”，秕粒多，产量低。

6. 甜菜　缺硼时，幼叶叶柄短粗弯曲，内部暗黑色；中、下部叶片出现白色网状皱纹，褶皱逐渐加深而破裂；老叶叶脉变黄，发脆，最后全叶黄化死亡。根茎部干燥萎蔫，继而变褐腐烂，向内扩展成空心或糠心，称“腐心病”。

7. 向日葵　缺硼时，子叶肥厚，生长点受损，多发侧枝。

8. 芝麻　缺硼时，茎叶纵裂，中、上部叶片小而弯曲。结籽少，空壳，秕子多。

9. 烟草　缺硼时，植株生长停滞，根系瘦弱，呈灰褐色；根茎部肿胀，皮层易脱落，木质部细而坚硬；幼嫩芽呈青绿色，畸形，扭曲；上部叶细而尖，叶片失绿由基部开始，畸形叶的主脉和侧脉间呈棕黑色并伴有黑色条纹，下部叶变硬变脆；叶脉易折断，叶面扭曲变形，有似油状物覆于叶面。严重时，顶芽坏死发黑（黑腐病），植株产生大量侧枝并迅速坏死，呈丛状。若花期缺硼，则不开花或花而不实，花序易萎蔫。

（二）蔬菜缺硼症状

蔬菜需硼较多，其需求量为粮食作物的几倍至几十倍，加上蔬菜体内硼的重复利用率低，所以蔬菜缺硼现象十分普遍。

1. 大白菜、叶甜菜、莴苣　缺硼时，生长点萎缩、死亡，形成枯顶现象；叶片皱缩，扭曲畸形。大白菜留种植株花而不实。

2. 芹菜　缺硼时，茎叶柄短粗、开裂、变脆，发生“茎裂病”。

3. 洋葱、大葱　缺硼时，管状叶僵硬易碎，基部产生阶梯状裂隙。

4. 甘蓝、花椰菜　缺硼时，肉质茎坏死变褐，开裂、糠心、空心等。

5. 萝卜、芜菁　缺硼时，肉质根组织坏死变褐，木栓化，空心，发生“褐心病”或“黑心病”。萝卜肉质根茎部变粗糙，呈特有的鲨鱼皮状病变。

6. 芸豆　缺硼时，花少而小，甚至不开花。

7. 番茄　缺硼时，小叶褪绿或变成橘红色，生长点变暗或变黑，茎、叶柄、小叶柄变脆，叶片易脱落，根系发育不良变褐色，易产生畸形果，果皮上呈现褐色斑点。

8. 西瓜 缺硼时，幼叶叶缘黄化，叶中间上拱，四周下卷，全叶呈降落伞状，有的植株顶部茎蔓变褐枯死，生长停滞。

（三）果树缺硼症状

果树对缺硼十分敏感。

1. 苹果 我国南、北方苹果主产区，都不同程度地存在缺硼现象。苹果缺硼时，枝条或根的顶端分生细胞严重受害，甚至死亡。花器发育不正常，授粉差，常出现繁花满树但不坐果的现象，即使结果，在果肉内也有大块褐色木栓斑块。严重时，苹果畸形，外表皮呈褐色，发生裂缝及皱缩现象，外观似核桃。

2. 柑橘 缺硼时，初期新梢叶出现水渍状斑点，叶片畸形，叶脉发黄增粗，新枝丛生，幼果发僵发黑变硬，成熟果果皮增厚粗糙，内果皮有褐色胶状物，果肉干瘪，淡而无味。严重时，枯枝落叶，树冠呈秃顶，果小，坚硬如石，俗称“石果病”。

3. 梨 缺硼时，枝条顶端枯死，侧芽大量萌发或呈丛生状；开花不正常，坐果率降低；果实内具有木栓化污斑，裂果，失水严重。

4. 桃 缺硼时，枝条顶端枯死，在枯死部位下端发生很多丛生弱枝，叶片变小，且畸形。果实发病初期出现不规则局部倒毛，以后果实增大由暗绿色转为深绿色，并开始脱毛出现硬斑，逐步木栓化，产生畸形果。

5. 葡萄 缺硼时，初期花序附近叶片出现不规则的黄色斑点，逐渐扩展，直至叶片脱落；新梢细弱，节间短，随后先端枯死。开花结果时，红褐色的花冠不脱落，坐果少或不坐果，果实成熟不一致，小粒果多，果穗松散，扭曲，多畸形。

6. 李 缺硼时，枝条顶芽枯死，叶片变小，果肉近梗处有胶状物，产生畸形果。根系先端易枯死。

7. 杏 缺硼时，上部小枝多发生顶枯，叶缘卷曲，叶尖坏死，叶片呈匙形，短缩，变窄，易碎。果肉出现褐色斑痕。

8. 杨梅 缺硼时，生长点萎缩或死亡，小枝簇生，叶小，梢顶落叶枯萎，花芽瘦小发育不良，基本不结果。

二、综合防治措施

1. 品种选择 对易缺硼的作物，应选用耐硼的品种。

2. 测土配方施肥　平衡施肥，增施酵素高温堆肥，每 667 米^2 硼砂用量 2～3 千克。施用腐殖酸硼效果更佳，可有效预防萝卜心腐病的发生。

3. 根外追肥　选用酵素叶面肥 500～600 倍液，配合 0.2%～0.3%硼砂或硼酸，花期前后喷洒，每隔 7～10 天喷 1 次，连续 2～3 次。

第十节　农作物缺锌症状及其防治

一、农作物的缺锌症状

（一）大田作物缺锌症状

锌与其他微量元素不同，在作物体内较易移动，症状往往初始表现在作物较老的组织，继而向幼嫩部位扩展。

1. 水稻　水稻缺锌，早稻一般出现在插秧后 15～20 天，晚稻一般出现在插秧后 20～30 天，直播稻在淹水后 5～10 天。下部叶片出现褐色斑点或条纹，叶片变窄，新叶中脉基部失绿，出现褐色斑点或条纹，叶片变窄，生长停滞，植株矮小，不分蘖或很少分蘖，老根变黑逐渐死亡。小花不孕率增加，空秕率高，成熟期推迟。

2. 玉米　玉米缺锌一般出现在出苗后 7～15 天，大面积发生在幼苗 3～4 叶期。幼苗老叶上出现细小的白色斑点，并迅速扩大形成局部的白色区，呈半透明的白稠状，风吹易折断。新生幼叶淡黄色至白色，随着幼苗的生长，叶尖出现黄白色与绿色相间并与主脉平行的条带，有的叶缘略带紫色。严重时，叶片上出现无色斑块，后变紫褐色干枯死亡。植株矮小，节间短；根系稀少，部分不定根变黑死亡。有时植株不能抽生花序和雌穗，果穗籽粒稀疏，秃尖严重。

3. 小麦　缺锌时，麦苗返青迟，拔节困难，植株矮小，叶片主脉内侧失绿。老叶先失绿，逐步向上蔓延直至旗叶，后老叶呈水渍状干枯死亡。根系不发达，抽穗晚，穗小，粒少。严重时，不能抽穗，根系变黑，干枯死亡。

4. 棉花　缺锌时，从第一片真叶开始，幼叶呈青铜色，脉间失绿，呈青铜色并有坏死小点，叶片变厚、变脆，易碎，叶缘向上卷曲。节间短缩，植株矮小呈丛状，结铃晚，落蕾、落铃严重。

5. 大豆　缺锌时，植株生长缓慢，叶片失绿变成柠檬黄色。老叶中脉两侧出现褐色斑点，继而脱落。严重时，植株在豆荚成熟前即死亡。

6. 烟草 缺锌时，植株生长缓慢，植株矮小，茎间距缩短，叶片扩展受阻，叶面皱褶。严重时下部老叶的叶脉间出现不规则枯死斑，枯斑先由叶尖开始出现水渍状灰褐斑，有时围绕叶缘一轮出现“晕圈”，后颜色加深并出现小黑颗粒物。叶片失绿，小而增厚，顶叶簇生，叶面皱褶弯曲，上部叶色暗绿，肥厚而脆，失去经济价值。

7. 甜菜 缺锌时，叶脉间失绿变成黄色，并出现棕色或灰色斑点，叶尖萎蔫，只有叶柄还保持正常绿色。

（二）蔬菜缺锌症状

1. 番茄 缺锌时，植株中上部叶片呈微黄色或灰褐色，并有不规则的青铜色斑点。植株矮小，嫩枝前端叶片小，向上直立，失绿明显，俗称“小叶病”。老叶叶缘呈水渍状并向内扩展，继而干枯死亡。开花不良，果实小，果皮厚，口味差。

2. 马铃薯 缺锌时，植株生长受到抑制，节间短缩，顶端叶片小，向上直立，叶面上有灰色至古铜色不规则斑点，叶缘向上卷曲。严重时，叶柄及茎上出现褐色斑点。老叶易干枯脱落，地下块茎生长不良，产量低。

3. 白菜 缺锌时，叶脉间失绿，叶片小，略微有所增厚，严重时叶片全部变白。植株一般生长矮小，生长势弱。

（三）果树缺锌症状

1. 苹果 缺锌时，表现为新生小叶簇生，俗称“小叶病”。主要表现为新梢生长受阻，节间缩短，叶小质硬并簇生枝顶。受害轻时，新梢虽然生长，但叶小，生长缓慢，有些枝条除顶端簇生外，其他部位不长叶或叶片脱落成“光杆”。在夏季，生长受阻的枝条可能部分恢复生长，长出正常叶片，但是秋季或翌年春季仍可能再显症状，产量、品质影响很大。

2. 桃 缺锌多出现在夏季。叶片上出现一些失绿的斑点，由枝条基部逐渐向顶部蔓延。生长枝的顶端簇生质硬且无叶柄的小叶，又称“簇叶病”或“小叶病”。受害枝顶部以下会抽生细弱小枝，但小枝尚未长叶即由顶端向下逐渐干枯。如不及时矫正，3～4 年植株会陆续死亡。

3. 柑橘 缺锌时，叶脉间失绿，呈浅绿色至黄绿色。植株生长受阻，树冠外围着生纤细短小的枝条。节间缩短，许多叶片簇生，有时顶端叶片脱落形成顶枯。果实小，皮厚，果汁少，果肉木栓化，淡而无味。植株向阳面缺锌症状比较严重。

二、综合防治措施

1. 增施酵素菌肥　轻度缺锌时，可以通过增施酵素高温堆肥、酵素发酵液肥、酵素光敏色素肥等进行预防。

2. 叶面喷肥　为了提高叶面喷施效果，可用酵素叶面肥作为锌肥增效剂，并适当添加尿素。可用酵素叶面肥500～600倍液，配合0.1%～0.2%硫酸锌和0.5%尿素，每隔7天喷1次，连续3～4次，能使小叶病全部恢复。

第十一节　农作物缺铜症状及其防治

一、农作物缺铜症状

（一）大田作物缺铜症状

大田作物缺铜症状不如缺乏其他微量元素那样具有专一性，不同作物缺铜症状的差异也很大。禾本科作物缺铜为害最大，有明显的症状。大致来说，作物缺铜时，新叶失绿，出现花白斑，果穗发育不正常。

1. 禾谷类（小麦、大麦、燕麦、水稻等）　缺铜时，植株叶片变软，萎蔫，分蘖期幼叶变黄，叶尖卷曲发白，易折断。不抽穗或抽穗很少，籽粒不饱满。

2. 玉米　缺铜时，嫩叶失绿，变成灰白色。叶片卷曲、反转，新叶叶尖死亡。

3. 甜菜　缺铜时，幼叶呈蓝色，老叶从尖端开始呈大理石纹状失绿，叶缘焦灼状，继而整片叶脉间失绿，叶脉仍保持绿色。受害组织干枯，幼叶皱缩，块根灰白细长。

4. 大豆　缺铜时，植株生长缓慢，叶片淡绿而边缘呈黄色，下部叶变成棕色而脱落。

5. 烟草　缺铜时，症状首先出现在上部叶子，叶面出现白色泡状失绿斑，叶片软弱，易凋零。严重时，主脉和侧脉两侧泡斑连成片，呈现大白斑，干枯后呈烧焦状，叶片向外皱缩，破碎脱落。开花期间烟草的主轴不能直立，落蕾，结籽少。

（二）蔬菜缺铜症状

1. 番茄　缺铜时，幼枝生长停滞，叶片弯曲，呈暗蓝绿色，不能形成花芽，根系差。

2. 洋葱　缺铜时，植株生长缓慢，叶呈灰黄色，鳞茎松散，鳞片较薄，不紧实。

3. 莴苣 缺铜时，叶片失绿变白，从顶端叶和叶缘开始，叶片凹陷，生长停滞。

4. 荷兰豆 缺铜时，茎秆顶端萎蔫，分枝伸长，花粉败育，不结实。

（三）果树缺铜症状

果树易患缺铜症，主要症状是顶枯。病株顶部枝条弯曲，枝条上形成斑块或肿瘤状物，侧芽增多。树皮出现裂纹，有树胶流出。顶部枝条上的叶片首先发病，最初呈暗褐色，以后失绿变厚。叶缘不平整，好像被烧伤样，叶片有坏死和褐色区域。

1. 柑橘 缺铜时，顶部的枝条细弱、弯曲，叶片特别肥大，呈暗绿色。随着缺铜的加重，新生的叶片很小，并且迅速枯萎而脱落，使枝条呈顶枯状。而在老的枝条上，叶片大，暗绿色，有时畸形。果实上长有含胶瘤状物。

2. 其他果树 缺铜时，顶部有赘瘤，果实小，有时变硬。

二、综合防治措施

1. 基施铜肥 在施酵素高温堆肥或腐殖酸有机肥做基肥时，每667米^{2}掺入硫酸铜1～1.5千克。

2. 种子处理

（1）拌种 每千克种子用硫酸铜1克。将硫酸铜加水溶解后，均匀喷在种子上，拌匀，阴干后即可播种。

（2）浸种 硫酸铜溶液浓度控制在0.05%左右，将种子浸泡在溶液中，24小时后捞出，阴干播种。

3. 根外追肥 对于一般作物，可用酵素叶面肥500～600倍液，配合0.1%～0.2%硫酸铜溶液。对于果树，采用波尔多液在防病的同时，补充铜素营养，于每年的冬春季使用效果良好。

第十二节 农作物缺钼症状及其防治

一、农作物缺钼症状

（一）大田作物缺钼症状

豆科和十字花科作物对钼肥反应敏感。作物缺钼的一般症状是：叶片发生失绿现象，形成黄绿或橘黄色的叶斑，叶柄和叶脉干枯。缺钼症状首先表现在老叶上，继而在新叶上出现。有时生长点坏死，花的发育受抑制，籽粒不饱满。

1. 大豆　缺钼时，植株矮小，叶色淡绿，叶片上出现很多细小的灰褐色斑点，叶片增厚发皱，向上卷曲。根瘤发育不良。

2. 花生　缺钼时，根瘤少而小，植株矮小，叶片浅绿色。

3. 甜菜　缺钼时，叶片变窄，淡绿色，类似缺氮。严重时，叶缘向上卷曲，呈焦灼状，叶片或叶柄凋萎并发展到坏死。

4. 苜蓿　缺钼时，叶色浅绿，生长受抑制，叶片焦枯脱落。

5. 禾谷类　缺钼时，植株软弱，叶色浅绿，叶尖呈灰色，开花晚，籽粒不饱满。

（二）蔬菜缺钼症状

1. 花椰菜　缺钼时，表现为叶片出现浅黄色失绿叶斑，由叶脉间发展到全叶。叶缘为水渍状或膜状，部分透明，迅速枯萎，叶缘向内卷曲。有时叶缘发病之前，叶柄先行枯萎，即使全株枯萎，叶子仍不脱落。老叶呈深绿到蓝绿色，严重时叶缘全部坏死脱落，只剩下主脉和靠近主脉处有少量叶肉，残存的叶肉使叶子呈狭长的畸形。

2. 甘蓝　缺钼时，叶片边缘向上卷曲成杯状，叶缘呈水渍状，叶脉常呈绿色，叶肉则为橄榄绿色，包心差。

3. 番茄　缺钼时，下部老叶呈现明显的黄化和杂色斑点，叶脉仍保持绿色。随后失绿部分扩大，小叶叶缘明显上卷，尖端及沿叶缘处产生皱缩和死亡。

4. 油菜　缺钼时，叶片凋萎、焦灼，弯曲现象不明显，但常发生“鞭尾现象”。

（三）果树缺钼症状

果树缺钼多发生在柑橘上，其典型症状是黄斑病，即叶片上出现水渍状区域，然后扩大形成卵圆形的橘黄色斑点，叶缘卷曲，萎蔫死亡。症状从老叶或枝中部叶片开始，逐渐波及幼叶，甚至全株死亡。

二、综合防治措施

1. 基施钼肥　钼肥肥效持续时间长，一次施肥可持续3～4年。每667米^2

钼酸铵用量 10～15 克即可。为了提高施肥效果，可用酵素发酵液肥溶解钼酸铵后作基肥用。

2. 种子处理 种子处理是钼肥常用的施肥方法，效果好。

（1）浸种 钼酸铵浸种浓度为 0.05%～0.1%，种子和肥液比例为 1∶1，浸种时间 8～12 小时。浸种后播种时，土壤墒情要好，否则在土壤很干燥的情况下，会使发芽受到影响，出苗不齐。

（2）拌种 一般每 1 000 克种子用 2～3 克钼酸铵进行拌种处理。

3. 根外追肥 钼酸铵叶面喷施浓度为 0.05%～0.1%，用酵素叶面肥 500～600 倍液作为钼肥增效剂。一般根外喷施时间，豆科作物在苗期至初花期，冬小麦在早春返青至拔节期，叶菜类在苗期至生长旺盛期，果菜类在幼苗期至初花期，每隔7～10 天喷 1 次，连续 2～3 次。喷后 2 小时降水，需复喷 1 次，以保持肥效。

第六章 微生物酵素和腐殖酸的强强联合

微生物酵素既含有活性功能菌，又含有多种营养成分，还含有丰富的生物活性物质。经过菌种遴选，尤其是将能够产生木质素分解酶的菌株科学组合在一起，发酵分解矿源腐殖酸产出黄腐酸等富含活性官能团的小分子有机物，从而在改良土壤、增效化肥、增强抗逆、刺激生长、改善品质等方面充分发挥作用。反过来，腐殖酸是良好的生物载体，其强大的土壤铰链作用保持了土壤团粒结构，无论自身还是优化后的土壤都为微生物及其酵素提供了很好的“厂房”。微生物酵素和腐殖酸两者相得益彰，互惠互利，为土壤健康、农产品安全发挥着积极作用。

第一节 腐殖酸简介

一、腐殖酸简介

（一）腐殖酸的定义

腐殖酸（humic acid，简称 HA）是动植物残体，主要是植物残体，经过微生物分解和合成，以及地球物理、化学的一系列相互作用形成的一类富含羧基、酚羟基、醌基、羰基、甲氧基等多种活性官能团的非均一脂肪族、芳香族无定型有机弱酸混合物。

GB/T 11957—2001 中定义：腐殖酸作为游离酸和金属盐（腐殖酸盐）存在于煤中的一组高分子量的复杂有机、无定型化合物基团。

NY/T 1106—2010 中定义：腐殖酸（矿物源腐殖酸）是由动植物残体经微生物分解和转化，以及地球化学的一系列过程形成，从泥炭、风化煤或褐煤中提取而得的，含羧基、酚羟基等无定型高分子化合物的混合物。

HG/T 3278—2018 中定义：腐殖物质（也称为腐殖酸类物质）中，具有芳香族、脂肪族及多种官能团结构特征的，能溶于稀碱溶液，不能溶于酸和水，呈黑色或棕黑色的无定型有机弱酸混合物。

GB/T 34766—2017、GB/T 35106—2017、GB/T 35107—2017、GB/T 35112—2017、GB/T 35111—2017 中定义：腐殖物质中，具有芳香族、脂肪族及多种官能团结构特征的，能溶于稀碱溶液，不能溶于酸和水，呈黑色或棕黑色的无定型有机弱酸混合物。

HG/T 5045—2016、HG/T 5046—2016 中定义：腐殖酸是由动植物残体，主要是植物残体，经过微生物分解和转化，以及地球物理、化学的一系列相互作用，形成的一类富含羧基、酚羟基、甲氧基等含氧官能团的芳香族无定型高分子化合物的混合物。

（二）腐殖酸的来源及分类

腐殖酸在自然界中分布十分广泛，普遍存在于土壤、水体、植物组织中，风化煤、褐煤、泥炭、草炭等含有大量腐殖酸，各种农作物秸秆、树枝、锯末等植物材料中也含有一定数量的腐殖酸成分，此外农业副产品中的蔗渣、糖渣、造纸下脚料等也能分离出腐殖酸。

按照来源来分，腐殖酸可分为矿源腐殖酸和生化腐殖酸两大类。矿源腐殖酸是从风化煤、褐煤、泥炭中提取出来的。生化腐殖酸是利用蔗渣、糖渣、造纸厂下脚料经微生物发酵转化形成的。

按照生产方式来分，腐殖酸可分为原生腐殖酸和再生腐殖酸。再生腐殖酸包括天然风化煤和人工氧化煤中的腐殖酸。

按照在溶解中的溶解度和颜色来分，腐殖酸可分为黄腐酸、棕腐酸、黑腐酸。黄腐酸系低分子短链化合物，能溶于酸、碱、醇，水溶性好，对金属离子有很好的络合作用，在植物体内运转较快，刺激作用较强；棕腐酸含氧活性基团含量中等，能溶于酸、碱、醇，水溶性中等，在植物体内运转中等；黑腐酸系高分子长链化合物，溶于碱，不溶于酸和水，易被植物表面吸附，能促进根系生长。

按照腐殖化程度来分，腐殖酸可分为 A 型、B 型、RP 型、P 型等。其中，B 型腐殖酸是真正的腐殖酸，P 型是不成熟的腐殖酸。

（三）腐殖酸的化学性质

腐殖酸的化学性质主要表现在以下 4 个方面：

1. 弱酸性和离子交换作用　弱酸性是腐殖酸最基本的化学性质，它具有一些酸性官能团，如羧基、酚羟基，这些酸性基团可以释放 H^+ 使溶液显酸性；腐殖酸属于弱电解质，H^+并不会完全地电离出来，因此腐殖酸具有弱酸性。腐殖酸的H^+可以被K^+、Na^+、NH_4^+等一价阳离子交换而生成可溶性的腐殖酸，也可与Ca^{2+}、Mg^{2+}、Cu^{2+}、Zn^{2+}等二价阳离子置换，还可吸附、絮凝污物，用于工业“三废”及放射性物质的处理等。

2. 络合和螯合作用　由于腐殖酸具有大量的活性官能团和环状结构，因此可以与一些二价及二价以上金属阳离子形成螯合物或络合物。腐殖酸中苯环上的羧基得到电子形成配位体，多价金属离子失去电子形成配位原子，两者通过配位键结合在一起，形成螯合（络合）物。腐殖酸的络合螯合能力：黄腐酸＞棕腐酸＞黑腐酸。利用腐殖酸络合螯合作用可以减少矿质离子被土壤吸附固定，提高养分利用率。

3. 氧化还原反应作用　腐殖酸含有的羟基、醌基、羧基3种官能团之间经过氧化还原可以相互转化。羟基经过氧化变成醌基，醌基经过氧化变成羧基，同样的，羧基经过还原变成醌基，醌基经过还原变成羟基。因此腐殖酸既可以用作氧化剂，也可以用作还原剂。腐殖酸中的官能团，尤其是醌基在电子传递中起到了重要的作用，还原态醌基团是腐殖酸还原能力的主要来源。通过电子传递将氧化态腐殖酸转化为还原态形式，还原态腐殖酸可以还原铬（Cr）、汞（Hg）、钒（V）等重金属及铀（U）等放射性核素，以及芳香化合物等物质，腐殖酸在这个过程中充当了电子传递体，对自然界中污染物质的转化和降解起到重要的作用。

4. 其他化学反应作用　腐殖酸能与多种无机物发生水解、磺化、氯化、氧化降解、还原降解、综合反应，生成腐殖酸衍生物，对于腐殖酸的改性处理和综合利用具有重要意义。

（四）腐殖酸的胶体性质

腐殖酸是一种高分子聚合体，它的稳定性是由双电子层及外表面的水化层界面决定的。腐殖酸分子是卷曲的长链，它的聚合态是可逆的，是具有一定膨胀度的疏松结构。腐殖酸类物质胶体颗粒的表面电荷由其在溶液中电离产生，可电离出腐殖酸负离子、氢离子、金属阳离子，当两种带相同电荷的腐殖酸负离子相互排斥时，形成稳定相态；当带正电荷的阳离子比较多时，阴阳离子相互作用，会发生结絮现象。腐殖酸与同类有机胶体类似，在固态时是一种干胶质，在相应的溶剂中可以在短时间内解离，成为属于两相平衡状态的溶胶。

用一束光线透过腐殖酸溶液，从垂直入射光方向可以观察到腐殖酸溶液里出现的一条光亮的“通路”，并且腐殖酸溶液是均匀稳定的液体，所以可以说腐殖酸溶液就是胶体。腐殖酸溶液不仅具有丁达尔效应，而且具有胶体的介稳性。腐殖酸为有机多元弱酸，在水溶液中能电离出 H^+（或金属阳离子）和带负电荷的腐殖酸负离子，带有同种电荷的腐殖酸负离子之间相互排斥，形成稳定的体系。如果向腐殖酸溶液中加入无机盐，则会发生絮凝现象，这是由于无机盐的加入，打破了原有的电荷平衡。

二、腐殖酸对植物营养的作用

（一）腐殖酸对氮肥的作用

腐殖酸对氮肥有增效作用。以碳酸氢铵和尿素为例，碳酸氢铵中的铵态氮不稳定，极易挥发，与腐殖酸混合后，由于腐殖酸含有羧基、酚羟基、羟基等官能团，具较强的离子交换能力和吸附能力，可以减少铵态氮的损失。尿素是酰胺态氮肥，施入土壤后，其中所含的氮素需先经过微生物的分解转化后才能被作物吸收利用。如果把尿素施入石灰质土壤中，尿素转化生成的碳铵与碱反应而迅速挥发，造成尿素利用率降低。如在尿素中添加腐殖酸，则对尿素有显著的增效作用。腐殖酸可以络合吸附无机氮化合物，其结构中的羧基、酚羟基与尿素反应，形成腐殖酸-脲络合物；同时，腐殖酸结构中的酚羟基、醌基与脲酶抑制剂氢醌结构相似，可以起到控制土壤脲酶活性、缓释尿素的作用。其表现为：一是抑制脲酶的活性，减缓尿素分解，减少挥发损失；二是腐殖酸与尿素形成络合物，逐渐分解释放氮素，延长尿素的肥效。同时，腐殖酸中的生物活性物质能够促进植物根系发育和体内氮素代谢，促进氮的吸收。

（二）腐殖酸对磷肥的作用

作物吸收磷，其有效态主要是 $H_2PO_4^-$ 和 HPO_4^{2-}。过磷酸钙、磷酸一铵、磷酸二氨、磷酸二氢钾及复合肥中的磷施入土壤后，可溶性磷容易被土壤固定。在酸性土壤中，能被铁、铝离子固定成磷酸铁、磷酸铝；在石灰质土壤中，能将速效磷转化成迟效磷。因此，当季磷肥的利用率一般仅为 10%～20%。腐殖酸具有较大的比表面积，其羧基、酚羟基等活性官能团与磷酸根竞争土壤胶体表面的吸附位点，减少或抑制土壤对速效磷的固定，减缓速效磷向缓效磷及无效磷的转化，降解的硝基腐殖酸能增加磷在土壤中的移动距离，促使植物根系对磷的吸收，提高磷肥肥效。腐殖酸不仅对磷肥起到增效作用，对土壤中潜在的磷素也有作用。试验表明，土壤中施用腐殖酸后，土壤中有效磷含量显著增加。同时，腐殖酸与土壤中的铁离子、镁离子、铝离子和钙离子等形成络合物，抑制磷的固定，增加磷的有效性。

（三）腐殖酸对钾肥的作用

腐殖酸对钾肥的增效原理体现在与钾离子交换、络合反应及物理化学吸附作用方面。腐殖酸的酸性官能团（如羧基等）可以吸附和贮存钾离子，既可有效减少钾的流失，又可抑制土壤矿物对钾的固定。腐殖酸与钾结合形成胶体化合物，不易被淋洗损失。腐殖酸含有的官能团能置换储存钾离子，既可防止其在沙性土壤或淋溶性土壤中的流失，又能防止黏土对钾离子的固定。黄腐酸对含钾矿物也有一定的溶解作用，可以缓慢释放钾素，提高土壤中速效钾的含量。

（四）腐殖酸对微量元素肥料的作用

土壤中有着大量的微量元素的储备，但可供植物吸收利用的有效成分很少。农业生产上常见的微肥主要是钙、镁、锌、铁、铜、钼等，这些微肥施入土壤后，易被转化为碳酸盐、硫化物等形式的难溶性盐，导致其有效性显著下降。腐殖酸可吸附锌离子，与铁离子相互作用，与铜、锰进行醌基配位，与钙、镁进行羧基配位，可与金属离子发生螯合反应，使其成为水溶性腐殖酸螯合物中微量元素，有利于植物根部和叶面吸收，提高植物对微量元素的有效吸收和利用。

三、我国腐殖酸肥料种类

目前，我国腐殖酸肥料有三大类。

一是腐殖酸土壤改良剂　一般用作基肥施用，具有改良土壤，提高土壤肥力的功效。

二是含腐殖酸水溶肥料　在可溶性腐殖酸盐的基础上，添加氮、磷、钾等大量元素和铁、锰、锌、硼等微量元素配制而成。通常随水冲施进行追肥。可促进植物根系发育，提高植物抗病性、抗寒性、抗旱性，同时补充矿质营养。

三是腐殖酸复合肥、腐殖酸有机无机复混肥　在不降低营养元素组成、含量和比例的条件下，增加腐殖酸成分，利用腐殖酸增效化肥的功能，提升肥料产品的质量和应用效果。

四、腐殖酸的基本概念

（一）总腐殖酸

GB/T 11957—2001 中定义：总腐殖酸是用焦磷酸钠碱液抽提出的腐殖酸。

GB/T 34766—2017 中定义：用焦磷酸钠碱液从腐殖酸原料或肥料中提取，并经酸沉淀得到的腐殖酸。包括游离腐殖酸和被重金属离子固定的结合态腐殖酸。

HG/T 5046—2016 中定义：用焦磷酸钠碱液可直接抽提得到的腐殖酸。

T/CHAIA 002—2018 中定义：用焦磷酸钠碱液从腐殖酸原料或产品中提取，并经酸（pH=1）沉淀后得到的腐殖酸，包括游离腐殖酸和钙、镁等金属离子固定的结合态腐殖酸。

（二）可溶性腐殖酸

HG/T 3278—2018、GB/T 35107—2017、GB/T 33804—2017 中定义：矿物源腐殖酸原料和腐殖酸盐产品在水溶液中呈离子态的腐殖酸。可溶性是衡量腐殖酸肥料和腐殖酸盐产品的主要质量指标。

（三）黄腐酸

GB/T 34765—2017、GB/T 35112—2017 中定义：腐殖质中一组分子量较小，既能溶于稀碱溶液又能溶于酸和水，其溶液呈黄色或棕黄色的无定型有机弱酸混合物。

（四）棕腐酸

腐殖酸中能溶于碱性溶液，不溶于稀酸和水，但能溶于丙酮和乙醇等极性溶剂的部分。棕腐酸一般是从碱溶液酸析得到的腐殖酸胶体中用极性溶剂萃取获得。

（五）黑腐酸

腐殖酸中分子量较大的部分，呈黑色，只溶于苛性碱溶液，不溶于烯酸、水和丙酮。

（六）活性腐殖酸

活性腐殖酸是黑腐酸、棕腐酸、黄腐酸的总和。

（七）游离腐殖酸（free humic acid）

GB/T 11957—2001 中定义：用氢氧化钠溶液提取的腐殖酸，即酸性基团保持游离状态的腐殖酸，在实际测定中还包括与钾、钠结合的腐殖酸。

（八）水溶性腐殖酸

T/CHAIA 002—2018 中定义：在常温下可溶于水且能被 pH=1 的酸沉淀得到的腐殖酸。

第二节　腐殖酸是微生物酵素的理想载体

一、腐殖酸的来源与分类

腐殖酸类物质广泛存在于自然界矿物、土壤和水体中，但低阶煤是人们最为常见和利用最多的腐殖酸原料。煤炭腐殖酸是动植物遗骸经微生物分解和合成以及一系列地球化学过程形成和积累起来的一类有机混合物，主要包括泥炭、褐煤和风化煤。

从化学成分上看，腐殖酸是一类以芳香核为主体，含有多种官能团结构的高分子有机碳物质聚（混）合物。煤炭腐殖酸类物质是一种混合物，它通过化学方法，可分离出黄腐酸、棕腐酸、黑腐酸。例如，用烧碱溶液从低阶煤中直接提取出来的那部分有机酸的混合物称作腐殖酸钠溶液，而沉淀物中的含碳物质成为黑腐酸（胡敏素）；用硫酸将腐殖酸钠溶液酸化，沉淀出来的部分称作腐殖酸；腐殖酸中能溶于丙酮（或乙醇）的部分称之为棕腐酸，不溶的部分称之为黑腐酸；酸化后仍不沉淀（溶于酸性溶液）的部分称作黄腐酸（又称富里酸）。黄腐酸、棕腐酸、黑腐酸的混合物就是人们通常所说的腐殖酸。一般来说，风化煤与褐煤的腐殖酸含量较高，而泥炭的腐殖酸含量较低，但其中含有多糖物质，更有利于微生物转化利用。多数风化煤中黑腐酸含量高，棕腐酸含量次之，黄腐酸含量低；而泥炭和褐煤中黄腐酸和棕腐酸含量较高。从黑腐酸到棕腐酸再到黄腐酸，其分子量由大变小，其水溶性也从不溶、难溶到易溶、速溶。

生物腐殖酸是指以生物质为原料，采用生物技术（主要是发酵法）制备的腐殖酸类产品，其成分极为复杂，除含有黄腐酸外，还含有氨基酸、酶、有益微生物、维生素、微量元素等，具有促进植物生长、增强植物抗逆能力、改良土壤和提高农产品品质的作用。生物腐殖酸分子量小，官能团多，生物活性强，具有很好的农业应用效果。

二、我国的腐殖酸资源

我国腐殖酸资源丰富，主要以煤炭腐殖酸的形式存在，包括泥炭、褐煤、风化煤等。

（一）泥炭

泥炭又称泥煤或草炭，是沼泽（湿地）环境下形成的特有产物，是没有完全分解的植物遗体的堆积物。从煤化学角度看，泥炭是成煤的初级阶段。

1. 泥炭类型及其植物组成 根据泥炭资源的调查统计，我国泥炭储量大，属于泥炭资源比较丰富的国家。

从泥炭营养来看，我国泥炭资源可分为低位泥炭（富营养）、中位泥炭（中营养）、高位泥炭（贫营养）三种类型，分别占我国泥炭总储量的99.91%、0.04%和0.05%。

从泥炭的植物组成来看，主要是草本泥炭，约占总量的98.51%；混合泥炭（草本、木本混合，或苔藓、木本、草本混合），约占总量0.91%；木本泥炭，约占总量0.51%；苔藓类泥炭，约占总量0.07%。

2. 泥炭的基本性质 泥炭的基本性质主要取决于泥炭的生成环境、形成过程及植物残体的特性。一般用分解度、水分含量、容重、持水性、吸氨能力、酸碱度、可燃性、颜色、结构等来表达。泥炭外观呈纤维状或海绵状，比重小，孔隙度大。

泥炭分解度是制约和影响其物理性质和化学性质中的最重要的因素。我国泥炭的分解度一般在20%～40%，其物理特性的一般规律是：从东北到华北至华南分解度增加，颜色变暗，结构变细，容重增大，含水量减少，吸氨量减少。泥炭含水量一般在70%～90%，灰分含量大于40%的泥炭含水量小于70%，分解度高，水分减少。

我国泥炭持水量一般在500%～700%。灰分含量越低，持水量越大。

泥炭具有很强的吸附气体的能力。有机质含量和酸性官能团高的泥炭，吸氨能力就强，这对保持土壤肥力有着重要意义。有机质含量50%～70%，吸氨能力0.5%～1%；有机质含量大于80%，吸氨能力大于1.5%。

我国泥炭的基本特点是：中等有机质含量，中等分解度，高腐殖酸，高灰分和微酸性。

（二）褐煤

褐煤是成煤过程的第二阶段的产物，由泥炭经过成岩阶段而成。褐煤和泥炭的主要区别是：褐煤已经不存在未被分解的植物残体，水分减少，自然状态下，褐煤含水量为30%～60%，风干后为10%～40%。褐煤的碳含量增加。也有一种仍然保存有植物残骸，煤化程度较浅，碳含量较低，腐殖酸和沥青含量也较一般褐煤少，称之为木质褐煤或柴煤。

1. 褐煤的类型及特征　按照煤化程度的深浅，可将其分为：土状褐煤、致密褐煤和亮褐煤三类。按我国煤的分类方法，又将其分成两个小类，透光率P_m 30%～50%的称为年老褐煤，$P_m \leqslant 30\%$的称为年青褐煤。

不同褐煤在性质上有差异，从腐殖酸的利用角度来看，不同褐煤的化学和生物活性不完全相同。一般是年青褐煤活性高，易加工；年老褐煤活性相对差，加工难度随之增加。

（1）土状褐煤　土状褐煤是一种煤化程度较浅的褐煤，碳含量较低，HA（腐殖酸）含量较高，一般在40%左右或更高。我国云南大多属于此类。

（2）亮褐煤　亮褐煤的煤化程度较深，从外表上看，有些光泽，近似于烟煤，是向烟煤过度的一种类型的煤。碳含量较高，HA含量较低，一般为1%～10%。

（3）致密褐煤　致密褐煤介于土状褐煤和亮褐煤之间。一般原生HA含量在30%左右，有的高达40%，可以直接使用，也可以加工以提高HA含量。

2. 我国褐煤资源概况　截至1989年，我国已探明的褐煤储量为1 216.1亿吨，占全国已探明煤炭总储量（1990年，9 257.5亿吨）的13.1%。褐煤主要集中在东北和西南两地的晚侏罗纪及第三纪煤田中，包括内蒙古（东部）、辽宁、吉林、黑龙江、河北、山东、云南、广西、广东、海南、四川、西藏等12个省（自治区），其中内蒙古保有量929.8亿吨，占全国的76.5%；云南保有量168.2亿吨，占全国的13.8%。我国褐煤多为老年褐煤，仅云南以年青褐煤为主。

（三）风化煤

风化煤即露头煤，又称引煤。一般风化煤是由接近于地表或位于地表浅层的褐煤、烟煤、无烟煤在大气中长期经受阳光、空气、雨雪、风沙等的侵蚀和风化作用而形成的产物。

经过风化的煤，颜色变浅，光泽变暗，强度降低。

煤的风化大致分为3个阶段：第一阶段，煤的表面氧化阶段。煤氧化后形成煤氧复合物，同时有少量的二氧化碳、一氧化碳和水产生。第二阶段，即腐殖酸形成阶段。这一阶段，煤继续氧化，煤氧复合物发生分解，释放出活性氧，氧化生成腐殖酸（再生腐殖酸），并逐渐增多。随着氧化程度的加深，再生腐殖酸达到一个最大值后，开始下降。风化煤中的HA含量可达50%～80%。第三阶段，煤在氧化剂的继续作用下，再生腐殖酸进一步转化成水溶性的次腐酸、黄腐酸，进而生成简单的有机酸，如各种苯羧酸及气体产物，如二氧化碳、一氧化碳等。此外，由于地下水中溶解的钙、镁离子与再生腐殖酸作用（也包括原生腐殖酸），生成难溶性的腐殖酸钙镁盐，这就是高钙镁腐殖酸。

1. 风化煤的基本特征

物理性质：强度、硬度减少，吸湿性增大。

化学组成：风化后碳、氢含量下降，氧含量上升，活性官能团增加。

化学性质：再生腐殖酸含量增加，发热量降低，着火点下降。

风化煤的腐殖酸芳香缩合度高，很少脂肪结构，化学活性比褐煤、泥炭要差，因而对其深加工难度也大。

风化煤中没有甲氧基，而羧基和醌基含量较高，因此在某些生物活性上要高于褐煤和泥炭，如尿酶抑制、生物刺激活性等。但风化煤凝聚限度很低，很容易被钙镁等金属离子絮凝，给实际应用带来不利。而从另一个角度来看，羧基含量高，与金属离子络合能力强，又是它的一个优势所在。

2. 我国风化煤资源概况 我国风化煤在山西、新疆、黑龙江、江西、云南、四川、河南、宁夏、甘肃、贵州等省（自治区）储量较大，尤其是山西、新疆最大，质量最好。新疆米泉、吐鲁番一带的风化煤腐殖酸含量高达70%～80%，而灰分含量一般不超过10%，是不可多得的宝贵资源。

3. 风化煤的应用 国外对煤炭腐殖酸的研究应用主要集中在泥炭和褐煤，对风化煤涉及很少，而我国情况有所不同，我国风化煤资源更加丰富。

风化煤腐殖酸的优势：

（1）风化煤腐殖酸含量一般比褐煤和泥炭要高，直接应用更有优势。

（2）风化煤腐殖酸对土壤结构和性状的影响要比泥炭和褐煤更胜一筹。

（3）风化煤及其氧化降解产物对脲酶活性的抑制性能优于泥炭和褐煤。

（4）风化煤醌基含量高，刺激活性好，抑制蒸腾方面的作用比褐煤和泥炭效果要好。

三、腐殖酸的功效及其农学表现

腐殖酸肥料田间应用试验成果证明腐殖酸具有多种功效，主要表现在：

（一）改良土壤

1. 提高土壤有机质含量　腐殖质是土壤有机质的重要组成部分，常用其含量多少来判断土壤肥力的大小。同一个地区土壤腐殖酸和不同种类土壤腐殖酸的组成和性质因土壤母质不同而有所差异。这能够成为区分土壤类型的因素，构成土壤腐殖质最重要的组分是富里酸和胡敏酸，对于提高土壤有机质，改善土壤团粒结构，提高土壤养分等方面具有重要意义。

武丽萍等研究发现，施用褐煤、风化煤中提取的腐殖酸后的土壤与普通土壤相比，碳含量明显提升，不同来源的腐殖酸在与氮肥反应时均可以提高土壤有机质含量。王洪凤等在潮土和棕壤土中施用腐殖酸后，土壤中速效钾、有效磷以及其他指标较普通土壤都得到了提升，从而达到减少化肥施用量的效果。张敬敏等对腐殖酸在不同水分条件下对土壤肥力及杨树生长的影响研究表明，与单施化肥比较，在水分相同的情况下，腐殖酸施入土壤使得土壤有机碳相对含量较高，可见腐殖酸的施入使土壤腐殖质的活性提高，有助于加快土壤腐殖化进程。

2. 改良土壤结构

（1）促进土壤团粒形成　腐殖酸可以使土壤团粒稳定、通透性增强，有利于形成利于植物生长发育的土壤结构。土壤团聚体的物理保护能稳定土壤有机碳，从而抑制土壤碳流失速率。

腐殖酸中的羟基、羧基易与土壤中的钙离子发生聚合反应，再通过植物根系的生理作用形成土壤团粒结构。腐殖酸在黑土地带可以使土壤颜色逐渐加深，从而更好地吸收阳光，使土壤固定结合的特性发生改变，同时在耕作土地的条件下，能够增加其透气性以及改良耕作条件。

（2）减少养分固定，增加团聚体稳定性　在不同酸碱性的土壤中，腐殖酸在改良土壤结构上有着不同的机制。在酸性土壤条件下，铁、铝等金属离子能够与腐殖酸发生络合反应，进而降低铁、铝对磷的固定。在碱性土壤条件下，磷与钙、镁生成难溶性的磷酸盐而被固定，腐殖酸可促使磷酸三钙的转化，提高土壤有效磷的含量。腐殖酸可以与 Ca^{2+} 发生反应，相互结合，Na^{+}、Mg^{2+} 被替换，土壤中有机物质与无机物质结合，构成复合体，进而增加土壤结构中的胶体物质。

3. 提高土壤养分

（1）活化土壤养分　在土壤中施用腐殖酸，能够增加对难溶性微量元素的溶解，增大无机营养在土壤中所占的比重。腐殖酸具有很强的络合作用，硝基腐殖酸铵能够与铁结合生成络合物，有利于植物吸收铁元素。

腐殖酸在石灰质土壤中，能与 Ca^{2+} 结合呈絮状凝胶，在酸性土壤中，腐殖酸与氧化铁（Fe_2O_3）结合也能形成絮状凝胶。腐殖酸对金属离子的吸附量远远大于腐殖酸本身结合态的金属离子含量，腐殖酸与金属离子的作用包括表面吸附和内部结合。因此，腐殖酸能够有效去除土壤中的重金属，降低重金属的生物有效性，同时提高了土壤养分的有效性。

（2）刺激根系吸收，提高养分有效性　腐殖酸对植物根系有很强的刺激作用，会促使根系分泌物增加，进而使土壤养分增加。腐殖酸可以控制根际的物理、化学和生物特性，在土壤中发挥多种功能，调节植物生长。腐殖酸的胶体特性、化学特性、生物特性，使其能够提高土壤营养的有效性。

4. 增强土壤微生物的活动　腐殖酸为微生物提供营养以完成各项生命活动，进而使得根际微生物的活动更加旺盛。施用腐殖酸肥料后，土壤微生物发生增长效应，土壤微生物量增加。腐殖酸改善了土壤含水量，减少了土壤容重，增加了土壤孔隙度，改善了土壤微生态环境，为土壤微生物提供了适宜的生长繁殖条件。

5. 提高了土壤酶活性　土壤酶是一种生物催化剂，可促进土壤发生特定的生理生化反应。腐殖酸可以降低脲酶活性，减少氮的流失；能够增加磷酸酶，促进有机磷水解，提高有效磷含量；对脲酶、过氧化氢酶有抑制作用，对转化酶、中性磷酸酶有促进作用。

6. 具有保水保肥抗旱作用　腐殖酸可以制成保水剂，具有改善土壤结构，使土壤水稳性团粒含量增加，增强土壤通气、透水、保水、抑制水土流失性能的作用，同时还能提供营养，保持作物长势。

7. 调节土壤 pH 值　腐殖酸在与土壤结合后，对阳离子有更高的吸附作用。不同土壤不同的 pH 值反过来也对腐殖酸的活性以及其与金属离子形成络合物产生影响。腐殖酸能够调节土壤酸碱度可能与其携带的酸性官能团有关。一方面由于其自身携带的酸性官能团，可以与土壤发生酸化作用；另一方面由于腐殖酸对植物根系的刺激作用，使根系在生长过程中向外分泌能力增强，根系产生较多的有机物质并释放到土壤中，从而降低了根际土壤的 pH 值。腐殖酸分子含有一些酸性官能团，它们与其盐形成一套缓冲系统，调节土壤 pH 值。

（二）提高肥料利用率

腐殖酸可改善土壤微生态环境，协调土壤水、肥、气、热，与氮、钾、钙、镁等无机养分形成络合态，提高肥料利用率，利于农作物吸收；同时抑制土壤脲酶活性，减少土壤对磷的吸附固定，降低土壤矿物对钾的固定，有效减少养分挥发、淋洗、径流损失。

与普通尿素相比，腐殖酸尿素氮的利用率显著提高，在棉花上提高 4.5%～9.8%，甘蔗上提高 8.6%，玉米上提高 5.9%～8.6%。与普通磷肥比较，腐殖酸磷肥在玉米上，其磷的利用率提高 5.9%～13.1%。腐殖酸与钾结合，作物对钾的吸收量增加 30%以上。腐殖酸与中微量元素螯合，有利于根系对中微量元素的吸收，在小白菜上，地上部植株镁、钙、铁和锌的吸收量分别增加 7.4%～47.4%、2.7%～40.2%、7.6%～9.9%和 12.7%～20.8%。

（三）降低面源污染

数据显示，腐殖酸尿素氮淋失量比普通尿素降低 17.9%～56.1%。在水稻上，腐殖酸复合肥较之普通复合肥，氮淋失量降低 9.0%；氮、磷各减施 20%的情况下，配施腐殖酸，稻田面水中平均总氮、总磷质量浓度分别减少 3.18%～16.35%、3.23%～13.21%。

（四）刺激作物生长发育

研究显示，腐殖酸可有效刺激作物根系、茎叶生长。腐殖酸可诱导作物根部 H^{+}-ATP 酶数量增加，酸化非原质体，增强根系细胞分化，刺激根系生长。在氮磷钾投入相同的情况下，腐殖酸肥料处理的大豆苗期根数增加 16.7%，根瘤数增加 11.1%；番茄侧根数量增加 150%～264%。

腐殖酸通过调节土壤与肥料养分形态，改善土壤微生态环境，提高氮、磷、钾及中微量元素的有效性；同时通过提高二磷酸核酮氧化酶/羧化酶活性，增加植物光合作用，提高作物对养分的吸收和利用，刺激茎叶生长。在氮磷钾投入相同的情况下，腐殖酸肥料处理的水稻旗叶长度增加6.1%，有效分蘖数增加5.7%；大蒜株高增加10.7%，假茎高增加7.5%、粗增加12.0%。

（五）提高产量、改善品质

腐殖酸与无机养分协同，刺激作物生长发育，提高产量，改善品质。与普通尿素相比，腐殖酸尿素处理的冬小麦籽粒数增加11.1%～11.1%，颖壳氮素累积量增加34.4%～37.0%；苹果增产10.7%，优质品率增加9.4%；哈密瓜增产11.1%，优质品率增加9.2%。与普通磷肥比较，腐殖酸磷肥处理的甜橙增产6.8%～19.5%，果实含糖量增加2.0%～21.5%；玉米籽粒增产4.5%～13.6%。在氮磷钾投入相同的情况下，腐殖酸复合肥处理的葡萄增产3.7%～16.1%，可溶性糖、可溶性固形物、维生素C和有机酸含量分别增加2.9%～5.2%、3.6%～8.2%、8.7%～21.4%和25.0%～45.0%；茶叶茶青增产6.5%～18.8%，游离氨基酸含量增加13.6%～18.5%；马铃薯增产11.13%，可溶性糖、蛋白质和淀粉含量分别增加25.0%、11.0%和16.6%。

（六）提高抗逆性

1. 抗干旱性 当作物遭遇干旱时，腐殖酸能减少作物叶子气孔的开张度，显著减少叶子的蒸腾作用；同时增加叶片中脯氨酸含量，提高细胞持水性能；提高酶活性，降低细胞膜通透性。

2. 抗寒性 在低温环境下，腐殖酸能激发作物快速增加脯氨酸和脱落酸（ABA）含量，提高多酚氧化酶活性，从而提高细胞质液浓度，大幅度提高作物抗寒能力。

3. 抗盐碱性 腐殖酸可络合土壤中的部分金属阳离子，降低盐浓度；调控作物体内果糖浓度，缓解细胞质膜损伤，增强作物抗盐性；显著改善土壤理化性状，间接提高作物抗盐碱能力。

4. 抗病虫害 腐殖酸中含有的水杨酸分子结构和某些农药的有效成分相似，具有一定的抑菌、驱虫、抗病作用。当病虫害侵袭时，腐殖酸能激活作物次生代谢途径，增强作物生命活力，提高抗病虫性；腐殖酸能提高叶绿素含量，促进植物光合作用和糖分积累，提高植株抗病虫能力；腐殖酸能够促进土壤中有益微生物的生长繁殖，形成生态竞争优势来抑制病原菌的数量，减少发病率。

5. 抗干热风 腐殖酸能够调控气孔张度，关闭气孔；增加细胞质液浓度，防止水分散失，从而增强抗干热风能力。

6. 抗倒伏　腐殖酸具有减肥增效，预防徒长；促进光合作用和干物质积累，使植株茁壮；促进植株根系发达，抓地性能显著提高的作用。腐殖酸是土壤沙砾的黏合剂，可以增强土壤的支撑力，支撑作物生长。

7. 抗重茬　腐殖酸能够改良土壤，提高土壤肥力；促进土壤中发酵微生物种群密度，加速前茬植物残体分解，降低病原菌源；促进土壤养分活化，尤其是中微量元素的有效性；提高作物免疫力；促进生长发育。

8. 抗重金属污染　腐殖酸能够络合、螯合、还原重金属，固定在土壤颗粒中，防止其在土壤中迁移，减少水溶性，降低其毒性。

四、腐殖酸和微生物之间的关系

“土肥和谐”的要义在于：土离不开肥，肥离不开土。在土肥和谐中，除了腐殖酸这一土壤本源性物质外，还有一个起到重要作用的就是微生物。

腐殖酸与微生物之间有着密不可分的复杂关系。一方面，没有微生物的作用，就没有腐殖酸的形成；另一方面，微生物也是腐殖酸的分解者，微生物对腐殖酸进行一定程度的“破坏”，可为微生物本身和农作物提供营养。

腐殖酸是多种微生物的唯一碳源，许多真菌、细菌、放线菌以泥炭、褐煤或风化煤为碳源，这些微生物对腐殖酸的分解转化能力很强，它们有的能够利用小分子的脂肪环，有的能够利用结构复杂的芳香核，将腐殖酸分解成小分子的芳香酸和脂肪酸。反之，腐殖酸对微生物或酶也有显著的作用。据报道，腐殖酸可以提高土壤固氮菌、磷细菌和脲酶的活性，抑制硝化细菌的活力，从而提高土壤生物活性和土壤养分利用率。腐殖酸和微生物之间的作用强弱、作用效果与腐殖酸和微生物种类相关。

活性腐殖酸是微生物转化产物。微生物降解褐煤产生腐殖酸和黄腐酸是一种经济、环保的活性腐殖酸转化技术。其机制是通过微生物分泌的木质纤维素降解酶、碱性多肽物质及螯合剂等将褐煤降解，达到释放腐殖酸并将大分子腐殖酸转化为小分子黄腐酸的效果，明显提高黄腐酸含量及腐殖酸活性。

作为微生物载体，无论是矿物源腐殖酸，还是生物质材料都要有较高的土壤阳离子交换量（CEC），应具有多空结构（类似海绵或蜂窝状），以满足微生物的附着或宿存。同时，作为有机态的载体，其分子量不宜太小，既要能被微生物部分分解或附着，又不至于分解迅速，造成生物碳损失过大。

五、推动生物多样性是腐殖酸的天然属性

纯净的素土中没有任何生物，也生长不出任何生物，这是因为它不具备生物生存的基本条件，因此不能称之为“土壤”，只能称之为“土”。只有有了水、温度、空气、营养才能产生微生物。据考证，地球上的低级生命（细菌和蓝藻）形成于距今40亿年前，此时才出现初级的“土壤”，但这时的土壤没有任何肥力，土壤中的微生物也由于缺乏生物质营养（碳源、氮源等），难以正常生长繁殖。在漫长的生物进化过程中，当有机物积累到一定数量时，腐殖质出现，显著改善了生物的生境，这为生物多样性爆发提供了物质基础和能量储备。可以说，是腐殖酸滋养了大地，产生了肥效，肥沃了土壤，改善了土壤生态环境，推动了生物多样性，保证了土肥和谐。

腐殖酸类物质孕育和发展了微生物。而微生物的出现反过来使得形成腐殖质的有机质产生物理、化学和生物活性，并使其效应充分发挥。实践表明，腐殖质可以显著增加土壤微生物的种群和密度，而单纯施用化肥则会降低或减少微生物种群，更谈不上生物多样性了。

腐殖酸类物质作为大自然的活化剂，在生态环境改善和人类文明发展中发挥重要的作用。大力反哺腐殖酸类物质，可恢复土壤生态性能，实现生物多样性。我国每年大约有10亿多吨植物残体和36亿多吨畜禽养殖排泄物，通过微生物发酵处理以生物腐殖酸的方式对土壤进行生态补偿，可保持土壤中有机碳的适当当量，方能实现可持续发展。

第三节　酵素腐殖酸肥

酵素腐殖酸肥是利用酵素菌发酵含腐殖酸的天然矿物质材料，如风化煤、褐煤，甚至发酵处理提取完水溶性腐殖酸后的黑腐酸而形成的有机肥料。

酵素腐殖酸肥所含的复合微生物经发酵增殖后，能加速土壤有机物分解，缩短鸡粪腐熟时间15～30天，特效的有益菌（检测数据为4.5亿个/克）中包含的芽孢杆菌和放线菌能产生多种抗生素，能直接杀死植物寄生性病原菌，加上细菌菌体本身的间接抑菌，以及碱性环境抑制了真菌，从而实现长时间控制病害。

在调查中发现，全国各地苹果园土壤酸化现象十分严重，也十分普遍，大部分土壤pH值在5～6，导致苹果根系衰弱，腐烂病、轮纹病发生严重。山东

省寿光市多处的冬暖式日光温室内土壤的酸化现象也十分突出，温室土壤表面出现黑色、绿色、红色霉菌斑是土壤酸化的表现形式之一。预防土壤酸化已成为农民十分关注的问题，而酵素腐殖酸肥正是基于这些问题并针对这些问题而开发出的新产品。

常规的生物有机肥的原料通常来自畜禽粪便和植物残体，经微生物发酵后通常多呈现酸性，施入土壤容易加剧土壤酸化，尽管通过微生物的抑菌作用起到减少病害作用，但其维持时间并不长，一旦功能微生物数量减少后，病原微生物会卷土重来，为害将加剧。这也可以解释，为什么使用部分生物有机肥后，病害并未减轻的原因。

一、酵素腐殖酸肥的制备技术

（一）基础配方

褐煤、风化煤30%～70%，畜禽粪10%～20%，油渣3%～10%，尿素1%～5%，米糠3%～5%，红糖1%～2%，专用酵素菌种0.1%～0.5%，含水量55%。

（二）生产流程

（1）将上述原料充分混匀，加足水分。

（2）将混匀的原料堆成山形或长方体，料堆量不少于5吨。

（3）当堆内温度升至55℃时，翻堆，前后翻堆4～5次。

（4）当发酵温度稳定并开始下降时，进行堆积后熟腐殖化。

（5）根据用途添加无机养分、功能微生物，进一步提升肥料效能。

二、酵素腐殖酸肥的作用特点

酵素腐殖酸肥是以煤炭腐殖酸为微生物载体，是纯天然有机态、具有土壤调节功能的新型微生物肥料。该肥集合了腐殖酸肥和酵素菌肥的优势，具有普通肥料不具备的优点如含有数量庞大的有益微生物群、丰富的腐殖酸和天然有机物，可为植物和土壤提供充足的腐殖酸，对土壤中的有效养分进行缓释调控，为植物提供持久的养分供给。

酵素腐殖酸肥除具有传统生物有机肥的一般功效外，还有其独特的功效。

1. 显著改善土壤的理化性状　酵素腐殖酸肥富含天然黑腐酸，能够促进土壤团粒的形成，稳定保持土壤溶液呈胶体状态，增强其缓冲性，预防 pH 值的急剧升降，增加土壤孔隙度和疏松度，有利于作物根系发展。

2. 固地保土 酵素腐殖酸肥能有效防止水土流失，稳定生态环境，减轻沙尘为害。

3. 增强作物的耐水性，加快植株恢复生长 遭遇持续降水后，使用酵素腐殖酸肥可缓解土壤根部无氧呼吸，减轻酒精、甲醛等有害物质对植物根系的伤害，减轻根系腐烂现象。一旦消除积水，腐生性有益微生物能快速分解受损根系，清除死亡组织，促进愈伤组织新生，即能迅速恢复生长。

4. 减轻土壤连作障碍 酵素腐殖酸肥呈微碱性，能中和土壤的酸性物质，预防土壤酸化，促进放线菌增殖，减轻连作、重茬为害。

5. 增强作物的抗性 使用酵素腐殖酸肥的作物，叶片表皮角质层增厚，植物体代谢机能旺盛，抗逆性显著增强；可预防和减轻多种作物真菌、细菌和病毒侵害；使用酵素腐殖酸肥的作物根系发达，VA 菌根（丛枝菌根）多发，加之酵素腐殖酸肥中水溶性腐殖酸影响维管束张力，减少水分散失，抗旱性明显提高。

6. 促进生长，提高产量 促进种子发芽，幼苗发根；提高坐果率，促进着色，提高水果和蔬菜的含糖量；延长作物生育期及收获时间。

7. 改善农作物品质 使用酵素腐殖酸肥能够显著提高作物产品糖度和维生素含量，改善风味，减少蔬菜中硝酸盐含量，减少农产品中铬（Cr）、镉（Cd）、汞（Hg）、铅（Pb）和砷（As）重金属含量，提高产品质量和安全性，延长储存期。

8. 提高养分的利用率 使用酵素腐殖酸肥能加速鸡粪、猪粪、牛粪的好气性高温发酵腐熟，预防烧根现象的发生；能预防铵态氮的挥发和硝态氮的流失；预防磷被土壤固定，激活磷细菌和硅酸盐细菌的活力，提高磷、钾肥的有效性；还能预防微量元素的失活，提高养分利用率。

9. 能提高土壤中微生物活性 促进土壤腐生性丝状真菌、放线菌和芽孢杆菌的发生和增殖，抑制植物寄生菌的宿存，减少侵染机会。酵素腐殖酸肥可显著提高土壤酶活性，活化土壤效果显著。

三、酵素腐殖酸肥的使用

酵素腐殖酸肥被广泛用于农学和园艺领域，用于粮食作物、果树、园林植物和牧草等的种植上效果显著，在沙地、盐碱地、板结土壤和严重缺乏有机质的土壤上使用效果尤为突出。

通常用作作物基肥，施用方法为沟施、穴施或撒施。

1. 粮食作物（玉米、小麦、水稻等） 用作基肥，建议与复合肥料、微肥、微生物肥料配合使用，每667米^2 用量25～30千克。

2. 经济作物（棉花、大豆等） 用作基肥，建议与复合肥料、微肥、微生物肥料配合使用，每667米^2 用量25～40千克。

3. 果树 用作追肥，通常于秋季果实采收后落叶前进行，也可在冬季和早春追施，建议与粪肥、长效化肥、微肥配合使用，每667米^2 用量为100～200千克。

4. 蔬菜 用作基肥，要与粪肥、微生物肥料、复合肥料、微肥配合使用，每667米^2 用量100～300千克。

5. 牧草 用作基肥，要与其他肥料配合使用，每667米^2 用量25～30千克。

四、酵素腐殖酸肥的应用实例

（一）常规应用实例

1. 在玉米上的应用

（1）应用地点 山西省临汾市永和县。

（2）应用户概况 玉米种植大户，种植玉米13.33公顷，2013年安排了1.2公顷酵素腐殖酸肥试验区，其中0.2公顷连片梯田为集中试验区。

（3）地质地貌 试验地块系丘陵地带，土层深厚，土壤流失严重。

（4）施肥情况 正常情况下，该地区农民种植玉米，一般每667米^2 化肥投入130元，该试验每667米^2 肥料投入101.7元。

（5）试验结果

①植株生长情况。试验区玉米植株高大，叶色浓绿，植株底部叶子呈现绿色，无干枯现象；对照田玉米植株弱小，长势差，底部叶子大多干枯。

②土壤流失情况。试验区无明显的土壤流失现象；对照田土壤流失严重，地面可见明显的水冲痕迹，个别沟壑深达20厘米以上。

③玉米穗对比。试验组玉米穗个大，饱满，大多植株长有两穗，且生长饱满，无秃尖现象；对照田玉米穗小，秃尖明显，呈现明显的营养缺乏症状。

④产量对比。试验组玉米平均每667米^2 产量762.5千克，对照田每667米^2 产量450.0千克，增产率69.4%。

2. 在山药上的应用

（1）试验地点　河北省保定市。

（2）施肥情况　用酵素腐殖酸肥代替习惯用肥鸡粪。

（3）试验结果

①对山药根茎产量的影响。试验区山药根茎大，外观顺直，平均单株重720克，比对照增产27%。

②对山药根茎品质的影响。试验区山药外观顺滑，根毛多，“毛眼”浅，外形好，畸形率低；口感绵软爽滑、拉丝长，品质上乘。

③对山药抗病性的影响。试验区植株发育好，蔓粗壮，叶浓绿，枯黄期延后7天左右，山药病害明显减少减轻。

3. 在苹果上的应用

（1）试验地点　山东烟台龙口市。

（2）施肥情况　采用等价施肥对比试验。春季追肥，试验组：单株追施酵素腐殖酸肥3千克；对照组：不施用生物有机肥。其他如追施所用高氮型复合肥料、土壤调理剂和微肥相同，对照组差价用复合肥料代替。试验田面积0.2公顷，重复2次。

（3）试验品种　选用红富士长枝型品种，树龄13年，产量水平每667米^2 4 000～5 000千克；腐烂病发生严重，常发生缺钙性苦痘病；轮纹病轻微发生，可以控制；冬季修剪，夏季主要进行摘心、扭枝等常规性管理。

（4）试验结果

①产量。试验组平均每667米^{2}产5 460.5千克，对照组平均每667米^{2}产量4 574.0千克，增产19.4%。

②品质。试验组果实大，着色好，品质优，平均单果重为202.5克，最大单果重达500克以上，明显优于对照组。果面红艳美丽，果肉淡黄色，肉质脆而细密，果汁多，可溶性固形物含量高达16%以上，高于对照组的14.5%。

③耐储性。果实10月下旬成熟，极耐储藏，如适当晚采效果更佳。

4. 在甜油桃上的应用　高亮等试验表明，酵素菌肥对两个品种的甜油桃营养生长和生殖生长都具有明显的促进作用，产量分别同比提高33.4%和38.0%，果实的品质显著改善。不同施肥处理试验结果表明，9月中旬每667米^{2}桃园施100千克酵素菌肥作基肥，春、夏两季各施50千克酵素菌肥作追肥效果最佳。

5. 在设施葡萄上的应用　在设施栽培条件下，以8年生藤稔葡萄为试材，高亮等试验研究了腐殖酸生物有机肥对藤稔葡萄生长发育、产量和品质的影响。结果表明，施用腐殖酸生物有机肥同常规栽培相比，葡萄萌芽期、始花期、着色期和成熟期提前；萌芽期、始花期，5～20 厘米土层地温均有不同程度升高；葡萄增产显著，比对照增产 36.5%～42.4%；葡萄单穗重、单粒重、果实硬度、可溶性固形物和还原糖含量均比对照有所提高，可滴定酸含量降低，色泽、风味改善，品质提高。

（二）酵素腐殖酸肥在盐碱地上的应用效果

山西省盐碱地属内陆盆地型，类型复杂而且改造难度较大。据山西省土肥部门 2008 年调查结果，山西省现有各类盐碱地 27.36 万公顷（包括盐碱荒地 5.72 万公顷），其中，轻度盐碱地 13.69 万公顷，中度盐碱地 6.91 万公顷，重度盐碱地 4.12 万公顷，其他类型 2.64 万公顷，集中分布于大同、忻州、晋中、运城四大盆地，以大同盆地面积最大。大同盆地现有盐碱地 15.56 万公顷，占山西省盐碱地面积的 56.87%，其中，耕地型盐碱地 12.43 万公顷，占全省此类型的 57.46%；盐碱荒地 4.12 万公顷，占全省盐碱荒地的 72.03%。按含盐量情况划分，轻度盐碱地 9.10 万公顷，占盐碱地的 58.48%；中度盐碱地 4.04 万公顷，占盐碱地的 25.96%；重度及极重度盐碱地 3.41 万公顷，占盐碱地的 21.92%。大同盆地盐碱地目前存在的主要问题：一是地下水位高、矿化度高；二是农田基础设施薄弱，灌排条件差；三是土壤瘠薄，理化性状不良；四是田、林、沟、渠、路不配套，农业生态环境脆弱。但是，这些盐碱地区域同时存在水源较充足、农业开发利用潜力较大的有利条件。面对农业发展的新形势，山西省政府提出“集中区域，优势整合，突破关键，重点推进”的思路，启动“大同盆地 100 万亩盐碱地改造工程”，计划利用 10 年的时间在大同盆地改造盐碱地 6.67 万公顷，这对于缓解山西省耕地短缺压力，提高农业综合生产能力，增加农民收入有着十分重要的意义。高亮团队承担了利用生物技术进行大同盆地盐碱地改良的一部分工作，在山西省农业厅土壤肥料工作站的组织下，分别在怀仁、山阴等县进行了利用酵素腐殖酸肥改造盐碱地的试验和示范，取得了良好效果。

盐碱地土壤中的盐分主要由 HCO_3^-、CO_3^{2-}、SO_4^{2-}、Cl^- 四种阴离子和 Ca^{2+}、Mg^{2+}、Na^+ 三种阳离子组成的 $CaCO_3$、$Ca(HCO_3)_2$、$CaSO_4$、$MgCO_3$、$Mg(HCO_3)_2$、$MgSO_4$、Na_2SO_4、$CaCl_2$、$NaCl$、$MgCl_2$、Na_2CO_3、$NaHCO_3$ 等 12 种盐。由于溶解度不同，前 5 种盐对土壤影响小，后 7 种盐对土壤有危害，危害最大是 $NaCl$、Na_2CO_3 和 Na_2SO_4（芒硝）。土壤胶体是一个巨大的阴离子团，交换性 Na^+ 可以破坏土壤胶体电动电位，使胶体之间不能

形成团粒结构。当 Na^+ 占离子交换量 5%～15%时，土壤轻度碱化；15%～25%时，土壤中度碱化；25%～35%时，土壤重度碱化；>35%形成碱土。

土壤内大量盐分的积累，会引起一系列问题：土壤结构黏滞，通气性差，容重高，土温上升慢，土壤中好气性微生物活动差，养分释放慢，渗透系数低，毛细管作用强，导致表层土壤盐渍化进一步加剧，造成土壤冷、硬、板现象。一般说来，当土壤表层或亚表层中的水溶性盐类累积量超过 0.1%，或土壤碱化层的碱化度超过 5%，就属于盐渍土。

盐碱地对植物的危害主要体现在以下几个方面：一是引起植物的生理干旱。过多的可溶性盐类，可提高土壤溶液的渗透压，引起植物的生理干旱，使根系及种子发芽时不能从土壤中吸收足够的水分，甚至还导致水分从根细胞外渗，使植物萎蔫，甚至死亡。二是危害植物组织。干旱季节，表土层盐分过量积聚易伤下胚轴。在高 pH 值下，还会导致 OH^- 对植物的直接毒害。植物组织内盐分过量积聚，会使原生质受害，蛋白质合成受阻，含氮的中间代谢产物积累，造成细胞中毒。三是影响植物正常营养吸收。由于交换性 Na^+ 的竞争，使植物对钾、磷和其他营养元素的吸收减少，磷的转移也会受到抑制，从而影响植物的营养状况。四是影响植物的气孔开闭。在高浓度盐类作用下，气孔保卫细胞内的淀粉形成受到阻碍，使细胞不能关闭，植物容易干旱枯萎。

酵素腐殖酸肥用于玉米生产，在投入成本相同的情况下，玉米生长发育良好，每公顷产量达 10 598.0～11 369.9 千克，比用化学改良法增产 42.89%～53.29%，而且盐碱地土壤理化性状得到改善，土壤微生物数量增多。

我国滨海盐土面积很大，类型复杂，其中我国沿海省份滨海地带和岛屿沿岸，广泛分布着各种滨海盐土，主要包括长江以北的山东、河北、辽宁等省及江苏北部的滨海冲积平原，长江以南的浙江、福建、广东等省的部分地区。山东省潍坊市滨海地区为潍坊市北部沿渤海莱州湾的滨海地带，区域范围包括寿光、昌邑、寒亭三市区的 11 个乡镇和滨海开发区的 2 个乡镇，总面积2 496.68公顷，为黄河冲积平原，土壤类型主要是盐化潮土，近海为湿潮土。由于立地条件差，植被稀少，多以耐盐碱植物为主。2013 年，高亮团队利用酵素腐殖酸肥改良滨海盐碱地取得初步效果，在投入相同的条件下，滨海盐土的土壤理化性状得到改善，土壤微生物数量明显增多，生物量碳、土壤的呼吸作用和酶活性也有一定增加。改良地盐松长势良好，植株健壮，叶色浓绿，未出现盐化症状。

2021 年，在吉林省大安市松嫩平原苏打盐碱地上也进行了酵素腐殖酸肥的推广应用试验，同样取得了较显著的改良效果。

（三）酵素腐殖酸肥能够减少保护地土壤盐害

当前，土壤盐渍化和根结线虫为害是保护地蔬菜生产的重要限制因子。我国是世界上保护地种植面积最大的国家之一，随着种植时间的延长，保护地土壤次生盐渍化为害越来越重，主要表现为保护地蔬菜等作物根系不舒展，褐色或黑褐色，吸收能力差；地上部茎叶颜色变黄，皱缩、叶缘干枯（焦边）或畸形，产量降低，肥料效应差；品质降低，抗逆性差等，严重影响保护地收益。保护地土壤盐浓度增加比露地快，究其原因主要有3个方面：一是单位面积施肥量大。保护地施肥量一般是露地施肥量的4～6倍，而且大部分是氮肥，施入土壤中的氮肥，除部分被蔬菜等作物吸收及被土壤胶体吸附、固定和挥发外，残留在土壤中的氮肥被氧化成硝态氮（$NO_3^- - N$），并以各种硝酸盐的形式溶解在土壤溶液中，同时，化肥或其他肥料的副产品，如氯化钾中的Cl^-，也能与土壤中的Ca^{2+}、Mg^{2+}、Na^+等结合成氯化钙、氯化镁和氯化钠而溶解在土壤溶液中，从而导致保护地土壤盐浓度提高。因此，保护地肥料的高投入是土壤中可溶性盐分增加的根本原因。二是保护地土壤水分从土壤深层向土壤表层运动导致盐分向表层积聚。由于保护地是一个密闭或半密闭的系统，室内气温高，使得水分蒸发加剧，致使地下水和表层水分不断上升，从而将盐分随水带至地表，加之保护地内没有雨水的淋洗，造成盐分在保护地地表积聚。据统计，保护地耕作层土壤（0～25厘米）全盐含量是露地土壤的3～10倍。三是栽培管理不当，如耕作太浅、土表施肥和泼浇等，都能加剧盐分向土壤表层积聚。此外，保护地的地下水位高、灌溉水的矿化度高，也容易引起土壤盐分增加。

保护地土壤盐分中，阳离子主要以钙离子（Ca^{2+}）为主，阴离子主要以硝酸根离子（NO_3^-）为主，可占70%左右。因此，保护地土壤次生盐渍化的特点是以硝酸钙积累为主。这是与滨海盐土主要以氯化钠（NaCl）为主、内陆盆地型盐土主要以碳酸钠（Na_2CO_3）为主最大的区别。

保护地土壤次生盐渍化改良措施主要包括：测土配方施肥；少量多次追肥，少用含氯化肥；通过大水灌溉稀释盐分；通过选种耐盐作物，如花椰菜、菠菜、甜菜或种植苏丹草吸收土壤中过多的盐分；采用间作套种减少盐分危害；采用地膜覆盖减少蒸发，降低盐分；增施有机肥，减少化肥用量等。

高亮研究团队选择山西省太原市晋源区晋祠镇连续种植7年黄瓜、辣椒的温室，清徐县集义乡连续种植5年茄子的大棚，太谷县连续种植6年黄瓜、番茄、西葫芦的温室，山东省寿光市孙集乡连续种植12年黄瓜、苦瓜、五彩甜椒等的温室，利用生物有机肥对保护地次生盐渍化土壤进行改良试验。结果表明，施用酵素腐殖酸肥，每 667 米^2 用量 80～400 千克，土壤微生物数量急剧增加，土壤中氮素，特别是硝态氮得到利用或转化，土壤次生盐渍化程度明显减轻，土壤盐分同比下降 37.8%～66.3%。蔬菜长势、产量、品质、抗病性、生长期均优于同等条件下未处理的地块，生长（采收）期延长 10 天，增产 8.5%～22.6%，发病率降低 30.3%～56.3%，硝酸盐含量降低 20.5%～27.8%。

（四）酵素腐殖酸肥抑制根结线虫效果良好

高亮等在山东省寿光市稻田镇冬暖式日光温室黄瓜上进行了酵素腐殖酸肥应用试验，在投入相同的条件下，黄瓜植物学性状有所改善，植株叶色浓绿，生长发育正常，未出现盐碱危害症状。

酵素腐殖酸肥用于保护地次生盐渍化土壤改良，同单纯施用腐殖酸肥料比较，细菌数增加 18.99×10^7 个/克，放线菌数增加 7.81×10^7 个/克，真菌数增加 3.44×10^5 个/克；藻类也有显著增加；侵染黄瓜的根结线虫以南方根结线虫（*Meloidogyn incognita*）为主，使用酵素腐殖酸肥的根结线虫发生极少，有益的小杆线虫（*Rhobditis* sp.）明显增多；土壤微生物数量增多，改善了土壤微生态环境，提高了土壤肥力。

酵素腐殖酸肥用于黄瓜生产，黄瓜生长发育良好，每 667 米^2 产量达 9 918.4 千克，增产 22.61%，而且土壤理化性状得到改善，土壤微生物数量增多。由于酵素菌肥产品中添加了昆虫蛋白，富含氨基酸、维生素、矿物质等营养元素，在满足微生物快速生长繁殖的同时，诱导了土壤中食细菌线虫、食真菌线虫和杂食捕食线虫等有益线虫的快速增值，从而抑制了植物侵染性根结线虫的发生，减少了其为害。

第七章 微生物酵素助力农业丰产丰收提质增效

第一节 酵素在蔬菜上的应用

一、酵素在番茄上的应用

（一）番茄的需肥特点

番茄生长期长，具有边开花、边结果、边采收的特点，因此，番茄对肥料的要求高。据分析，每生产 1 000 千克番茄，需吸收氮（N）2.2～2.8 千克，磷（P_2O_5）0.5～0.8 千克，钾（K_2O）4.2～4.8 千克，钙（CaO）1.6～2.1 千克，镁（MgO）0.3～0.6 千克。从番茄对养分的需求来看，对钾的需求量特别大，施肥时要注意增施钾肥。番茄对养分的需求因生育期而不同。从定植至采收末期，对氮的吸收大致呈直线上升，但吸收量增加最快的是从第一穗果实膨大期开始，此后吸收速率加快，氮吸收量也急剧增加，常常发生缺氮而影响果实膨大的现象，生产上要特别注意。对于磷和镁的吸收，一般随着果实的膨大而吸收量增多。对于钾的吸收，第一穗果实膨大期开始迅速增加，至果实膨大盛期，其吸收量约为氮素的 1 倍。对于钙的吸收状况，与氮的吸收相似，果实膨大期严禁缺钙，缺钙容易发生脐腐病。

（二）科学施肥技术

根据番茄的需肥特点，生产中番茄施肥应以基肥为主，一般结合整地每 667 米^2 施用酵素高温堆肥 2 000～3 000 千克或厩肥 3 000～5 000 千克，酵素有机肥 80～120 千克，并配合磷酸粒状肥 50～80 千克、硫酸钾 35～50 千克。定植后 5～6 天追一次“催苗肥”，每 667 米^2 施尿素 5～10 千克。第一穗果实开始膨大时，追施“催果肥”，每 667 米^2 施尿素 8～12 千克或硫酸铵 16～25 千克。进入盛果期，当第一穗果实进入白熟期、第二穗果实迅速膨大、第三穗果实开花结果时，应重点追肥 2～3 次，每次每 667 米^2 施尿素 8～12 千克、过磷酸钙25～30千克、硫酸钾4～5千克，有利于果实膨大和提高果实质量。同时注意及时浇水，保持土壤见干见湿。番茄进入盛果期以后，根系吸肥能力下降，此时可进行叶面喷肥，如用酵素叶面肥600倍液配合0.3%～0.5%尿素、0.2%～0.3%磷酸二氢钾、0.1%～0.2%硼砂等，有利于改善植株营养状况，延缓衰老，延长采收期，提高产量，改善品质。对于冬暖式大棚、温室等设施栽培条件下的番茄施肥，要适当加大酵素菌肥的用量，对于化肥，要掌握少量多次的原则，防止因一次性施肥过多引起的盐分障碍。必要时，追施酵素光敏色素肥，以改善植株的生长发育状况，提高其抗逆性，减少冻害、盐害的发生。

二、酵素在茄子上的应用

（一）茄子的需肥特点

茄子属深根性蔬菜，生长期和结果期长，如果温度条件适宜，茄子可多年栽培。因此，茄子一生需肥量大。据分析，每生产1 000千克茄子，需要吸收氮（N）3.2千克，磷（P_2O_5）0.9千克，钾（K_2O）5.0千克。从茄子各生育期养分吸收状况来看，苗期氮、磷、钾的吸收仅占吸收总量的0.05%、0.07%、0.09%；开花初期开始，吸收量增加至7.0%、7.0%、6.5%；盛果期到采收末期，吸收量则占90%以上。因此，盛果期是茄子一生中养分需求最多的时期。

（二）科学施肥技术

根据茄子的需肥特点，为满足茄子生育期长对养分需求量大的要求，茄子施肥应以有机肥为主，一般每667米^{2}基施酵素高温堆肥1 000～2 000千克、酵素腐殖酸肥80～120千克、45%硫酸钾复合肥50～80千克，充分混匀后，深施翻耕，适当发酵后熟，15～20天后定植。茄子定植缓苗后，结合浇水，适当追肥一次稀薄肥，每667米^{2}追施硫酸铵3～5千克。之后控制水肥供应，严防落蕾落花。当“门茄”长至直径2～3厘米，即“瞪眼期”时，加大水肥供应，每667米^{2}可追施尿素10～15千克或45%三元复合肥15～20千克。当“门茄”充分膨大，“对茄”开始膨大时，茄子进入需肥高峰，应进一步加大施肥量，每采收一次，每667米^{2}追施酵素发酵液肥30～50升，或45%硫酸钾复合肥30～40千克，并根据植株生长势及时补充氮肥。盛果期，结合用药，每隔7～10天叶面喷施酵素叶面肥600倍液，可有效防止植株叶片枯黄，减缓植株老化，减少畸形果，延长采收期。

三、酵素在辣椒上的应用

（一）辣椒的需肥特点

辣椒根系分布较浅，怕干怕涝，全生育期较长，需肥量大。据分析，每生产1 000千克辣椒，需吸收纯氮（N）3.5～4.5千克，磷（P_2O_5）0.8～1.3千克，钾（K_2O）5.5～7.2千克，钙（CaO）2.2～5.0千克，镁（MgO）0.7～3.0千克。各种营养元素的吸收量随生育期的不同而变化，一般从开花到结果开始，养分吸收明显增加，采收盛期各养分吸收量先后达到高峰，尤其是钾和氮的吸收，强度大，速率快，此期容易发生养分的亏缺，应注意及时追肥预防。

（二）科学施肥技术

辣椒施肥因栽培方式而有差异，对于冬暖式大棚、温室等保护地栽培的辣椒，施足基肥相当重要，高产田块每667米^{2}施酵素高温堆肥1 000～2 000千克、酵素腐殖酸肥60～80千克、磷酸粒状肥60～100千克、豆粕80～100千克、硫酸钾复合肥75～100千克、硫酸锌2～3千克、硼砂1.5～2千克。基肥的60%撒施后翻地，40%在定植前沟施。水肥管理不当容易造成辣椒的“三落”，即落叶、落花、落果，严重影响产量和品质。辣椒追肥主要于“门椒”坐住后进行。当“门椒”直径达到1～2厘米大小时，应追肥，以氮肥为主，每667米^{2}追施尿素8～10千克。当辣椒短枝分生增多，要注意及时疏除“门椒”以下的侧枝，以防止养分供应分散，影响坐果和产量。进入果实盛产期，应重施追肥，一般每667米^{2}追施酵素发酵液肥50～80升，配合45%硫酸钾复合肥30～40千克，充分溶解后，随浇水冲施。之后，每采收一次，追施一次适量肥料。辣椒病毒病发生严重，应及时注意天气变化。在高温天气下，用酵素叶面肥600倍液，配合20%病毒A可湿性粉剂2 000倍液，可明显减少病毒病的染病机会，保持植株健壮，持续开花结果的优势，从而延长采收期，提高产量，改善品质。

四、酵素在黄瓜上的应用

（一）黄瓜的需肥特点

黄瓜适合在肥沃的沙壤或黏壤土上生长，喜充分腐熟的有机肥。因此，深耕重施有机肥是黄瓜培根壮蔓的基础。据分析，每生产 1 000 千克黄瓜，大约吸收氮（N）2.8～3.2 千克，磷（P_2O_5）0.8～1.3 千克，钾（K_2O）3.6～4.4 千克，钙（CaO）2.3～3.8 千克，镁（MgO）0.6～0.7 千克。在黄瓜丰产栽培实践中，从定植到拉秧，共需追肥 6～8 次。黄瓜叶片中氮、磷的含量较高，茎秆中钾的含量较高，当黄瓜进入结果期后，约 60%的氮、50%的磷、80%的钾集中在果实中。由于黄瓜需要分期采收，养分随之脱离植株被果实带走，所以需要不断补充营养供应不足或协调失调，否则常常引起果实的畸形。如氮、磷不足，光照条件差，叶片光合作用减弱，易发生弯曲瓜；氮、磷、钾充足但钙不足或钙的吸收运转受阻，易形成肩形瓜，即果实呈弓背状；氮、钾不足时，易产生大肚瓜；硼供应不足时，易产生蜂腰瓜。果实的苦味是由于黄瓜中含有的一种苦味物质"葫芦素"引起的，发生苦味除了遗传原因外，还与品种、栽培管理措施有关，特别是在土壤干燥、水分不足、氮肥过多以及植株生长势弱等情况下，也会产生苦味果。

（二）科学施肥技术

1. 营养土配制 黄瓜施肥首先要从重视育苗土配制开始。一般可用 50%菜园土、30%酵素高温堆肥、10%土壤酵母、10%河沙掺和配制而成。黄瓜育苗营养土除了添加可预防病虫害的药剂外，还要增加磷钾肥，按每立方米营养土加入 3～5 千克磷酸二氢钾，与营养土混合均匀。幼苗期适当增补磷钾肥可以增加黄瓜幼苗的根重和侧根数量，有利于培育壮苗。也可以叶面喷施 0.5%尿素和 0.2%磷酸二氢钾的混合液，以补充营养，效果更佳。

2. 定植前施基肥 黄瓜对肥料的利用率低，所以黄瓜地需要多施基肥。一般每 667 米^2 施用酵素高温堆肥 1 500～2 000 千克，高级粒状肥（高级有机质发酵肥料）100～200 千克，磷酸粒状肥 120～240 千克，鸡粪粒状肥 80～100 千克，浅翻、耙平，做畦或小高垄。在畦内开沟，深、宽各 30 厘米，每 667 米^2 沟施酵素腐殖酸肥 80～120 千克、饼肥 50～75 千克、45%硫酸钾复合肥 50～75 千克，与沟土混合均匀，覆土、整畦以备定植。

3. 定植后追肥 黄瓜定植后随浇稳苗水随施促苗肥，每 667 米^2 用尿素 3～5 千克或硫酸铵 5～7 千克。结果前期，为了促进根系发育，可在行间开沟或株间挖穴，每 667 米^2 施入高级粒状肥 20～40 千克，也可直接冲施酵素发酵液肥 20 升或酵素光敏色素肥 15～20 升。进入结果期后，由于果实大量采收，应每 5～10 天追肥 1 次，酵素菌肥与化肥交替使用，每次追施尿素 10～15 千克。在盛果期，结合打药，叶面喷施酵素叶面肥 500～600 倍液，加 0.2%～

0.3%磷酸二氢钾、0.2%～0.3%硝酸钙和0.1%～0.2%硼砂，共2～3次，可以提高产量，防止早衰，减少畸形果。

五、酵素在西瓜上的应用

（一）西瓜的需肥特点

西瓜适合在肥沃的沙壤土上生长，尤喜腐熟的有机肥。据分析，每生产1 000千克西瓜果实，需要吸收氮（N）2.5～3.7千克，磷（P_2O_5）0.9～1.5千克，钾（K_2O）2.7～14.2千克，钙（CaO）2.1～3.3千克，镁（MgO）0.7～0.8千克。不同生育期西瓜对养分的吸收量不同，幼苗期对氮磷钾的吸收量只占全生育期吸收总量的0.55%；抽蔓期，氮磷钾的吸收量占吸收总量的14.6%；结果期是西瓜吸收养分最旺盛的时期，氮磷钾吸收量占总吸收量的84.88%，此时，植株由含氮量最多转为含钾量最多。在结果期阶段，膨瓜期是吸收氮磷钾最快的阶段，这一阶段吸收氮磷钾约占西瓜全生育期吸收氮磷钾总量的77.5%，也就是说，从播种出苗到果实旺盛生长前，氮磷钾吸收量仅占全生育期吸收总量的22.5%，由此可见西瓜后期营养的重要性。

当西瓜植株缺钙时，植株顶端叶片黄化，叶缘卷曲，叶子呈伞状，植株停止生长；果实膨大期缺钙，瓜瓤常发生黄带或粗筋。

尽管西瓜是需肥较多的作物，但是，如果化肥尤其是氮肥施用过多，再加上水分充沛，常出现“粗蔓”现象，即瓜蔓前端粗壮，长满绒毛，瓜蔓上翘，从蔓的顶端到当日开花的雌花距离约60厘米，这种粗蔓通常不宜坐果，或产量很低。生产上要注意控制氮肥供应，加强通风透光，如果在开花前出现粗蔓现象，可摘心，抑制其生长，必要时用植物生长调节抑制剂，如多效唑、PP333等控制其生长。

（二）科学施肥技术

1. 培养土的配制　通常用50%田园土，20%酵素高温堆肥，5%～10%土壤酵母，20%～25%细河沙。有条件的，适当加入草木灰，或每立方米培养土加硫酸钾1～2千克。

2. 整地施肥　一般每667米^{2}施用酵素高温堆肥1 500～2 000千克，酵素腐殖酸肥80～120千克，高级粒状肥（高级有机质发酵肥料）50～80千克，撒施后耕翻耙平，然后按行距开沟，再施入鸡粪粒状肥80～100千克，并混入过磷酸钙25～30千克、硫酸钾25～30千克，与土混匀，然后覆土。

3. 追肥 西瓜追肥的次数和用量因种植方式和地区不同而有很大的差异。通常，当幼苗长出 2 片真叶（直播苗）或缓苗后（移栽苗）即进行第一次追肥，每株追施聚谷氨酸水溶肥料 15～20 克作提苗肥。当瓜苗抽蔓后在株间开沟施用经酵素菌发酵处理后的饼肥，每株 100～150 克，或施酵素发酵液肥，每株 100～200 毫升。当幼果直径 5 厘米左右时，再开沟每 667 $米^2$ 施腐殖酸复合肥 10～15 千克，每 667 $米^2$ 冲施酵素发酵液肥 20～30 升；采收前 10 天，每 667 $米^2$ 追施酵素发酵液肥 30～50 升。自幼果膨大至果实成熟，为了提高西瓜糖度，用酵素叶面肥 500～600 倍液，配合 0.2%～0.3%磷酸二氢钾、0.2%～0.3%硝酸钙，进行叶面喷施 3～4 次。注意，当幼果直径 12 厘米以上后，不能再单追施尿素，否则将降低西瓜品质。

如准备采收第二茬瓜，则应在第一茬瓜收获前 5 天左右，每 667 $米^2$ 追施尿素 10～15 千克、硫酸钾 15～20 千克，或酵素光敏色素肥 30～40 升，以防止茎叶早衰，促进二茬瓜的发育。

六、酵素在南瓜上的应用

（一）南瓜的需肥特点

据研究，南瓜对氮、钾的需要量大，其次是钙、磷、镁。氮在结果期吸收缓慢，后逐渐增加，果实膨大期开始急剧增多；磷的吸收比较平稳；钾的吸收与氮的吸收过程相似，但果实膨大期吸收特别突出；钙的吸收在结果期前同氮、钾相似，但后期吸收量比氮、钾少；镁的吸收类似于磷，但种子成熟期对镁的需求量增加，注意及时补充。

（二）科学施肥技术

根据南瓜的需肥特点，其施肥可分为基肥和追肥。

1. 基肥 在定植前 10～15 天施入。每 667 $米^2$ 施酵素高温堆肥 500～1 000 千克，酵素腐殖酸肥 40～80 千克，过磷酸钙 40～60 千克，硫酸钾 15～20 千克，撒施与穴施结合。

2. 追肥 南瓜追肥因品种不同而异。对于早熟品种，于定植成活后及时追施催苗肥 1～2 次，每次每 667 $米^2$ 追施尿素 5 千克，或酵素发酵液肥 10 升。封行前，应重施一次追肥，以氮、钾为主，为蔓叶生长、雌花不断开放和果实生长提供养分需要。此时追肥宜选用酵素腐殖酸肥，每株施 50～60 克。第一批瓜采收后，再追一次肥料，以促进后续果实的生长，宜选用 45%腐殖酸复合肥，每667米^{2}用量25～40千克。对于收老熟瓜为主的品种，注意生长前期追施液体冲施肥，但切忌因施氮肥过多，造成坐果困难。当大部分雌花坐果后，要及时重施一次膨果肥，以氮、钾为主。南瓜后期蔓叶有早衰现象，除了及时剪除枯黄老叶和无效侧枝外，要用酵素叶面肥600倍液，配合0.3%～0.5%尿素和0.2%～0.3%磷酸二氢钾，进行2～3次叶面喷肥，可延缓叶片早衰，有利于保持功能叶，提高光合作用，对于提高产量十分重要。

七、酵素在冬瓜上的应用

（一）冬瓜的需肥特点

冬瓜根系发达，对养分吸收能力强，需肥量大。据分析，每生产1 000千克冬瓜，需吸收氮（N）1.3～2.8千克，磷（P_2O_5）0.6～1.2千克，钾（K_2O）1.5～3.0千克。冬瓜对养分的吸收量随发育期不同而有变化。发芽期、幼苗期吸收量最少，氮磷钾的吸收量不足总吸收量的2%；从抽蔓开始增加，开花以后吸收量明显加大，在果实发育期吸收量达到最高峰，从开花结果到收获吸收量占总吸收量的90%，其中果实发育期占80%。因此，要特别注意后期水肥供应。

（二）科学施肥技术

冬瓜不仅需肥量大，而且耐肥性好，要施足基肥，一般每667米^{2}施酵素高温堆肥500～750千克，酵素腐殖酸肥40～80千克，过磷酸钙40～50千克，氯化钾15～20千克。冬瓜追肥宜前轻后重，生长前期适当控制营养生长，有利于坐果；结果后可适当加大追肥量，且以氮、钾肥为主，分2～3次追肥，酵素腐殖酸肥和尿素、硫酸钾交替使用，每667米^{2}用量，酵素腐殖酸肥40千克，或尿素和硫酸钾各25千克。暖冬式大棚栽培的冬瓜，以酵素发酵液肥作冲施肥优于化肥，若结合叶面喷施酵素叶面肥600倍液，效果更好。

八、酵素在大白菜上的应用

（一）大白菜的需肥特点

大白菜以营养体为产品器官，而且单位面积产量高，因此对营养元素的需求在数量上和成分上都很高。大白菜对氮肥最敏感，缺少氮素，植株生长缓慢，叶小而薄，颜色黄绿，莲座小，叶球不充实。但是，氮肥过多，则影响幼叶的分化和养分的运输，不仅对叶球形成不利，而且抗病力降低。缺磷时，叶片呈暗绿色，叶背面和叶柄出现紫色，植株矮小。缺钾时，叶缘枯黄变脆，形成“焦边”。缺钙时，常常造成叶缘腐烂或叶球中心枯黄，出现“干烧心”现象。缺硼时，叶柄内侧组织木栓化，颜色由褐色变成黑褐色，叶片周边枯死，结球不良。据测定，每生产 1 000 千克大白菜，需要氮（N）1.77 千克，磷（P_2O_5）0.81 千克，钾（K_2O）3.72 千克。大白菜苗期吸收的养分不足三要素总吸收量的 1%，而 60%～70%的养分都是结球期吸收的。

（二）科学施肥技术

由于大白菜需肥量大，生长快，因此施足基肥是丰产的关键。一般每 667 米^2 施腐熟的优质农家肥 4 000～5 000 千克，或酵素高温堆肥 500～600 千克、酵素腐殖酸肥 40～60 千克，均匀撒施于地表，浅翻、耙平后起垄或做畦。对于直播大白菜，待子叶充分伸展，第一片真叶长出时，主根已伸长至 10 厘米，并发生了一级侧根，可根据需要追施提苗肥，通常每 667 米^2 用尿素 2～3 千克，或硫酸铵 5～7 千克。莲座期，开沟追肥，每 667 米^2 追施酵素腐殖酸肥 20～30 千克。结球前期，注意开沟追施氮磷钾复合肥（15-15-15）20～30 千克；结球中后期，交替追肥用酵素发酵液肥、硫酸铵和硫酸钾，可随水冲施。莲座期至结球前期，用酵素叶面肥 600 倍液，配合 0.3%～0.5%尿素、0.2%～0.3%磷酸二氢钾、0.2%～0.3%硝酸钙、0.1%～0.2%硼砂，每隔 7～10 天 1 次，共喷施 2～3 次，可提高产量并提高一、二级大白菜的商品率。

九、酵素在结球甘蓝上的应用

（一）结球甘蓝的需肥特点

结球甘蓝和大白菜一样，生育期长，生长量大，吸收养分多。据测定，每生产 1 000 千克商品菜，需要吸收氮（N）4.1～6.5 千克，磷（P_2O_5）1.2～1.9 千克，钾（K_2O）4.9～6.9 千克。全生育期结球甘蓝吸收养分具有前期少、后期剧增的特点。在适宜的栽培条件下，从出苗到开始结球，氮、磷、钾的吸收量约占各自总吸收量的 15%～20%；当开始结球时，养分吸收量急剧增加，30～40 天内氮磷吸收量占总吸收量的 80%～85%，钾则高达 90%左右。因此，甘蓝结球初期追肥是施肥的关键。

（二）科学施肥技术

结球甘蓝全生育期施肥可分为苗床肥、基肥和追肥等。

1. 苗床肥　苗床肥是培育壮苗的关键，施肥过多或不足均不利于幼苗的生长。调制营养土，可用50%～70%园土，20%～30%酵素高温堆肥，5%～10%酵素腐殖酸肥。定植前3～5天，每667米^{2}追施酵素发酵液肥30～50升，对提高幼苗抗性，促进壮苗形成十分有利。

2. 基肥　基肥是结球甘蓝丰产的基础，应切实注意。一般每667米^{2}基施酵素高温堆肥1 500～2 500千克，硫酸钾复合肥30千克。在整地时施入60%，在定植前将剩余的40%采用沟施、穴施法施入。

3. 追肥　追肥因春甘蓝和秋甘蓝的栽培方式不同而稍有差异。春甘蓝在定植后，浇缓苗水时，按每667米^{2}施用碳酸氢铵8～10千克，忌用尿素，否则肥效较慢。进入莲座期，适当加大磷、钾肥的用量，并注意酵素发酵液肥的使用，每667米^{2}追施尿素10千克、过磷酸钙20～30千克、氯化钾10～15千克，采用沟施、穴施法追肥。甘蓝进入旺盛生长期之后，将大量吸收养分，应加大施肥量，每667米^{2}施三元复合肥25～30千克，酵素光敏色素肥80～100升，两者交替使用，并注意喷施酵素叶面肥600倍液，配合补充钙、镁、硼等营养。秋甘蓝生长前期温度高，而后期气候凉爽，追肥应前提，一般在新根发生和莲座叶形成时分别追施1次氮肥，每次每667米^{2}用尿素3～5千克。在莲座叶旺盛生长期重施一次复合肥，每667米^{2}用45%三元复合肥30～40千克。结球初期，再补追一次酵素发酵液肥，每667米^{2}用量30～40升。

十、酵素在花椰菜上的应用

（一）花椰菜的需肥特点

花椰菜花球的大小和增长速度与叶片的生长量有密切关系，并受施肥的影响。花椰菜对养分的需求量大，据研究，每生产1 000千克花球，需氮（N）7.7～10.8千克，磷（P_2O_5）2.1～3.2千克，钾（K_2O）9.2～12.0千克。花椰菜体内各生育期吸收和积累的养分，随生长速度和生长中心的变化而变化。在未出球前，养分吸收量少，而且主要积累在叶片中。随着花球的出现和膨大，养分吸收迅速增加，花球膨大期是花椰菜养分吸收最多、吸收速度最快的时期，此时供肥不足将对产量和质量影响很大，尤其是花芽分化和花球发育过程中，需要充足的磷、钾营养。花椰菜对硼、镁营养有特殊要求，一旦缺硼，花球不能正常生长，茎秆从中心开裂，花球出现褐色斑点，并带有苦味。缺镁时，植株叶片出现黄色或紫色等杂色，生长迟缓。

（二）科学施肥技术

1. 基肥 早熟品种生长期短，生长迅速，生长前期对养分要求高，基肥以酵素高温堆肥配合磷酸二铵为主。晚熟品种，生育期长，基肥以堆肥、厩肥并配合磷钾化肥为主。一般每 667 米^2 用酵素高温堆肥 500～1 000 千克加磷酸二铵 30 千克；或厩肥 3 000～4 000 千克，加酵素腐殖酸肥 40～50 千克、过磷酸钙 30～40 千克、氯化钾 20～30 千克。

2. 追肥 前期追肥以速效氮肥为主，每 667 米^2 用尿素 3～5 千克。花球形成期，重施一次追肥，每 667 米^2 施肥酵素腐殖酸肥 40～60 千克，加尿素 6～10 千克、过磷酸钙 15～25 千克、硫酸钾 10～15 千克。供硼不足时，可在幼苗期和花蕾显现时，叶面喷施酵素叶面肥 500～600 倍液，配合 0.1%～0.2% 的硼砂，均匀喷施叶面，每隔 7～10 天喷施 1 次，连续施用 2～3 次，对于促进生长发育，提高产量，改善品质具有良好的作用。

十一、酵素在萝卜上的应用

（一）萝卜的需肥特点

据测定，每生产 1 000 千克萝卜需要吸收氮（N）2.1～3.1 千克，磷（P_2O_5）0.8～1.9 千克，钾（K_2O）3.8～5.6 千克。萝卜吸收养分是随着生育期而变化的，不同生育期吸收氮、磷、钾的数量差别较大。幼苗期因植株小，养分吸收量少，以吸收氮素为主；肉质根膨大期，养分吸收量迅速增加，氮、磷、钾的吸收量占总吸收量的 80%以上。萝卜对硼比较敏感，一旦缺硼，肉质根膨大不良，组织粗糙，褐变发硬，易患“褐心病”或“黑心病”。

（二）科学施肥技术

1. 基肥 施足基肥是萝卜丰产的重要环节，基肥的种类和用量因土壤类型不同而异。一般地，对于中等肥力的地块，每 667 米^2 施用酵素高温堆肥 500～800 千克、过磷酸钙 30～40 千克，增施酵素有机肥 50 千克，对肉质根的发育和改善品质有良好的作用。

2. 追肥 萝卜追肥应根据不同的生育期，掌握前轻、中重、后更重的原则。第一次追肥应在幼苗 2～3 叶时进行，每 667 米^2 用尿素 2～3 千克，条施；

第二次追肥在萝卜“破肚”期进行，每667米^{2}用酵素腐殖酸肥20～30千克；第三次追肥在肉质根膨大盛期进行，每667米^{2}用尿素8～12千克、硫酸钾20～25千克。对于中小型萝卜，以后不再追肥，而对于秋冬季大型萝卜品种，则在萝卜“露肩”时，每667米^{2}再追施尿素6～8千克、硫酸钾15～20千克、酵素发酵液肥20～30升。在萝卜生长后期，肉质根膨大期间，采用根外追肥方法补充氮、磷、钾、硼，可用酵素叶面肥500～600倍液，配合0.3%～0.5%尿素、0.2%～0.3%磷酸二氢钾、0.1%～0.2%硼砂，每隔7～10天喷1次，共喷2～3次，可延缓叶片衰老，促进肉质根膨大，提高萝卜的产量和品质。

十二、酵素在胡萝卜上的应用

（一）胡萝卜的需肥特点

据测定，每生产1 000千克胡萝卜需要氮（N）2.4～4.3千克，磷（P_2O_5）0.7～1.7千克，钾（K_2O）5.7～11.7千克。生长初期，胡萝卜生长较慢，对氮、磷、钾的吸收量不大；生长中后期肉质根膨大时，植株生长速度加快，养分吸收也迅速加快。在收获前10天，氮的吸收量占总吸收量的46%，磷占55%，钾占50%。全生育期中，以钾的吸收量最多，其次是氮、钙、磷、镁。

（二）科学施肥技术

1. 基肥　由于胡萝卜根系入土较深，播种前应深耕，施足基肥。基肥可以酵素高温堆肥为主，每667米^{2}施酵素高温堆肥500～1 000千克，过磷酸钙20～30千克，硫酸钾20～30千克。增施酵素腐殖酸肥作基肥，可以减少畸形肉质根的形成。若基肥以化肥为主，则分叉根、裂根等比例明显增多。

2. 追肥　胡萝卜追肥一般分2～3次进行。第一次追肥在出苗后20～25天进行，此时大多数幼苗处于四叶一心，每667米^{2}施用尿素5～8千克、氯化钾6～8千克。第二次追肥应在定苗后进行，每667米^{2}施用酵素光敏色素肥40～50升，配合尿素3～5千克、硫酸钾5～6千克。第三次追肥在肉质根膨大期，用法、用量同第二次追肥。后期追肥应严格控制肥水的浓度，水分过多，容易造成肉质根开裂而失去商品价值。胡萝卜收获前15～20天，用酵素叶面肥500～600倍液，配合0.1%～0.2%硼砂进行叶面喷施，可以提高肉质根质量，有利于贮藏。

十三、酵素在芹菜上的应用

（一）芹菜的需肥特点

芹菜是浅根性作物，根系主要分布在表层中，吸肥能力较差，对施肥要求较高。据测定，每生产 1 000 千克芹菜需要吸收氮（N）1.8～2.0 千克，磷（P_2O_5）0.7～0.9 千克，钾（K_2O）3.8～4.0 千克。西芹的需肥量略高于本芹。芹菜前期以吸收氮、磷营养为主，以促进根系发达和叶片的生长，生长中期以吸收氮、钾为主，氮、钾比例平衡有利于促进新叶的发育。随后植株对氮、磷、钾的吸收量迅速增加。

（二）科学施肥技术

芹菜施肥分苗床肥、基肥、追肥。

1. 苗床肥 由于芹菜幼苗期较长，苗床宜选择地势高燥、土壤疏松肥沃的地块，每 10 米^2 施酵素腐殖酸肥 4～5 千克，与土充分混匀。也可人工配制营养土育苗，一般用 60%田园土，20%细沙，5%酵素腐殖酸肥，15%酵素高温堆肥；或用草灰土 40%，田园土 40%，酵素高温堆肥 20%。

2. 基肥 定植前结合整地，施足基肥，一般每 667 米^2 用酵素高温堆肥 500～800 千克，或厩肥 4 000～5 000 千克，配合 45%三元复合肥 30～40 千克。对于酸性土壤，每 667 米^2 配施 50 千克石灰；对于碱性较重的土壤，可施用石膏 20 千克或硫黄粉 3～5 千克。缺硼的地块，基肥中增加 1～1.5 千克硼砂，效果更好。

3. 追肥 芹菜追肥应分次进行。定植缓苗后，可施一次提苗肥，每 667 米^2 施用硫酸铵 10～15 千克；当芹菜叶柄伸长，进入叶丛旺盛生长期时，每 667 米^2 浇施酵素发酵液肥 20～40 升；当株高 30 厘米时，每 667 米^2 追肥硫酸铵 20～25 千克、硫酸钾 5～10 千克，10～15 天后再追施一次。秋季天气干旱，易患缺硼症，可用酵素叶面肥 500～600 倍液，配合 0.1%～0.2%硼砂预防。

十四、酵素在韭菜上的应用

（一）韭菜的需肥特点

韭菜是多年生蔬菜，一年种植多年收获，所以对土壤肥力要求很高。韭菜对氮、磷、钾的需求因株龄的不同而有所不同。第一年韭菜吸收养分较少，因为植株发育还不充分；第二年至第四年韭菜分蘖力最强，产量也最高，需肥量较多，施肥量也相应增加；第五年以上的韭菜，由于多年多次采收，土壤肥力和长势都已减弱，注意补充发酵有机肥，防止早衰。据测定，每生产 1 000 千克韭菜需要氮（N）5.0～6.0 千克，磷（P_2O_5）1.8～2.4 千克，钾（K_2O）6.8～7.8 千克。

（二）科学施肥技术

（1）每年每 667 米^2 施用酵素高温堆肥 1 500～2 000 千克，酵素腐殖酸肥 40～80 千克。

（2）第一年养苗期间，结合浇水，每 667 米^2 施酵素光敏色素肥 100～150 升。也可与化肥交替使用，每 667 米^2 施尿素 7～9 千克。

（3）移栽后 3～5 天，结合浇水，每 667 米^2 施酵素发酵液肥 50～60 升，或硫酸铵 10～15 千克。

（4）在韭菜旺盛生长期，也是肥水管理的关键时期，应结合浇水，追施速效氮肥 3～4 次，每次每 667 米^2 施硫酸铵 10～15 千克。

（5）生长 2 年以上的韭菜，进入收获季节，追肥应以氮肥为主，要做到“刀刀追肥”，以恢复韭菜的生长能力，提高下茬产量。追肥时，一定要注意必须在“刀口”愈合后再施肥，每 667 米^2 每次追施酵素发酵液肥 30～50 升，或硫酸铵 15～20 千克；当新苗长至 12～15 厘米时，随水冲施腐殖酸肥，每 667 米^2 用量 8～12 千克。

（6）夏季当气温高于 25℃时，不适宜韭菜生长，一般不再施肥。

（7）除留种韭菜外，一般不让韭菜开花消耗养分，要注意及时剪掉幼嫩花薹，以利养根，并追肥 1～2 次酵素发酵液肥。

（8）秋季一般收割韭菜 1～2 次，追施一次酵素腐殖酸肥，每 667 米^2 用量 40 千克。9 月下旬即可停止收割和追肥，以免韭菜贪青徒长，影响养分回流。

十五、酵素在生姜上的应用

（一）生姜的需肥特点

生姜生育期长，养分需求量大。据测定，在中等土壤肥力条件下，每生产 1 000 千克鲜姜需氮（N）10.4 千克，磷（P_2O_5）2.6 千克，钾（K_2O）13.6

千克。生姜各生育期对养分的吸收与植株鲜重的增长基本一致。幼苗期，植株生长量小，对氮、磷、钾的吸收量亦小，一般仅占全生育期总吸收量的12.3%。立秋后，生姜进入旺盛生长期，生长速度加快，分枝数明显增多，叶面积迅速扩大，根茎开始膨大，因而氮、磷、钾吸收量也迅速增加，可占全生育期总吸收量的85%左右，此时，如果供肥不足，对生姜产量影响较大。

（二）科学施肥技术

1. 基肥 以酵素高温堆肥为主，北方也习惯用饼肥。一般每667米^{2}施用酵素高温堆肥1 800～2 500千克，酵素腐殖酸肥40～60千克，饼肥50～80千克，尿素7～10千克，过磷酸钙25～30千克，硫酸钾8～10千克，硫酸锌2千克。整地、开沟、晒垡，保持20天以上后播种。

2. 追肥 通常分3次进行。苗期追肥应在幼苗高30厘米的“三股杈”期进行，每667米^{2}追施碳酸氢铵20～30千克。如果气温较高，也可选用尿素，每667米^{2}7～9千克。立秋前后生姜进入旺盛生长期，应结合除草、中耕、培土，重施一次追肥，每667米^{2}施用酵素腐殖酸肥80～120千克、45%三元复合肥30～40千克，或酵素有机肥70～80千克。9月上旬，当生姜具有6～8个分枝时，也是根茎快速膨大期，进行第三次追肥，以复合肥为主，每667米^{2}施用45%硫酸钾复合肥20～25千克。若生姜生长旺盛，这次追肥可适当少施，以免茎叶徒长，影响根茎膨大。收获前20天，用酵素叶面肥500～600倍液，配合0.2%～0.3%硫酸锌、0.1%～0.2%硼砂，分2～3次根外追施，效果良好。

十六、酵素在洋葱上的应用

（一）洋葱的需肥特点

洋葱管状叶的发育和鳞茎的膨大对养分的需求有其特有的特点。据分析，生产1 000千克洋葱需氮（N）2.0～2.4千克，磷（P_2O_5）0.7～0.9千克，钾（K_2O）3.7～4.1千克。在生育前期，根、茎、叶中含氮、钾较多，而磷较少，说明幼苗期洋葱以吸收氮、钾为主；而到鳞茎开始膨大时，养分吸收量急剧增加，直至膨大盛期，磷、钾仍保持较高的吸收水平，但氮的吸收明显下降，茎叶中养分向鳞茎转移。各生育期，洋葱吸收氮、磷、钾三要素的比例分别是，幼苗期氮（N）∶磷（P_2O_5）∶钾（K_2O）为7.9∶1∶9.1，叶片生长期为5.5∶1∶4.7，鳞茎膨大期为4.0∶1∶2.7，种株返青期为7.2∶1∶3.3，抽薹期为5.1∶1∶4.7，开花结籽期为4.7∶1∶3.5。施肥时要注意满足洋葱的这些需肥要求。

（二）科学施肥技术

1. 苗床肥　以酵素高温堆肥为主，每10米^{2}苗床施酵素有机肥15～20千克，酵素腐殖酸肥2～3千克，必要时可加入过磷酸钙1～2千克。幼苗二叶一心时，结合浇水，追施酵素发酵液肥5～10升，尿素100克，以提苗促进茎叶生长。

2. 基肥　洋葱属高产蔬菜，对水肥需求量大，基肥要施足有机肥，每667米^{2}施酵素高温堆肥1 000～1 500千克，或厩肥5 000～6 000千克，也可施用酵素腐殖酸肥100～160千克、过磷酸钙20～30千克、硫酸钾10～15千克、硫酸锌2～3千克、硼砂1～1.5千克。

3. 追肥　洋葱第一次追肥应结合缓苗进行，尽量早施，以速效氮肥为主。结合浇缓苗水，每667米^{2}追施碳酸氢铵6～10千克，或酵素光敏色素肥10～15升。鳞茎膨大期是施肥的关键时期，追肥要分2～3次进行，每次每667米^{2}用尿素10～15千克、氯化钾8～10千克，与酵素腐殖酸肥15～20千克充分混匀后，穴施或沟施，施后及时浇水。施肥时，要认真观察田间苗情，防止由于偏施化肥，特别是偏施氮肥对幼苗造成的徒长现象，一旦发生会影响鳞茎的膨大，严重影响产量和品质。生产上可采用叶面喷施酵素叶面肥500～600倍液，配合0.2%～0.3%磷酸二氢钾，每隔5～7天喷施1次，连续使用3～4次，对于健壮植株，促进养分向鳞茎转移十分有效。

十七、酵素在大蒜上的应用

（一）大蒜的需肥特点

大蒜分蒜苗、蒜薹和蒜头三种产品的栽培方式，多以蒜头为主。即使以蒜薹为主要产品，仍然具有一定的蒜头产量；而以蒜头为产品时，仍然具有一定的蒜薹产量，因此大蒜是以地下鳞茎和花茎为主要产品的作物。合理施肥是夺取大蒜丰产的主要措施之一。据测定，每生产1 000千克鲜蒜，需要氮（N）4.5～5.0千克，磷（P_2O_5）1.1～1.3千克，钾（K_2O）4.1～4.7千克，其中以氮的需要量最大，其次是钾、钙、磷、镁等，同时还需要充足的硫。以秋播大蒜为例，大蒜各生育期对养分的吸收，越冬前的幼苗期对氮的吸收量占吸收总量的7.4%，返青后占5.4%，进入花茎和鳞茎分化期占18.1%，蒜薹伸长期氮的吸收达到高峰，占总量的38.3%，抽薹后进入鳞茎膨大期，氮的吸收量开始减少，约占30.7%。生育前期，充足的氮可以促进地上部生长，积累足够的碳水化合物以满足鳞茎的发育。磷的吸收，在大蒜退母前吸收量约占吸收总量的17.1%；进入蒜薹伸长期，磷的吸收量最高，约占62%；鳞茎膨大期，磷的吸收逐渐减少，约占20%。钾的吸收，在退母前吸收量约占吸收总量的21.2%；蒜薹伸长期占53.1%，也是全生育期需钾最大的时期；鳞茎膨大期约占25.6%，吸钾减缓。生产上，根据大蒜的需肥特点进行科学合理的施肥，以满足各生育期的养分需求，是大蒜优质高产的关键。

（二）科学施肥技术

1. 基肥 大蒜属悬根系，根系浅，根毛少，对水肥的吸收能力差。一般每667米^{2}施用酵素高温堆肥800～1 000千克，酵素腐殖酸肥80～100千克，酵素有机肥40～50千克，45%硫酸钾复合肥100～125千克作基肥。

2. 追肥 追肥应分次进行。秋播大蒜3～4叶期，当假茎高10厘米左右时，可追施一次酵素光敏色素肥，每667米^{2}用量50～60升，随水冲施，对于苗齐苗快长十分有利。越冬前，有条件的可追施一次酵素高温堆肥，每667米^{2}用量800～1 000千克，以增温保墒，保证大蒜安全越冬，该次追肥可结合浇冬水进行。追肥重点应在开春后，当蒜苗开始生长时，应追施一次速效氮肥，由于此时地温较低，追肥应以碳酸氢铵为主，每667米^{2}用量30～40千克。随着气温的升高，大蒜花茎和鳞茎开始分化，植株进入旺盛生长期，可适当追施一次氮、钾肥，每667米^{2}用尿素10～15千克、硫酸钾15～18千克。大蒜抽薹后，可适当补充一次氮肥，以延长功能叶，促进干物质积累并向地下鳞茎转移，每667米^{2}用酵素发酵液肥15～20升配合尿素20～30千克。对于春播大蒜，基肥以酵素高温堆肥为主，每667米^{2}施用酵素高温堆肥500～1 000千克，酵素腐殖酸肥60～80千克，45%硫酸钾复合肥50～75千克。第一次追肥在幼苗期后进行，每667米^{2}施用尿素6～8千克。退母前5～7天随水冲施尿素5～10千克和酵素发酵液肥10～15升，可加速退母，促进生长。抽薹期追施一次氮、钾肥，每667米^{2}追施尿素8～12千克、硫酸钾10～12千克。同时用酵素叶面肥500～600倍液，配合0.2%～0.3%磷酸二氢钾、0.2%～0.3%硝酸钙作根外追肥，对提高蒜薹和蒜头的产量起到重要作用。

十八、酵素在菜豆上的应用

（一）菜豆的需肥特点

菜豆是一种豆科作物，根系有根瘤，但不很发达，固氮能力差，生长所需氮素主要来自土壤。据分析，每生产 1 000 千克菜豆需要氮（N）3.2～3.6 千克，磷（P_2O_5）1.2～1.6 千克，钾（K_2O）4.5～5.2 千克。不同品种养分需求量不同，一般蔓生型品种吸收养分量多于矮生型品种。菜豆不同生育期对养分吸收各品种间差异不大，但对氮、钾吸收量大，吸收速度快，而对磷的吸收相对缓慢，吸收量较少。开花结荚期是养分吸收最大的时期，当荚果坐住后开始生长时，茎叶中的养分向果实转移，若此时土壤供肥不足，植株极易早衰，开花结荚少，叶片易黄化脱落，严重影响菜豆的产量和质量。

（二）科学施肥技术

菜豆品种不同、生育期不同，肥料施用也有所不同。对于矮生菜豆，由于生育期短，开花集中，在施足基肥的基础上，应尽早追肥。基肥以酵素腐殖酸肥为主，每 667 米^2 用量 80～120 千克，配合过磷酸钙 10～15 千克、硫酸钾 10～20 千克，在整地时施入，以促进根系生长和提高根瘤菌的活性。追施应在花前少施，花后多施，结荚期重施。苗期以速效氮肥为主，每 667 米^2 追施尿素 5～8 千克；叶面喷施酵素叶面肥 500～600 倍液，配合 0.2%～0.3%硫酸亚铁和 0.1%钼酸铵，每 5～7 天喷 1 次，连续 2～3 次，以促进根瘤菌的生长。现蕾时，每 667 米^2 追施尿素 8～12 千克、硫酸钾 10～15 千克。开花结荚期，追肥 1～2 次，每次每 667 米^2 追施尿素 15～20 千克、酵素发酵液肥 10～20 升；叶面喷施酵素叶面肥 500～600 倍液，配合 0.2%～0.3%磷酸二氢钾，每 6～7 天 1 次，连续 2～3 次，对保花促果十分有利。对于蔓生品种，基肥以酵素高温堆肥为主，每 667 米^2 用量 1 500～2 000 千克，加酵素腐殖酸肥 40 千克，过磷酸钙 20～30 千克，硫酸钾 10～15 千克，硫酸亚铁 3～4 千克，钼酸铵 0.5～1 千克。追肥以氮、钾肥为主。由于蔓生品种开花结荚期长，追肥应掌握少量多次，一般地，每收获一次即追一次肥，同时注意土壤追肥与叶面喷肥相结合，以保持植株良好的营养状况，促进花序连续抽生，延长收获期。

十九、酵素在荷兰豆上的应用

（一）荷兰豆的需肥特点

荷兰豆以嫩荚或嫩茎叶供食。据分析，每生产 1 000 千克荷兰豆需要氮（N）3.2～4.2 千克，磷（P_2O_5）1.5～1.8 千克，钾（K_2O）3.3～3.9 千克。荷兰豆需氮量较大，从出苗到始花期，吸收的氮占总吸收量的 40%左右，开花结荚期吸收的氮量占 60%左右，磷和钾的吸收量占 66%和 83%，可见，开花结荚期是荷兰豆吸收养分最多的时期，特别是磷、钾，缺少时将直接影响嫩荚的形成和发育。荷兰豆的根瘤菌具有较强的固氮能力，在适宜的条件下，每 667 米^2 荷兰豆每年从大气中固定纯氮 4～5 千克，因此荷兰豆全生育期吸收的氮很大一部分来自自身固氮。要注意铁、钼等微量元素的使用，促进根瘤中钼铁蛋白的合成，以提高固氮能力。

（二）科学施肥技术

1. 基肥　荷兰豆的基肥应以酵素高温堆肥为主，每 667 米^2 用量 1 000～1 500 千克，并配施过磷酸钙 20～30 千克，硫酸钾 15～20 千克，硫酸亚铁 3～4 千克，钼酸铵 200～300 克。

2. 种肥　播种前，每 667 米^2 用 25～30 克豌豆根瘤菌粉剂拌种，可增加根瘤数，促进植株生长。

3. 追肥　苗期，适当早追肥，以氮肥为主，每 667 米^2 用尿素 3～5 千克，以诱发根瘤菌的生长和繁殖。开花结荚期，注意增施磷、钾肥，每 667 米^2 追施过磷酸钙 20 千克、硫酸钾 15～20 千克，或酵素发酵液肥 30～50 升，两者交替使用。生长中后期，叶面喷施酵素叶面肥 500～600 倍液，配合 0.2%～0.3%硼砂和 0.1%～0.2%钼酸铵有良好的增产作用。

二十、酵素在芦笋上的应用

（一）芦笋的需肥特点

芦笋为多年生宿根性植物，以地下茎抽生的嫩茎供食用。据分析，每生产 1 000 千克嫩茎需要吸收氮（N）17.4 千克，磷（P_2O_5）4.6 千克，钾（K_2O）15.6 千克，钙（CaO）10.6 千克。冬季，植株处于休眠状态，基本上不吸收矿质营养；春季地温回升，鳞茎开始萌动，贮藏根伸长，老根部位发生新的吸收根，并抽生嫩茎，嫩茎抽生的多少、质量的优劣与前一年的养分状况有着密切的关系，受施肥的影响很大。嫩茎抽生的同时，地下茎也开始延伸，同时长出新的贮藏根。此时，养分吸收量开始增加，但是吸收量并不多。嫩茎采收后，地上部茎叶和地下部新根大量发生和生长，养分吸收迅速增加。因此，地上茎叶旺长期是芦笋养分吸收最多的时期，也是施肥的重点时期。

（二）科学施肥技术

1. 基肥　芦笋施肥因定植年和采收年而不同。定植时，芦笋要施足基肥，以酵素高温堆肥和饼肥为主，每667米^{2}施用酵素高温堆肥1 500～2 000千克，发酵饼肥50千克，45%硫酸钾复合肥35～50千克。采收年的芦笋，基肥施用多于入冬清园时进行，以酵素高温堆肥或酵素腐殖酸肥为主，每667米^{2}施用酵素高温堆肥300～500千克，或用酵素腐殖酸肥80～120千克，配合45%氯化钾复合肥35～40千克。

2. 追肥　定植成活至秋发前应每隔20～30天追肥一次。秋发时重施一次肥，每667米^{2}追施酵素腐殖酸肥40千克，配合尿素6～8千克。10月初再追施尿素10～15千克。芦笋经一年培育进入采收年，采收年施肥随产量增加而逐年增加。每年在春季萌芽前施催芽肥，每667米^{2}施尿素10～15千克或碳酸氢铵35～40千克；4月底准备留母茎时，追施酵素腐殖酸肥40～60千克；待母茎伸长停止时，每隔10～15天，每667米^{2}用尿素4～5千克、氯化钾3～4千克，或酵素发酵液肥20～30升，交替追肥。采收停止后，每667米^{2}在垄两侧铺施酵素高温堆肥500千克，配合酵素腐殖酸肥20～30千克。9月底至10月上旬再追施一遍复混肥，以促进第二批新茎形成，每667米^{2}施45%硫酸钾复合肥20～25千克。由于芦笋生长还需要较多的钙和钠，生产上，在芦笋旺盛生长期，用酵素叶面肥500～600倍液，配合0.2%的氯化钠、0.2%～0.3%的硝酸钙进行叶面追肥，每隔10～15天喷1次，连续喷施2～3次，有利于芦笋生长。

二十一、酵素在草莓上的应用

（一）草莓的需肥特点

草莓是多年生草本植物，根系入土较浅，对土壤理化性状要求较严，而且对养分非常敏感，施肥过多或不足均不利于草莓正常的生长发育及产品的形成。据分析，每生产1 000千克草莓，需要吸收氮（N）8.7千克，磷（P_2O_5）2.3千克，钾（K_2O）9.3千克，草莓对氮、钾的需要量远大于磷。草莓对养分的吸收量随生育期的推进而增加，尤其是果实膨大期。采收始期、采收旺期，草莓所需养分除氮、磷、钾外，对钙、镁、硼等养分也较敏感，施肥时应特别注意。

（二）科学施肥技术

草莓施肥在露地栽培与保护地栽培有所不同，对于露地一年一栽制草莓，定植前施足基肥，每667米^{2}施酵素高温堆肥1 000～2 000千克，酵素腐殖酸肥80～120千克，酵素有机肥50千克，过磷酸钙50～75千克，硫酸钾30千克，硼砂2～3千克。对于偏酸性土壤，再增施100千克石灰；对于偏碱性土壤，则增施30～50千克石膏或10～20千克硫黄粉。追肥应分次施用。在基肥充足、土壤保肥性好的田块，在开花前追施一次磷、钾肥，每667米^{2}施过磷酸钙15～20千克、硫酸钾15～20千克。同期叶面喷施酵素叶面肥600倍液，配合0.2%硼砂，每隔5～7天1次，连续2～3次。每次采收后追肥一次，每667米^{2}用酵素发酵液肥15～20升，随水浇施，可加速果实膨大，效果显著。

对于保护地栽培的草莓，由于植株体内贮藏营养较少，花芽分化期较短。因此，要求基肥要比露地栽培精，而追肥次数增加。一般每667米^{2}基施酵素高温堆肥1 500～2 500千克，高级粒状肥（高级有机质发酵肥料）40～80千克，发酵豆饼30～50千克，硫酸镁10千克，硼砂3～4千克，硫酸亚铁4～5千克。第一次追肥应在定植缓苗后进行，每667米^{2}随水冲施酵素发酵液肥10～15升、磷酸二氢钾1～2千克。第一批花序坐住后着色前，每667米^{2}追施酵素光敏色素肥40～50升。之后，每次采收后均追肥一次，以氮、钾、钙、镁肥为主，适量补充磷肥和硼肥。生长期间，用酵素叶面肥500～600倍液作根外追肥，可有效促进植株生长发育，防止早衰，预防畸形果，促进果实着色，增加糖度，与0.2%腐殖酸硼、0.2%腐殖酸铁等配合施用效果更好。由于大棚、温室等保护地环境封闭，极易发生盐害，因此，保护地草莓追肥宜选用酵素发酵液肥、酵素光敏色素肥，或将化肥与酵素菌肥交替使用，并及时灌溉，提高肥效。同时，利用酵素菌处理大棚土壤可有效减少病原菌和线虫的为害，可延长大棚使用年限。

第二节　酵素在果树上的应用

一、酵素在苹果上的应用

（一）苹果的需肥特点

苹果树体高大，根系较发达，结果树体吸收养分多，而且周年对养分的需求随生育期而变化。对氮的吸收，多在春季开花期和新梢生长期、花芽分化期、果实膨大期以及采收后，其中以花芽分化期吸收量最多，其次是果实膨大期。对磷的吸收，全年稳定变化不大，但以花芽分化期和果实种子发育期吸收量较大。对钾的吸收量也很大，而且从春季到夏季吸收量逐渐下降，但秋后则处于持续较高的吸收水平。苹果对钙、硼营养比较敏感，需求量较大。苹果盛花期后 28～35 天是钙的临界期，缺钙不利于果实发育；苹果开花结果期和花芽分化期吸硼较多，容易缺硼，施肥时应加以注意。

苹果施肥与树龄和产量水平有着密切关系。据研究，对于高产苹果园，每生产 1 000 千克果实，需要氮（N）12.2～21.8 千克，磷（P_2O_5）2.3～13.1 千克，钾（K_2O）5.7～21.7 千克。不同品种、不同树型施肥量有较大差异。

（二）科学施肥技术

苹果施肥分基肥和追肥，要做到有机肥、化肥和微生物肥料配合使用。基肥以有机肥为主，在采收后到落叶前开沟施入，每 667 米^{2}施酵素腐殖酸肥 80～120 千克，配合 45%腐殖酸复合肥 50～75 千克，有条件的，增施酵素高温堆肥 1 000 千克、土壤酵母 500 千克。追肥分 2～3 次进行。第一次追肥在萌芽前，开深 10 厘米左右放射状沟，施入速效氮肥，每 667 米^{2}用量，当气温低时，宜用碳酸氢铵 30～40 千克，当气温高时，宜用尿素 10～20 千克，并结合灌水，以提高肥效。此次追肥有利于苹果萌芽、开花和新梢生长。第二次追肥在谢花后、苹果生理性落果结束后进行，以速效氮肥为主，适当配合硼肥。每 667 米^{2}追施磷酸粒状肥 30～40 千克、硫酸钾 30～50 千克、酵素腐殖酸肥 40～60 千克，以满足花芽分化和果实膨大的养分需要。苹果生长期间，用酵素叶面肥 500～600 倍液，配合 0.2%～0.3%的硼砂、0.2%～0.3%的硝酸钙、0.2%～0.3%的磷酸二氢钾，每隔 10～15 天喷 1 次，连续 2～3 次，使树体能贮藏较多的养分，有利于养分回流，对翌年开春后的生长有利。

二、酵素在梨上的应用

（一）梨的需肥特点

梨树对养分的需求以氮、钾为主，钙次之，磷相对较少，同时需要较多的硼。梨树对氮、磷、钾的吸收，在周年各生育期间各有特点。春季萌芽至开花坐果期，需要大量的氮和钾以及一定数量的磷，此时是梨树吸收养分的第一个高峰期；到果实迅速膨大、种子发育、花芽分化期，对氮、钾的吸收进入第二个高峰期，而对磷的吸收在整个生育期间起伏不大。梨树坐果后对钙敏感，盛花后到成熟前，钙的累计吸收量大，一旦缺钙，容易引起“苜蓿青”“黑底木栓斑”等生理性病害。据研究，每生产 1 000 千克梨，需吸收氮（N）2.0～5.1 千克，磷（P_2O_5）2.0～3.0 千克，钾（K_2O）4.8～5.3 千克。

（二）科学施肥技术

梨树施肥，对于初龄树和结果树有所不同。初龄树以氮肥为主，磷、钾肥次之，促进树体营养生长，为树体结构打好基础。成龄结果树，氮、磷、钾三要素要配合得当，既要保证树体营养生长，防止树体早衰老化，又要保证生殖生长，满足梨树开花结果的需要。梨树施肥分为基肥和追肥。

1. 基肥 以有机肥、酵素高温堆肥和酵素腐殖酸肥为主，每株用酵素高温堆肥 15～20 千克、酵素腐殖酸肥 2～3 千克、腐殖酸铁 200 克、硫酸锌 100 克、45％腐殖酸复合肥 1～1.5 千克，在采收后至落叶前开深沟施入。

2. 追肥 第一次追肥在萌芽前进行，以氮肥为主，以促进枝叶生长和花芽的发育，提高花芽质量。每树施尿素 0.5～1.5 千克，气温较低时，改用碳酸氢铵，每株用量 2～3 千克。第二次追肥多在谢花后、第一次生理性落果结束后进行，每株施用 45％腐殖酸复合肥 1.5～2.5 千克。第三次追肥在花芽分化期进行，每株施用 45％腐殖酸复合肥 1.5～2 千克、酵素腐殖酸肥 2～2.5 千克、腐殖酸铁 100 克、腐殖酸硼 50 克，以促进花芽分化和果实膨大。生长期间，叶面喷施酵素叶面肥 500～600 倍液，配合 0.2％～0.3％磷酸二氢钾、0.2％硝酸钙、0.2％硼砂、0.2％～0.3％硫酸锌，每隔 10～15 天 1 次，连续 3～4 次。采收后，叶面喷施酵素叶面肥 600 倍液加 0.5％尿素，可增加植株光合产物的积累，保证秋梢质量，利于养分回流，保持树体贮藏养分，有利于翌年春的生长发育。

三、酵素在葡萄上的应用

（一）葡萄的需肥特点

据分析，成年葡萄园每生产 1 000 千克葡萄果实，需要氮（N）12.0 千克，磷（P_2O_5）6.0 千克，钾（K_2O）14.0 千克。在周年生长期中，在浆果生长前葡萄对氮、磷、钾的需要量较大，用于萌芽、新梢生长和开花坐果。这时，一部分养分来自树体贮藏，但从土壤中吸收的养分已迅速增加。果粒膨大期至果实转色期，植株吸收氮、磷、钾达到高峰，此时若水肥供应不足对葡萄产量影响很大。偏施氮肥则会影响着色，葡萄含糖量低，成熟期推迟，而且不利于新梢成熟。对于氮、磷、钾养分来说，氮的需要量以早、中期较大，而磷、钾吸收量则在中、后期较大，尤其是在开花授粉、坐果及果实膨大期需磷、钾量很大。另外，葡萄喜硼，一旦缺硼，会造成植株萌芽迟缓，新梢抽生困难，新叶皱缩，果粒小，称“小粒病”。

（二）科学施肥技术

1. 基肥 葡萄基肥以秋施为好，每 667 米^{2}基施酵素高温堆肥 1 500～2 000 千克，酵素腐殖酸肥 80～120 千克，45%腐殖酸复合肥 35～50 千克，腐殖酸硼 2～3 千克。

2. 追肥 为了保证葡萄树体营养的平衡，保持长树与结果的平衡，追肥宜少量多次，一般分 5 次追肥。

（1）芽前肥或催芽肥 一般在萌芽前 7～10 天进行，每 667 米^{2}追施高级粒状肥（高级有机质发酵肥料）20～30 千克，或 45%腐殖酸复合肥 10～15 千克。

（2）催条肥或壮梢肥 在枝蔓生长高峰期前，约萌芽后 20 天进行，每 667 米^{2}追肥 45%腐殖酸复合肥 15～20 千克，以促进树体健壮和开花坐果。

（3）膨果肥或壮果肥 在谢花后施用，以满足葡萄坐果后迅速膨大、新梢继续生长和翌年花芽分化的养分需要。一般每 667 米^{2}追施 45%腐殖酸复合肥 20～25 千克、硫酸钾 25 千克，或追施高级粒状肥（高级有机质发酵肥料）15～20 千克、磷酸粒状肥 20～25 千克、硫酸钾 30～35 千克，或每 667 米^{2}追施酵素有机肥 50 千克，对促进果粒膨大效果明显。

（4）着色肥或催熟肥 宜在硬核期追施，每 667 米^{2}用硫酸钾 20～30 千克，可促进浆果的第二次膨大，提高糖度，促进着色。

（5）复壮肥 在葡萄采收后追施。由于采收后树体生长势明显减弱，易造成早期落叶。另外，采收之后枝蔓进入生长高峰期和发根高峰期，需要较多的养分。因此，采收后应尽快追肥，每 667 米^{2}施用 45%腐殖酸复合肥 20 千克。

此外，叶面喷施是葡萄十分重要的追肥方式之一。在开花前和膨果初期，用酵素叶面肥 500～600 倍液，配合 0.2%～0.3%磷酸二氢钾，每隔 10～15 天喷 1 次，连续 2～3 次，也有良好的增产效果。此外，葡萄叶面喷施高锰酸钾对于抗病丰产也有突出的效果。

四、酵素在桃上的应用

（一）桃的需肥特点

桃树是浅根性果树，根系扩展度大于树冠开展度，根深度只及树高的1/3，吸收根一般分布在40厘米土层内。桃树根系对土壤含氧量要求高。据分析，每生产1 000千克桃，需要氮（N）3.1～3.5千克，磷（P_2O_5）2.5～2.8千克，钾（K_2O）3.2～3.6千克。桃树需钾较多，缺钾会造成枝条柔弱，叶小色淡且向上卷曲，叶缘红棕色并呈焦枯状，叶身上有时会出现黄色斑点，落叶早，生理性落果多，果实成熟早，果顶部容易发生腐烂现象。在落叶果树中，桃树中、微量元素比较敏感，尤其对缺铁的反应尤为突出。桃树缺铁时，首先表现在幼叶失绿黄化，甚至变成白色，叶脉同时失绿，叶缘和叶面出现坏死斑，严重缺铁时新梢干枯；桃树缺锌时，引起小叶；缺硼，引起果实近核处发生木栓化褐色区及沿果实缝合线开裂等，都是桃树容易发生的营养性病害。

（二）科学施肥技术

1. 基肥　一般在落叶前后进行，以有机肥为主。每株用优质酵素高温堆肥5～10千克、酵素腐殖酸肥1.5～2.5千克、45%腐殖酸复合肥1～2千克、硫酸亚铁120～150克、硫酸锌50克、硼砂20克。

2. 追肥　对于早熟品种，追肥要早，一般分2次进行。第一次是花前肥，每株用尿素300～500克或碳酸氢铵1～1.5千克；第二次在果实膨大期，每株用45%腐殖酸复合肥1.2～1.5千克。

对于中、晚熟品种，由于生育期长，产量高，宜分4次追施。

（1）花前肥　以氮肥为主，每株用尿素0.5～0.6千克，以促进开花和枝叶生长。

（2）膨果肥　在硬核前进行，每株用45%腐殖酸复合肥2.5～3千克、酵素腐殖酸肥1～1.5千克。为种胚发育、果实膨大、新梢生长，同时为花芽分化提供营养。

（3）促果肥　宜在硬核期以后施用，每株用尿素200～300克、硫酸钾1.5～2千克，以提高果实着色，改善果品质量。

（4）采后肥　以氮肥为主，每株用尿素0.8～1.2千克，以迅速恢复树势，增加树体营养，提高越冬能力，为来年丰产打下基础。

此外，对于缺钙的酸性土壤，落花前每667米^{2}施用石灰50千克。也可叶面喷施补钙，用酵素叶面肥500～600倍液，配合0.2%～0.3%硝酸钙，每7～10天喷1次，连喷2～3次。在萌芽前或开花期叶面喷施酵素叶面肥500～600倍液，配合0.2%～0.3硫酸锌、0.1%～0.2%硼砂，每隔10～15天喷1次，连续3～4次，可预防小叶病，提高坐果率，促进果实发育，有利于增产。在生长期间，用酵素叶面肥500～600倍液，配合0.2%～0.3%硫酸亚铁，叶面追肥2～3次，可预防因缺铁造成的树体黄化现象。多年试验表明，桃树喜欢酵素光敏色素肥，使用后可促进着色，延缓早衰。

五、酵素在核桃上的应用

（一）核桃的需肥特点

核桃树树体高大，根系入土深，结果年限长。核桃对氮、钾需要量较多，其次是钙、镁、磷。缺氮，枝条短而细弱，叶色发黄，易脱落，开花少，生理性落果多，大小年严重。核桃全生育期对养分的吸收有一定差异，氮的吸收多在抽枝长叶期、开花结果期和果实硬核期；钾的吸收同氮相似，但以落花后到果实硬核期吸收量最大；磷的吸收比较平稳；钙的吸收多在落果后，而镁的吸收则多在果实形成期。

（二）科学施肥技术

核桃追肥对于结果树而言，要保证树体生长和开花结果。通常分基肥和追肥，基肥比例约占60%。在秋季采收后，按树体大小，每株施酵素高温堆肥5～8千克，酵素腐殖酸肥3～5千克，过磷酸钙3～5千克，硫酸钾1～3千克。

追肥分3次进行。第一次在开花前，每株施尿素0.5～1.5千克、硼砂120～150克，为新梢迅速生长及开花坐果提供养分。第二次在落花后，果实开始膨大，翌年花芽分化期进行，此时是需肥量最多的时期，每株追施尿素0.5～1.5千克、过磷酸钙1.5～2.0千克、硫酸钾1.0～1.2千克、硫酸镁0.5～1.0千克、酵素腐殖酸肥2.0～3.0千克，开沟后结合灌水进行。第三次在果实硬核期进行，每株追施尿素0.5～1.2千克、硫酸钾0.5～1.0千克，有利于种仁发育，提高产量和品质。采收后，每株施用0.5千克尿素结合酵素发酵液肥3～4升，对于尽快恢复树势，保证翌年树体营养十分有利。叶面喷施酵素叶面肥500～600倍液，可增强树体抗性。

六、酵素在板栗上的应用

（一）板栗的需肥特点

板栗需肥较多，尤其是需要较多的氮和钾，在板栗开花结果期还需要较多的硼。板栗周年生育期中对氮、磷、钾的吸收情况是不同的。氮素通常在根系活动至萌芽前就开始吸收，新梢生长和开花结果期不断增加，果实膨大期吸收最多，采后迅速下降。磷的吸收全年生育期较平稳，以开花结果期至采收期稍高，落叶前几乎停止吸收。钾在开花前吸收较少，开花之后急剧增加，果实膨大期至采收期吸收最多，是易发生缺钾的时期，采收后吸收量迅速下降。板栗对镁敏感，需要量较大，在果实发育期间要注意预防缺镁。板栗对铁也较敏感，缺铁容易引起树体早衰，产量降低。

（二）科学施肥技术

板栗根系发达，而且新根普遍长有外生菌根，在土壤肥沃、松软、酸碱度适宜的情况下，菌根多而活跃，能大大提高板栗对磷、钾的吸收利用效率。

1. 基肥　板栗喜酵素高温堆肥和腐殖酸肥。基肥在深秋，结合深翻，于树冠下开环状沟施入，每株施优质酵素高温堆肥 3～5 千克、酵素腐殖酸肥 2.5～3 千克、过磷酸钙 1.5～2.5 千克、硫酸钾 1 千克、硫酸镁 1～1.5 千克、硫酸亚铁 200 克、硼砂 50 克。

2. 追肥　在发芽前和果实膨大期分 2 次追施，其中以果实膨大期为主。发芽前，每株追施尿素 1～1.5 千克，促进发芽和新梢生长，施后及时浇水，以提高效果。果实膨大期，每株追施酵素腐殖酸肥 1.2～2.5 千克、45%硫酸钾复合肥 1.5～2 千克、硫酸镁 1 千克。

3. 叶面喷肥　板栗喜根外追肥，在新梢生长期、果实膨大期和采收后分 3 次，分别喷施酵素叶面肥 500～600 倍液，配合 0.5%尿素、0.2%～0.3%磷酸二氢钾、0.2%硫酸镁、0.1%硼砂，对促进新梢生长、果实膨大及采后树势恢复有良好的作用，同时可有效提高板栗的坐果率，降低空篷率，明显提高产量和品质。

七、酵素在柿子上的应用

（一）柿树的需肥特点

柿树适应性强，根系发达。据分析，每生产 1 000 千克柿子，大约需要氮

(N) 8.3 千克，磷 (P_2O_5) 2.5 千克，钾 (K_2O) 6.7 千克。柿树对氮、钾需求量大。柿树一年中各生育期对养分的需求有所不同。从萌芽到开花前后，靠树体贮藏养分供应新梢生长，从土壤中吸收养分较少。从开花到果实膨大是养分吸收最多的时期，尤其是钾越是后期需要量越多。磷的吸收相对比较平稳。果实成熟期到落叶前，养分吸收减少，但仍维持一定养分供应，对树体积累贮藏养分具有一定作用。

(二) 科学施肥技术

柿树根深叶茂，喜阳不耐阴，因此栽培柿树应选择土层深厚的平坦地和缓坡山地的阳坡。如地下水位过高或土层瘠薄，根系分布浅，侧根不发达，易引起树势早衰，病虫滋生。

1. 定植前施肥 由于柿树主根深，侧根不发达，毛细根少，因此，定植时定植穴应比其他果树要深一些，以 80～100 厘米为好。每穴施酵素高温堆肥 2～3 千克、过磷酸钙 0.5～1 千克、酵素腐殖酸肥 1.5～2 千克。

2. 基肥 基肥宜在冬季落叶后，结合田园翻耕，进行沟施。做到有机肥、化肥和微生物肥三肥配套。依树体大小和结果多少，每株施腐殖酸高温堆肥 3～4 千克、45%硫酸钾复合肥 1～1.5 千克、硫酸钾 0.5～1 千克。施入施肥沟中的肥料应与土混合均匀，然后覆土浇水。

3. 追肥 根据树龄大小和结果多少，每株施尿素 0.3～0.5 千克，或硫酸铵 0.5～1 千克，或 45%硫酸钾复合肥 0.5～1 千克。对于早熟品种，于 7 月上、中旬追肥 1 次；对于晚熟品种，于 6～7 月追肥 1 次，9 月份再追施 1 次。追肥时应注意氮肥不能过量，时间不能过晚，否则结果母枝不够充实，影响下年开花结果。采收后，用酵素光敏色素肥追施，每株用量 3～5 升配合 0.3 千克尿素。有条件的用酵素叶面肥 500～600 倍液，配合 0.5%尿素、0.2%～0.3%磷酸二氢钾进行根外追肥，对于采后树势恢复十分有利。

八、酵素在枣上的应用

(一) 枣树的需肥特点

丰产枣园对养分需求量较大，据研究，每生产 1 000 千克鲜枣，需要氮 (N) 15.0 千克，磷 (P_2O_5) 10.0 千克，钾 (K_2O) 13.0 千克。枣树所需养分因生育期不同而有差异。氮的吸收多在萌芽开花期，供氮不足发育枝和结果枝生长受阻，花蕾分化质量差。开花期氮、钾肥吸收增加。磷、钾供应不足，根系生长和果实生长受抑制，生理落果严重，而且根系生长减弱，吸收养分能力下降。果实成熟至落叶期，树体养分进入积累贮藏期，仍需要吸收一定数量的养分，在施肥上不能忽视。

（二）科学施肥技术

1. 基施 枣树在秋季落叶前后，结合深翻改土施入有机基肥，每株施酵素高温堆肥3～4千克，酵素腐殖酸肥1.5～2.5千克，45%硫酸钾复合肥1～2千克，硼砂50克。

2. 追肥 一年中分两次进行，一次是发芽肥，以氮肥为主，每株追施尿素0.5～1千克。另一次是幼果肥，以磷、钾肥为主，每株追施45%硫酸钾复合肥1千克，可以促进果实膨大，提高产量和品质。花前叶面喷施酵素叶面肥500～600倍液，配合0.1%～0.2%硼砂、0.2%～0.3%硫酸锌，有利于提高花蕾质量，提高坐果率，减少生理落果。采收后叶面喷施酵素叶面肥500～600倍液，配合0.5%尿素、0.2%～0.3%磷酸二氢钾，可迅速恢复树势，有利于来年生长。

九、酵素在猕猴桃上的应用

（一）猕猴桃的需肥特点

据研究，每生产1 000千克猕猴桃鲜果，需氮（N）1.84千克，磷（P_2O_5）0.24千克，钾（K_2O）3.2千克，钙（CaO）0.32千克，镁（MgO）1.6千克，硫（S）0.2千克。氮、磷、钾养分，在萌芽期主要来自上一年度树体贮藏的养分，从土壤中吸收量较少。果实发育期，养分吸收量显著增加，尤其是磷、钾吸收量较大。落叶前养分吸收仍有一定水平，有利于将养分贮藏在树体内为翌年萌发、展叶、开花提供营养。

（二）科学施肥技术

1. 基肥 一般在采收后施用，以酵素高温堆肥为主，用肥量占全年的50%，用于保持树势，为翌春生长储存养分。每667米^{2}施用酵素高温堆肥1 000～1 500千克，酵素腐殖酸肥40～60千克，45%硫酸钾复合肥20～25千克。

2. 追肥

（1）芽前肥 在春季萌芽前进行，以补充花芽生长发育所需养分，促进腋芽和新梢生长。每667米^{2}用尿素10～15千克，硫酸钾8～10千克，硼砂2～3千克。

（2）膨大肥　在果实膨大期进行，促进果实迅速膨大和新梢生长。猕猴桃的用肥量因树龄和土壤条件而变化，如幼龄树，每667米^{2}用酵素腐殖酸肥20～40千克、45%硫酸钾复合肥25～30千克；对于盛果期的成龄树，每667米^{2}用酵素腐殖酸肥60～80千克、尿素25～30千克、45%硫酸钾复合肥30～40千克。

（3）叶面喷肥　猕猴桃喜根外追肥，自生长盛期，每7～10天用酵素叶面肥500～600倍液，配合0.5%尿素、0.2%～0.3%磷酸二氢钾、0.1%～0.2%硼砂，连续喷施3～4次。采收后叶面喷肥效果更佳。

由于猕猴桃对氯离子非常敏感，生产上应严格控制含氯肥料的使用。

十、酵素在柑橘上的应用

（一）柑橘的需肥特点

据研究，每生产1 000千克柑橘，需吸收（N）1.75千克，磷（P_2O_5）0.53千克，钾（K_2O）2.4千克，钙（CaO）0.8千克，镁（MgO）0.27千克。柑橘对养分的吸收，随全生育期而有变化。新梢对氮、磷、钾的吸收，由春季开始迅速增长，夏季6月份达到高峰，入秋后开始下降，入冬后吸收量迅速减少，直至基本停止。从春季4月到秋季10月是柑橘一年中吸肥最多的时期，施肥时应充分考虑这一点，若施肥不当，将带来不利影响。如早春氮肥过剩，往往造成春梢徒长，降低坐果率，后期氮过剩。晚秋梢不断生长，影响养分积累，对柑橘越冬不利。如果果实膨大期缺氮，生理落果严重，果实小，产量低。钾肥过剩会增加果皮厚度，影响产品品质。

（二）科学施肥技术

1. 基肥　占总施肥量的50%左右。以酵素高温堆肥为主，每667米^{2}施用酵素高温堆肥1 000～1 500千克，酵素腐殖酸肥40～60千克，45%硫酸钾复合肥25～40千克，硫酸亚铁3～5千克，硼砂1千克。

2. 追肥

（1）发芽肥　在春季萌芽前7～10天或春梢转绿时施用。施肥过早，吸收困难；施肥过迟，影响抽生新梢和开花。每667米^{2}施硫酸铵20～25千克或尿素15～20千克、硼砂0.5～1千克。

（2）保果肥　于5月中、下旬，在柑橘第一次生理性落果后进行，每667米^{2}施酵素腐殖酸肥20～25千克、45%硫酸钾复合肥20～25千克。

（3）壮果肥　于7～8月进行，以钾肥为主，每667米^{2}施硫酸钾15～20千克。

（4）采果肥　一般在采收前7～10天施用，以生物有机肥为主，适当配施复合肥。每667米^{2}施酵素腐殖酸肥20～40千克、酵素有机肥30～50千克、45%硫酸钾复合肥10千克，促进果实着色，对于提高产量、改善品质非常有利。

（5）叶面喷肥　在生长季节，用酵素叶面肥500～600倍液，配合0.3%～0.5%尿素、0.2%～0.3%磷酸二氢钾、0.2%硫酸亚铁、0.2%硫酸锌、0.2%硼砂，每隔10～15天喷施1次，连续喷施3～4次。对于保持树体营养，提高花果质量，减缓衰老有显著作用。

十一、酵素在荔枝上的应用

（一）荔枝的需肥特点

荔枝根系发达，根深5米，水平分布为树冠的2～3倍，主要吸收根分布在10～20厘米土层。荔枝生长结果除需要氮外，磷、钾肥对其生长和结果的作用也非常突出。荔枝缺氮时叶片小，叶色发黄，叶缘微卷，新叶及老叶易脱落，严重时叶尖和叶缘出现棕褐色，边缘有枯斑，并向主脉扩展。缺钾时，叶片大小与正常时差异不大，但颜色稍淡，叶尖端发白、枯焦，边缘棕褐色，逐渐沿小叶边缘向小叶基部扩展。缺钙时，叶片变小，沿小叶边缘出现枯斑，造成叶边缘弯曲，根系明显减少，当新梢抽生时即大量落叶，严重缺钙时叶片几乎全部落光。缺镁时，叶片明显变小，中脉两旁出现几乎成平行分布的细小枯斑，严重时枯斑增大，并连成斑块。

（二）科学施肥技术

荔枝是长寿果树，由于树龄不同，营养特点不同，施肥技术也有区别。

1. 幼树施肥　荔枝定植后一般需7～8年甚至10年才能投产，幼树管理的重点是培养树势、积累营养。由于荔枝常采用高压苗，有时幼树也会抽生花穗，但为了培养树势，要将花穗疏掉。幼树应重施基肥。在定植前2个月左右挖好深80～100厘米、宽70～80厘米定植穴，每穴施用酵素高温堆肥3～4千克、酵素腐殖酸肥1～2千克，使之与土混匀，腐解沉实。栽植时，每穴再增施45%硫酸钾复合肥2～3千克、硼砂50～60克，混匀后覆盖表土，栽培荔枝苗。幼树栽植后30天左右长出新根，开始追肥。福建果农在定植后头3年每年追肥6次。广东果农在定植后1～2年内每月追肥1次，以酵素发酵液肥、化肥为主，第三、第四年每年追肥4次，每季追肥1次，肥量由少到多、由稀到浓逐渐增加。

2. 结果树追肥 荔枝进入结果期后，栽培管理重点是既要保证当年果实丰收，又要兼顾翌年及往后的丰产。在7月份之前施肥管理的中心目标是实现当年丰收，采果后到年底中心目标转为促进结果后树体的尽快恢复，培育健壮秋梢成为下年的结果母枝。

（1）促花肥 主要是增强开花前树体营养，促进花芽分化，形成健壮的花穗，提高坐果。促花肥一般在花芽分化期前10～20天进行，即早熟种宜在1月上旬，晚熟种宜在1月下旬施促花肥。以酵素高温堆肥为主，配合化肥，每株施酵素高温堆肥3～5千克、酵素腐殖酸肥1～3千克、45%三元复合肥0.5～1千克。

（2）壮果肥 主要满足树体营养，促进果实发育，保果壮果，改善果实品质，减少生理性落果。早熟种一般在4月上旬，晚熟种在5月下旬追施，每株施45%硫酸钾复合肥1～1.5千克。幼果膨大期用酵素叶面肥500～600倍液，配合0.5%尿素、0.2%磷酸二氢钾作根外追肥，每隔10～15天喷施1次，连续喷2～3次，对老树、弱树和坐果数多的树效果明显。

（3）促梢肥 主要补充因结果和采收后树体的养分消耗，适时萌发秋梢，为翌年结果做好准备。对早熟种、健壮树宜在采收后进行，晚熟种、弱树和挂果多的树宜在采收前10～15天施用。以氮肥为主，适当配合磷、钾肥，每株用45%高氮型三元复合肥1～1.5千克。叶面喷施酵素叶面肥500～600倍液，配合0.5%尿素、0.2%～0.3%磷酸二氢钾，对采收后树体恢复生长，减缓衰老有良好的效果。

此外，荔枝喜硼，生产上在花期叶面喷施酵素叶面肥500～600倍液，配合0.3%～0.4%硼砂，每隔5～7天喷1次，连续2～3次，或每株追施硼砂100～150克，能取得显著的增产效果。

十二、酵素在菠萝上的应用

（一）菠萝的需肥特点

菠萝是热带水果，属多年常绿草本植物，产量高，养分需要量大。据研究，生产1 000千克果实，需要氮（N）3.8～7.0千克，磷（P_2O_5）1.1～1.6千克，钾（K_2O）7.4～10.8千克，钙（CaO）2.2～3.6千克，镁（MgO）0.5～0.8千克。不同生育期对氮、磷、钾的吸收比例不同，营养生长期为1∶0.6∶1，开花结果期为1∶1.4∶3.9。可见，菠萝需要较多的氮和钾。随着生育期的推进，磷、钾的比例显著增加，尤其是钾，需要量很大。

菠萝根系分气生根和地下根，其所需的养分主要通过根外吸收。气生根着生于地上茎和叶腋处，能吸收水分和养分；地下根较浅，长有菌根，有助于养分吸收。

（二）科学施肥技术

1. 基肥 定植前施入，以酵素高温堆肥、饼肥为主，每667米^{2}施酵素高温堆肥500～1 000千克、发酵饼肥30～50千克、酵素腐殖酸肥40～60千克。

2. 追肥 按季进行。每一季追肥分壮苗肥、花芽分化肥、壮蕾肥、功能催芽肥和壮芽肥。壮苗肥，当秋季定植的小苗营养生长到基本封行时，应注意追施氮肥，并适当配合磷、钾肥，每667米^{2}施用尿素10～20千克、过磷酸钙15～20千克、硫酸钾8～10千克。花芽分化肥，在菠萝花芽分化前30天施用，每667米^{2}施45%硫酸钾复合肥15～20千克、硼砂3千克；叶面喷施酵素叶面肥500～600倍液，配合0.2%磷酸二氢钾、0.2%硼砂，以增加小花数。壮蕾肥，在抽蕾前的头年底至翌年早春进行，以促进花蕾壮大。每667米^{2}施酵素发酵液肥20～30升，配合尿素10～15千克、硫酸钾10～15千克作追肥。功能催芽肥，于开花后施用，每667米^{2}用硫酸钾25～30千克，以促进果实膨大和各类芽体抽生。壮芽肥，采收后选留的芽是次年的结果植株，应重视追肥，每667米^{2}施尿素20～25千克、酵素腐殖酸肥40～80千克。生长季节，用酵素叶面肥600倍液，配合0.5%尿素、0.2%～0.3%磷酸二氢钾，每隔10～15天喷1次，连续喷2～3次，效果显著。

十三、酵素在香蕉上的应用

（一）香蕉的需肥特点

香蕉是多年生常绿大型草本植物，产量高，需肥量大。据分析，每生产1 000千克香蕉，需要氮（N）9.5千克，磷（P_2O_5）2.4千克，钾（K_2O）21.2千克。在香蕉的生长发育过程中，前期对养分需求量较大，对养分较敏感，尤其对氮的需求量较大，施肥时应切实注意。

（二）科学施肥技术

香蕉的施肥量，每年每 667 米^{2}用氮（N）20 千克、磷（P_2O_5）10～20 千克、钾（K_2O）40～80 千克。施肥时主要掌握两个关键时期。

1. 从定植至花芽分化前　即在定植或留芽后开始施肥，到花芽分化前，应将大部分肥料施完，约占全年总施肥量的 70%～80%，以酵素高温堆肥、酵素腐殖酸肥、尿素、复合肥为主。通常分 3 次进行。第一次施肥通常在 2 月份进行，此时新根刚发生，每 667 米^{2}用酵素高温堆肥 500～1 000 千克、酵素腐殖酸肥 40～60 千克、45%三元复合肥 20～25 千克、酵素有机肥 30 千克、硫酸镁 10 千克。第二次于 4 月份在植株旺盛生长期进行，每 667 米^{2}用尿素 20～25 千克、硫酸锌 2 千克。第三次在植株形成“把头”时，每 667 米^{2}用 45%三元复合肥 15～20 千克、硼砂 1～2 千克，以促进花芽分化及提早现蕾。

2. 果实生长发育期　施肥量占全年总量的 20%～30%，通常分两次施用。第一次在母株果实发育和吸芽生长时施用，每 667 米^{2}用 45%三元复合肥 30～40 千克、硫酸钾 25～35 千克。第二次在 10 月份进行，以酵素高温堆肥为主，每 667 米^{2}施酵素高温堆肥 500 千克，配合过磷酸钙 30～50 千克，以利越冬和翌年生长发育。

十四、酵素在大樱桃上的应用

（一）大樱桃的需肥特点

大樱桃主根不发达，须根和水平根很多，在土壤中分布也很浅，主要集中在 20～30 厘米的土层中。适合疏松、肥沃、透气的中性至微酸性的沙壤土，最适宜 pH6.0～7.5。栽培 3 年以下的幼树以施用氮肥为主，适当补充磷肥，促进搭建结果枝；4～6 年初果期幼树既要长树又要结果，施肥上要控氮、增磷、补钾；7 年以上结果树，需要增施氮、磷、钾、中微量元素，还要补充腐殖酸、氨基酸和微生物肥料，以提高树体营养水平，保证产量和品质。一年中，大樱桃的展叶、抽梢、开花、结果、成熟都集中在生长季节的前半期，而花芽分化又是在果实采收后较短时间内完成的，坐果期的营养主要来自树体储备养分，因此冬前树体储备养分的多少直接影响翌年树势及结果。大樱桃从展叶到果实成熟前需肥量较大，采果后至花芽分化盛期需肥量次之，其余时间需肥量较少。因此，重点抓好秋施基肥和花期、采收后两次追肥。

（二）科学施肥技术

1. 秋施基肥 一般 9～10 月，每 667 米^{2}施用酵素高温木屑堆肥 1 000～2 000 千克、土壤酵母 100～200 千克、酵素腐殖酸肥 50～75 千克、腐殖酸复合肥 25～30 千克。在距离树干 50 厘米处向外挖 4～6 条放射状施肥沟至树冠外缘，里窄外宽、里浅外深，避开粗根。肥料与土拌匀，施后覆土，适当镇压、浇水，防止根系上浮。

2. 花期追肥 初花期尽早追施酵素菌液肥、含腐殖酸水溶肥料、含氨基酸水溶肥料、高氮型大量元素水溶肥料，也可追施腐殖酸复合肥，每株追施 500～1 000 克，促进开花、坐果和枝叶生长。花期叶面喷施 0.2%腐殖酸硼、0.2%磷酸二氢钾，配合酵素叶面肥 600 倍液，可提高坐果率、含糖量和着色度。

3. 采收后追肥 果实采收后，于 7～8 月，每 667 米^{2}追施高级粒状肥（高级有机质发酵肥料）100～200 千克、磷酸粒状肥 150～200 千克，保证花芽分化，防止树体徒长。采收后至落叶前，每次浇水冲施天惠绿肥，每 667 米^{2}用量 10～20 升。结合喷药叶面喷施中微量元素，配合酵素叶面肥 600 倍液，喷施 2～3 次，保证中微量元素的供应，提高树体营养，预防缺素症的发生。

第三节 酵素在大田经济作物上的应用

一、酵素在棉花上的应用

（一）棉花的需肥特点

棉花的生长发育经过苗期、蕾期、花铃期和吐絮期等阶段。一般每生产皮棉 100 千克需吸收氮（N）7～8 千克，磷（P_2O_5）4～6 千克，钾（K_2O）7～15 千克。棉花的不同生育期对养分的吸收数量和比例是不同的。苗期由于气温低，生长缓慢，植株小，吸收养分较少，苗期棉花吸收氮占总吸收氮量的 5%，磷占 3%，钾占 2%，这一时期需肥量虽少，但比较敏感。现蕾到始花期，随着植株的生长速度加快，吸收数量和速度加快，吸收氮占总吸收氮量的 11%，磷占 7%，钾占 9%。从始花到盛花期，吸氮量迅速增加至 56%，磷占 24%，钾占 36%。盛花至吐絮期，吸氮量占总吸收氮量的 23%，磷占 52%，钾占 42%。可见，进入花铃期氮、磷、钾的吸收先后达到峰值，而且吸收速率很高，是施肥的关键时期。进入吐絮期到拔秸，吸氮量仅占 5%，磷占

14%，钾占11%。随着气温下降，生长逐渐停止，吸肥能力减弱，植株逐渐衰老。

（二）科学施肥技术

1. 基肥 棉花属深根作物，生育期长，养分吸收多，因此，基肥要充足。以有机肥为主，每667米^{2}施酵素高温堆肥200～300千克、尿素3千克、过磷酸钙20千克、氯化钾10千克。

2. 种肥 施用种肥可促进种子发芽，有利于幼苗生长，尤其是在施肥用量较少时，效果较明显。一般种肥用速效氮、磷肥，每667米^{2}用硫酸铵2～3千克、过磷酸钙4～5千克，与酵素高温堆肥混合施用。种肥应尽量减少与种子的直接接触。用营养钵育苗时，不需要种肥。

3. 苗肥 苗肥主要是促进茎叶和根的生长，虽然苗期需肥少，但较敏感。苗肥要早施、轻施、偏施，即在2～3叶时，每667米^{2}施尿素3千克左右。对弱苗和补栽苗，可适当增加施肥次数，以促进棉花苗全、苗齐、苗壮。

4. 蕾肥 棉花进入蕾期，营养生长和生殖生长同时存在，施肥不足，植株矮小，蕾少，脱肥，缺乏高产的基础；若施肥过多，极易引起徒长，影响生殖生长，导致蕾、铃脱落。生产上，要稳施蕾肥，对土壤沙性重或山岭薄地棉花，蕾肥则应早施重肥，每667米^{2}施尿素2～3千克，或用45%硫酸钾复合肥5～10千克。

5. 花铃肥 花铃期是棉花开花结铃最关键的时期，也是施肥量最大的时期。要根据棉花植株的生长势和土壤状况，分3次追肥。第一次是稳施初花肥，以有机肥和磷、钾肥为主，每667米^{2}用酵素腐殖酸肥20千克、过磷酸钙8～10千克、氯化钾5～6千克，结合中耕，开沟施入。第二次要重施盛花肥，初花后20天左右，植株下部已开始结铃，此时适当重施肥通常不会造成徒长，并能促进棉花早结桃，多结桃，减少蕾铃脱落。一般每667米^{2}施尿素5千克、过磷酸钙5～7千克、氯化钾6～8千克，有条件的可增施酵素腐殖酸肥10千克。第三次是补施秋桃肥。此时追肥要适时、适量，防止植株早衰，每667米^{2}施尿素5千克。

6. 微肥 棉花喜硼、喜锌，生产上除注意在施基肥时增施硼砂、硫酸锌外，可在花铃前期，用酵素叶面肥500～600倍液，配合0.1%～0.2%硼砂、0.2%硫酸锌溶液，每隔7～10天喷1次，连喷2～3次，均能收到良好的效果。

二、酵素在花生上的应用

（一）花生的需肥特点

花生品种较多，其需肥略有差异，一般每生产 100 千克荚果需要氮（N）5～6 千克，磷（P_2O_5）0.9～1.2 千克，钾（K_2O）1.9～3.5 千克，钙（CaO）2.5～3 千克。花生还需要大量的硼和钼，以满足植株生长发育根瘤菌固氮的需要。不同生育期花生对氮、磷、钾的吸收量是不同的。幼苗期，花生对氮、磷、钾的吸收，早熟品种分别占全生育期吸收总量的 4.7%、6.3%、7.4%，早熟品种吸收量稍大于晚熟品种。开花下针期，早熟品种对氮、磷、钾的吸收分别占到全生育期吸收总量的 58.4%、58.0%、74.4%，而晚熟品种分别占到 33.5%、20.8%、49.8%。此时早熟品种已达到吸肥高峰，而晚熟品种仍未达到吸收高峰（钾除外），此时，根瘤菌固氮能力增强，已能提供相当部分氮素。结荚期，早熟品种对氮、磷、钾吸收量开始减少，分别占吸收总量的 23.7%、15.5%、12.4%；而晚熟品种吸收量达到高峰，分别占 53.8%、64.7%、36.9%。花生对钙的敏感期在果针入土后的 10～30 天，而荚果膨大时需钙量最大。饱果成熟期，早熟品种对氮、磷、钾吸收分别占吸收总量的 10.8%、18.3%、0.6%，晚熟品种分别占 8.0%、8.2%、5.9%，养分吸收明显减少，但此时荚果继续充实，仍需维持一定的养分。

（二）科学施肥技术

1. 基肥 花生以基肥为主，基肥施用量一般占总用肥量的 70%～80%。通常每 667 米^{2}施酵素高温堆肥 300～500 千克、酵素腐殖酸肥 25 千克，并配施尿素 5～6 千克、过磷酸钙 20 千克、氯化钾 10～12 千克。施用时，粗肥铺底，细肥盖面，肥土充分混合均匀。肥料不宜同种子接触，以防伤及种子。

2. 追肥 花生追肥要根据土壤肥力状况和植株生长势来确定追肥次数和用量。一般出齐苗后，结合第一次中耕除草，随水冲施一次氮肥，每 667 米^{2}用碳酸氢铵 8～10 千克。始花期要重施一次追肥，每 667 米^{2}用尿素 3 千克、过磷酸钙 8～10 千克、氯化钾 3～5 千克。此时可配合追施 50 千克石灰，以满足荚果对钙的需要。在幼苗期和盛花期，叶面喷施酵素叶面肥 400～600 倍液，配合 0.1%～0.2%钼酸铵溶液，以促进根瘤的形成。在初花和盛花期，叶面喷施酵素叶面肥 500～600 倍液，配合 0.2%～0.3%磷酸二氢钾、0.5%尿素溶液，可促进荚果膨大，防止叶片早衰，有利于增产。

三、酵素在烟草上的应用

（一）烟草的需肥特点

烟草生育期短，成熟相对集中，养分需要量大，吸收强度高。据研究，每生产100千克干烟叶，需要氮（N）2.3～2.6千克，磷（P_2O_5）1.2～1.5千克，钾（K_2O）4.8～6.2千克。烟草不同生育期吸收养分是有变化的，从播种出苗至2～3片真叶时，吸收氮、磷、钾少；4～8片真叶时，吸收量迅速上升；9～10片真叶时，养分吸收最多，氮、磷、钾吸收量占幼苗期吸收总量的68.4%、72.8%、76.7%。大田期，夏烟吸肥高峰在移栽后40～70天，氮的吸收量占全生育期吸收总量的60%，磷占45%，钾占50%。之后吸收下降，收获前15天内对磷、钾的吸收又趋上升，磷的吸收量占全生育期吸收总量的35.9%，钾占22.8%。春烟的养分吸收高峰在移栽后45～75天，氮素吸收量占全生育期吸收总量的44%～50%，磷占50%～70%，钾占50%～60%。以后阶段养分吸收趋势同夏烟相似。

（二）科学施肥技术

1. 苗床肥 主要是培育壮苗。苗床要施足基肥，适时追肥。苗床基肥以有机肥为主，每平方米施烘干鸡粪10千克、过磷酸钙250～500克、硫酸钾350～400克。有条件的，另加酵素腐殖酸肥1～2千克。苗床追肥从“十”字期开始由少到多进行，一般追肥2～3次。第一次追肥，每平方米用尿素5～8克、磷酸二氢钾5克，随水冲施。以后每隔10～15天施1次。定植前3～5天要控制肥水，以增加幼苗抗逆性。

2. 基肥 大田基肥要充足，每667米^{2}施酵素高温堆肥500～1 000千克、酵素腐殖酸肥15～20千克、酵素有机肥20千克，并配施过磷酸钙15～20千克、尿素3～4千克、硫酸钾3～5千克，结合整地，撒施和穴施相结合。

3. 追肥

（1）定根肥 定植时，每667米^{2}用尿素2千克、过磷酸钙2.5千克兑水，浇入定植穴。用水稳苗法定植，可促使缓苗成活。

（2）促长肥 以氮肥为主，每667米^{2}用尿素4～8千克，分次在30天内施入，即分别在定植后10天和25天时进行。烟草生长中后期，叶面喷施酵素叶面肥500～600倍液，配合0.2%～0.3%磷酸二氢钾溶液，每隔10～15天施1次，连续喷施2～3次，对提高产量和质量都有良好的效果。

四、酵素在茶树上的应用

（一）茶树的需肥特点

据研究，生产100千克干茶，需要氮（N）12.5千克，磷（P_2O_5）3.1千克，钾（K_2O）5.0千克。茶树对养分的需求随着生长发育而变化。幼茶树主要以发根、长叶和长枝为主，需肥量逐年增加。成龄树是茶树生长最旺盛的时期，养分吸收利用能力强，需要有充足的养分。老龄树，植株生长发育相对稳定，养分的供应主要满足新梢产量的需要，根据不同季节的采茶情况，合理提供养分。进入衰老期，养分吸收减少，生殖生长旺盛，此时，合理供应养分，有利于树体恢复。

茶树在一年中，对氮、磷、钾等养分的吸收各个时期也不一样。对氮的吸收多在4～6月、7～8月、9月、10～11月，其中前两个时期吸收最多，占全年吸收总量的50%以上。磷的吸收主要集中在4～7月和9月。钾的吸收则以7～9月最多，约占全年吸收总量的50%以上。

（二）科学施肥技术

1. 常规施肥技术 茶树施肥要按树龄区别对待。

（1）基肥 通常在秋冬季进行。对于成龄茶园，每667米^{2}用酵素高温堆肥1 500～2 500千克，配施45%硫酸钾复合肥40～50千克，在离根20～50厘米处开沟施入。

（2）追肥 茶树追肥按季节进行。春季，主要在茶芽鳞片及新叶初展时施用，占全年追肥总量的40%。成龄茶园，每667米^{2}追施酵素发酵液肥10～20升、尿素20～40千克、硫酸钾8～10千克，有利于发芽。夏季，在春茶结束后立即进行，用量占全年追肥总量的30%，有条件的可追施酵素光敏色素肥。同时用酵素叶面肥500～600倍液，配合0.5%尿素、0.2%～0.3%磷酸二氢钾溶液进行根外追肥。秋季，在夏茶摘完后进行，用量占全年追肥总量的30%。追肥时配施磷、钾肥可提高品质，增加产量。成龄茶园，氮、磷、钾的配合比例为6∶2∶1或4∶2∶1。绿茶要提高氮的比例，而红茶则应提高磷、钾的比例。

2. 有机茶追肥技术

（1）基肥 选用酵素高温堆肥、饼肥和生物有机肥，每667米^{2}施酵素高温堆肥2 500～3 500千克、发酵饼肥50～75千克、酵素腐殖酸肥80～120

千克。

(2) 追肥　选用酵素发酵液肥、酵素光敏色素肥和酵素腐殖酸肥。春季宜用酵素发酵液肥，每 667 米^{2}用 50～60 升；秋季宜用酵素腐殖酸肥，每 667 米^{2}用 30～40 千克。

(3) 叶面喷肥　全生育期，用酵素叶面肥 500～600 倍液，每隔 10～15 天喷施 1 次，连续 3～4 次。绿茶适当早喷施，红茶可适当提高喷施浓度，可显著提高茶叶品质。

五、酵素在桑树上的应用

(一) 桑树的需肥特点

桑树是多年生落叶木本植物，每年多次采叶，从土壤中带走大量养分。据分析，生产 100 千克鲜桑叶约需氮（N）1.5～2 千克，磷（P_2O_5）0.8～1.2 千克，钾（K_2O）1.0～1.6 千克。桑树不同生育时期养分需求有差异。春季桑树抽生新芽，在第五片叶子展开前，所需养分主要依靠树体内贮藏营养，当第六、第七片叶子展开时，枝叶生长迅速，养分吸收加快。到春蚕期，桑树进入旺盛生长期，养分吸收出现第一个高峰期。夏伐后，根系吸收养分停滞，随着新芽的再度萌发，桑树枝叶迅速生长，逐渐进入第二个生长旺盛期，养分吸收相应达到第二个高峰期。进入秋冬季，桑树生长缓慢，养分吸收减少，直至休眠。

(二) 科学施肥技术

桑树施肥，应根据需肥特点确定用肥量和施肥时期。按每年每 667 米^{2}产鲜桑叶 200 千克计，需要施氮（N）30～35 千克、磷（P_2O_5）12～14 千克、钾（K_2O）15～17 千克，氮、磷、钾比例为 5∶3∶4。

1. 春肥　在发芽前和采叶前 30 天分两次追肥。用肥量占全年的 20%～30%，以氮肥为主。每 667 米^{2}每次追施尿素 8～12 千克，酵素光敏色素肥 10～15 升。

2. 夏肥　占全年用肥量的 50%～60%，分三次施用。第一次在夏伐后立即施用，每 667 米^{2}用酵素有机肥 40～80 千克，配合 45%硫酸钾复合肥 15～25 千克。第二次在夏蚕结束后，每 667 米^{2}用 45%硫酸钾复合肥 10～15 千克。第三次在早秋蚕结束后进行，每 667 米^{2}用尿素 10 千克、过磷酸钙 15～20 千克、硫酸钾 5～10 千克。

3. 冬肥 以酵素高温堆肥为主，每667米^{2}用酵素高温堆肥200～300千克，配合酵素腐殖酸肥20～30千克。其作用是培肥土壤，有利于桑树安全越冬和翌年的生长。

桑树生长季节，可进行叶面喷肥，以补充土壤供肥的不足。用酵素叶面肥500～600倍液，配合0.3%～0.5%尿素、0.2%～0.3%磷酸二氢钾溶液，效果良好。用于养种蚕的桑树，应适当多用酵素腐殖酸肥和酵素叶面肥。

六、酵素在甘蔗上的应用

（一）甘蔗的需肥特点

甘蔗产量高，需肥量大。据研究，每生产100千克原料甘蔗平均需要氮（N）1.4千克，磷（P_2O_5）1.0千克，钾（K_2O）2.0千克，氮、磷、钾比例为1∶0.7∶1.4。甘蔗不同生育期对养分的吸收数量和比例有所不同。萌芽期，所需养分主要依靠种子本身贮藏营养。幼苗期，随着新根和叶的不断发生，开始从土壤中吸收少量养分，吸收氮、磷、钾的量分别占吸收总量的3%、1%、4%。分蘖期，植物不断生长分蘖，养分吸收量增加，氮、磷、钾的吸收量分别占吸收总量的12%、14%、17%。伸长期，随着梢头部、叶和根的大量生长和不断更新，以及茎秆的迅速伸长，对氮、磷、钾的吸收量明显增加，吸收量分别占吸收总量的55%、65%、65%。伸长期的始期是甘蔗营养的最大效率期，也是施肥的关键时期。成熟期，甘蔗的生长渐缓直至停止，需肥量也逐渐减少，但氮、磷、钾的吸收量仍分别占到吸收总量的30%、20%、14%，以供植株各部分代谢的需要及蔗糖的进一步积累。

（二）科学施肥技术

1. 基肥 甘蔗喜肥、耐肥，充足的基肥可促进甘蔗根系发达，发芽快、分蘖壮，为后期生长打下良好的基础。一般每667米^{2}基施酵素高温堆肥300～500千克、酵素腐殖酸肥20～30千克、45%硫酸钾复合肥10～15千克，有条件的，增施酵素有机肥15～20千克。

2. 苗肥 为了促进甘蔗分蘖早生快发，要及早施提苗肥。当幼苗基本出齐，3～4片叶子时施用，每667米^{2}施尿素3～4千克、过磷酸钙5～6千克、硫酸钾2～3千克。

3. 分蘖肥 分蘖肥要根据实际情况来确定施肥次数和施肥量。当基肥、提苗肥充足，甘蔗幼苗粗壮，可适当少施；反之，若幼苗瘦弱，生长势差，则应适当增加施肥量，并增加追肥次数。一般每 667 米^{2}施尿素 5～7 千克。

4. 攻秆肥　甘蔗进入拔节伸长期是甘蔗一生中生长最快、生长量最大、吸肥最多的时期，必须重施攻秆肥。每 667 米^{2}施酵素高温堆肥 300～400 千克、尿素 7～8 千克、硫酸钾 5 千克。

5. 壮尾肥　甘蔗生长后期，生长减缓，但养分不足影响糖分积累，也不利于地下部蔗芽的孕育，因此应增施一次壮尾肥。每 667 米^{2}用尿素 2～3 千克，兑水冲施，并结合高培土。壮尾肥不宜过迟过多，以免造成贪青晚熟。

特别指出，甘蔗是一种需硅较大的作物，叶子中含硅量高达 4.5%，应注意及时补硅。通常，当土壤中有效硅含量低于 100 毫克/千克时，就应当补硅。硅肥宜在基肥中施用，每 667 米^{2}用土壤酵母 100～150 千克，效果更佳。

甘蔗在伸长期和成熟期，用酵素叶面肥 600～800 倍液，配合 0.5%尿素、0.2%～0.3%磷酸二氢钾溶液，进行 2 次叶面喷施，对于提高含糖量十分有利。

七、酵素在甜菜上的应用

（一）甜菜的需肥特点

甜菜是重要的糖料作物，从春播和秋季肉质根的收获为营养生长阶段，此时期甜菜根系发达，叶丛茂盛，单位面积产量高，养分需要量大。翌年母株春栽到种子收获为生殖生长阶段，养分吸收相对较少。据研究，春播甜菜每生产 1 000 千克肉质根需要氮（N）4.5 千克，磷（P_2O_5）1.5 千克，钾（K_2O）5.5 千克。春栽母株每生产 100 千克甜菜种子需氮（N）3.5 千克，磷（P_2O_5）1.0 千克，钾（K_2O）4.6 千克。甜菜对养分的需求量随各生育期的不同而有差异，肉质根生长阶段和种子生产阶段需肥情况也有差异。肉质根生长阶段，苗期吸收养分较少，吸收量仅占吸收总量的 15%。叶丛繁茂期和肉质根糖分增长期是形成地上部营养器官和地下贮藏器官的关键时期，肉质根糖分增长期氮、磷、钾的吸收已占到吸收总量的 71.9%、49.5%、53.3%。进入糖分积累期，虽然养分吸收有所下降，但仍维持一定的水平，为糖分的积累和转化提供养料。对于种子生产来说，生长前期所需养分主要靠母株提供，吸肥高峰主要在抽薹前后，此时是施肥的关键期。

（二）科学施肥技术

1. 肉质根生产施肥技术

（1）基肥　基肥用量因产量水平、土壤条件等而有所不同。每 667 米^{2}用酵素高温堆肥300～500千克、酵素腐殖酸肥10～20千克。

(2) 种肥　种肥在播种时施用，每667米²用尿素1.5千克、过磷酸钙5～6千克、硫酸钾1.5千克，避免与种子直接接触。

(3) 追肥　分两次追肥。第一次在定苗后施用，每667米²施用45%硫酸钾复合肥15千克。第二次在封垄前结合中耕施用，每667米²追施尿素3千克、过磷酸钙7～10千克、硫酸钾3～5千克。生长后期，用酵素叶面肥500～600倍液，配合0.5%尿素、0.2%～0.3%磷酸二氢钾溶液，每隔10～15天喷施1次，连用2～3次。

2. 种子生产施肥技术

(1) 基肥　每667米²基施酵素高温堆肥300～500千克、土壤酵母30～50千克、过磷酸钙20～30千克、氯化钾8～10千克。

(2) 种肥　每667米²用土壤酵母20～50千克、过磷酸钙5～10千克。

(3) 追肥　在抽薹前施用，每667米²用45%硫酸钾复合肥10～15千克。

(4) 叶面肥　抽薹至开花前喷施。用酵素叶面肥500～600倍液，配合0.1%～0.2%硼砂、0.2%～0.3%磷酸二氢钾溶液，每隔5～7天1次，连用2次。

八、酵素在芝麻上的应用

(一) 芝麻的需肥特点

芝麻是一种高档油料作物，生育期短，但需肥量较大。据研究，每生产100千克芝麻籽粒需氮（N）6.2千克，磷（P_2O_5）2.7千克，钾（K_2O）6.7千克。不同生育期对养分的需求差异很大。苗期吸收氮、磷、钾占全生育期总吸收量的12.3%、6.5%、11.2%，主要用于根、茎、叶的生长。现蕾后到初花期，芝麻生长加快，但养分吸收增幅不大，氮、磷、钾的吸收分别占吸收总量的17.5%、13.6%、17.0%。进入盛花期，茎叶生长最快，并有大量花蕾和蒴果形成，氮、磷、钾的吸收分别占到43.9%、34.0%、49.4%，此时是氮、钾的最大效率期。盛花后，芝麻进入成熟期，茎叶等营养生长缓慢，蒴果中种子形成并趋向成熟，油分、蛋白质在种子内积累。成熟期氮、磷、钾的吸收分别占到吸收总量的26.3%、45.9%、22.4%。保证适当养分，能维持植株体内正常的生理机能，防止植株早衰。

(二) 科学施肥技术

1. 基肥　芝麻需肥量大，生育期短，应重施基肥。每667米²基施酵素高温堆肥 200～300 千克、酵素腐殖酸肥 20～40 千克、尿素 8～10 千克、过磷酸钙 20～30 千克、硫酸钾 5～6 千克。由于芝麻根系较浅，基肥应浅施，集中施用。

2. 追肥

（1）苗期 一般在定苗之后立即施用，每 667 米^{2}追尿素 1～2 千克。

（2）花前 花前追肥是关键，应适当重施，每 667 米^{2}追施尿素 3～4 千克、硫酸钾 3～4 千克。

（3）花期 芝麻生长后期，叶面喷施酵素叶面肥 500～600 倍液，配合 0.2%～0.3%磷酸二氢钾溶液，每隔 5～7 天 1 次，连续 2 次，能增加蒴果数，提高结籽率和含油量。

九、酵素在向日葵上的应用

（一）向日葵的需肥特点

向日葵需肥量比粮食作物大。据研究，每生产 100 千克籽粒，食用向日葵需氮（N）6.22 千克，磷（P_2O_5）1.33 千克，钾（K_2O）14.60 千克；油用向日葵需氮（N）7.44 千克，磷（P_2O_5）1.86 千克，钾（K_2O）16.6 千克。向日葵不同生育期对养分的需求量是不同的。苗期吸肥量少，氮、磷、钾的吸收占全生育期吸收总量的 14%、20%、25%。花蕾期，植株生长速度加快并伴随着生殖生长，养分吸收量增加，对于食用向日葵，吸收氮、磷、钾分别占吸收总量的 9%、26%、23%，油用向日葵分别占吸收总量的 25%、15%、27%。开花期，花和花盘生长旺盛，又有茎叶生长，养分吸收也进入旺盛期，对食用向日葵来说，氮、磷、钾的吸收分别占到吸收总量的 42%、27%、24%；油用向日葵分别占到 31%、30%、24%。进入成熟期，种子形成并不断充实，向日葵仍需要一定数量的氮、磷、钾，食用向日葵分别占到吸收总量的 35%、27%、28%；油用向日葵分别占到吸收总量的 30%、35%、24%。后期供肥不足，同样影响油脂和蛋白质合成积累，导致产量和品质下降。

（二）科学施肥技术

1. 基肥 每 667 米^{2}基施酵素高温堆肥 200～300 千克、酵素腐殖酸肥15～20 千克、过磷酸钙 30～40 千克、氯化钾 20～30 千克。

2. 追肥 一般在现蕾前追一次肥，每 667 米^{2}用尿素 5～8 千克、过磷酸钙

10～15 千克、氯化钾 5～8 千克。

3. 叶面喷肥 花期和籽粒成熟期，用酵素叶面肥 500～600 倍液，配合 0.1%～0.2%硼砂、0.2%～0.3%磷酸二氢钾溶液作根外追肥 2～3 次，可促进向日葵籽发育，提高产量和品质。

十、酵素在油菜上的应用

（一）油菜的需肥特点

油菜生育期长，需肥量较大。据研究，每生产 100 千克油菜籽，需吸收氮（N）9～12 千克，磷（P_2O_5）3.0～3.9 千克，钾（K_2O）8.5～12.3 千克。油菜不同生育期对养分需求不同。苗期以长根、长叶为主，对氮需求较多，在苗期约 150 天时间内，吸收的氮占吸收总量的 44%，磷、钾分别占到 20%、24%。进入抽薹期，主茎迅速伸长，根颈增粗，枝叶增多，特别是大分枝的花芽分化剧增，养分吸收迅速增加，在短短的 30 天内，吸收的氮、磷、钾分别占到吸收总量的 46%、22%、54%，是氮、磷、钾吸收强度最大的时期，也是油菜需肥最多的时期。开花结荚期，氮、钾吸收量减少，而磷的吸收增加，充足的磷素供应，有利于提高种子的含油量。

（二）科学施肥技术

1. 基肥 每 667 米^{2}施用酵素高温堆肥 200～300 千克、酵素腐殖酸肥 10～15 千克、45%硫酸钾复合肥 10～12 千克、硼砂 1 千克作基肥。

2. 追肥

（1）苗期 分 2 次追肥，促进壮苗，促发一次分枝。一次在移栽后 5～7 天，每 667 米^{2}追施尿素 2～3 千克；第二次在 5～6 片叶展开时，每 667 米^{2}追施尿素 4 千克，促进花芽分化，壮根、壮茎、壮叶。

（2）抽薹期 于抽薹初期追肥，每 667 米^{2}追施 45%硫酸钾复合肥 15～20 千克。

（3）开花结籽期 当花薹长至 50 厘米高时追肥，每 667 米^{2}追施尿素 3 千克、硫酸钾 5 千克。

3. 叶面喷肥 油菜终花前后根据植株生长势进行根外追肥，用酵素叶面肥 500～600 倍液，配合 0.2%～0.3%磷酸二氢钾溶液，每隔 7～10 天 1 次，连续 2 次，可增加籽粒重。此外，补硼有良好的增产效果。

第四节　酵素在花卉上的应用

一、酵素在花卉培养土上的应用

（一）花卉培养土的基本原料及处理方法

1. 腐叶土　由阔叶植物的落叶堆积腐熟而成，其中以山毛榉和各种栎树的落叶形成的腐叶土比较好。秋季，将各种树木落叶收集起来，拌入少量的粪肥，加足水分，用落叶干重的 0.5%酵素菌和 2%麸皮充分拌匀后，撒入料堆中，堆成高 1～1.5 米、宽 1.5～2 米、长数米的长方体堆。每 10 天翻堆 1 次，使堆内疏松透气，有利于好气性微生物的活动。但堆料不可过于潮湿，否则透气性差，造成厌气菌发酵，养分散失严重，影响腐叶土质量。经过半年左右的堆积，春季用粗筛过筛，经蒸汽消毒后即可使用。筛出的粗料继续堆积发酵，仍可使用。

腐叶土含有大量的有机质，疏松、透气、透水性能好，保水保肥性能强，质地较轻，是传统的优良花卉培养用土。适宜栽培多种花卉，尤其是盆栽花卉，如各种秋海棠、仙客来、大岩桐、天南星科观叶花卉，以及多种地栽兰花、多种观赏蕨类植物等。

2. 堆肥土　又称腐殖土。农林植物的残枝落叶、农作物秸秆、蔬菜秧蔓、果树剪枝等都可作为原料。选避风、稍遮阴、地势不太低、不被雨水冲刷的地方做堆肥地点。堆肥时，先将物料加水淋透，在地面铺上一层（30～40 厘米），后撒入 0.5%酵素菌、1%麸皮和 2%钙镁磷肥，再撒一层堆肥原料，如此反复。一般堆高 1.5～2 米、宽 2.0～2.5 米，长度不限。当堆内温度上升至 60℃左右时翻堆一次，重新堆好，并适当补充水分。后每 15～25 天翻堆一次，经 180～240 天即可完成。过筛后的堆肥土需经蒸汽消毒，以进一步杀灭害虫、虫卵、有害病菌及杂草种子。

堆肥土稍次于腐叶土，但仍是优良的培养土。

3. 泥炭土　又称草炭、泥炭、黑土。通常分高位泥炭和低位泥炭。高位泥炭内含大量的有机质，分解程度较差，氮和灰分含量较低，酸度高。低位泥炭一般分解程度较高，酸度较低，灰分含量高。

泥炭土含有大量的有机质，疏松、透气、透水性能好，保水保肥能力强，质地轻，是优良的花卉培养土。泥炭在形成过程中，经长期的淋溶，本身的肥力一般，在使用时按 0.5%～1.5%比例加入酵素腐殖酸肥，效果良好。

（二）花卉培养土的四种配方

配方1：田园土∶酵素高温堆肥∶河沙∶草本灰＝4∶2∶1∶1。这是一种轻肥土，适用于一般盆栽花卉，如一品红、菊花、四季海棠、文竹、瓜叶菊、天竺葵等。

配方2：酵素高温堆肥∶泥炭土∶田园土＝1∶1∶4。这是一种重肥土，适用于偏酸性花卉，如米兰、金橘、茉莉、栀子花等。

配方3：田园土∶酵素高温堆肥∶河沙＝1∶2∶1。适用于偏碱性花卉，如仙人掌、仙人球、宝石花等。

配方4：田园土∶砻糠灰＝1∶1。适用作扦插或播种基质。

二、酵素在花卉上的应用

（一）适合花卉栽培的酵素肥

1. 酵素高温堆肥 多用于配制花卉培养上，添加比例为10％～30％。适合各种木本和草本盆栽花卉。

2. 土壤酵母 多用于繁殖、扦插苗圃。用于苗床培养土，添加比例5％～10％。

3. 酵素有机肥 适于多种花卉作追肥使用。

4. 酵素发酵液肥 适于多种花卉作追肥使用。

5. 酵素光敏色素肥 适合多种观叶花卉，如散尾葵、鱼尾葵、绿帝王、绿萝、文竹、花叶芋、发财树等。

6. 酵素叶面肥 适合各种花卉作叶面喷施肥，尤其具气生根的花卉，如兰花等使用效果突出。

7. 酵素腐殖酸肥 适合所有花卉。

（二）酵素在花卉上的应用实例

1. 牡丹 牡丹是毛茛科芍药属多年生落叶灌木。肉质根，较能耐旱，怕长时间积水。

栽培牡丹时，忌用黏土，应选择排水良好的中性沙质土壤，株施酵素腐殖酸肥25～50克，与园土充分混匀。牡丹栽植时不宜过深，否则会引起烂根。牡丹喜肥，用酵素发酵液肥、酵素有机肥作追肥，使用量可视植株生长势、大小等而定，一般每株每次用量不超过50克。施后及时浇水，有利于根系的加快吸收。叶面喷施酵素叶面肥有改善牡丹营养，保持植株健壮，提高花朵质量，提高观赏性能的作用。

2. 梅花　梅花属蔷薇科李属落叶小乔木。喜阳光充足及温暖湿润的条件，宜栽植在背风向阳、通风良好的地方。梅花对土壤要求不严格，耐瘠薄，以中性至微酸性土壤最为适宜。

在栽培管理期间，梅花每年最好施3次肥，即在秋季至初冬施基肥，每株施酵素高温堆肥1～2千克，酵素腐殖酸肥0.2～0.5千克。在含苞待放前追施少量速效肥，每株追施硝酸铵钙50～100克。第三次是在新梢停止生长后，适当控制水分，并追施适量的过磷酸钙和氯化钾等，以促进花芽分化。

3. 菊花　菊花属菊科菊属多年生宿根草本花卉。菊花喜阳光充足及气候温暖，耐半阴及短时间弱光。地栽要求土壤肥沃、疏松。

在栽培管理中，通常追肥2～3次。基肥以酵素高温堆肥为主，茎叶旺长期以速效氮肥为主，每株用尿素3～5克。现蕾期，每株追施酵素光敏色素肥、酵素发酵液肥和45%硫酸钾复合肥，追肥量视植株大小和生长势而定。初花期，叶面喷施酵素叶面肥500～600倍液，每隔7～15天1次，连续3～4次，可明显提高花朵质量。

4. 月季　月季为蔷薇科蔷薇属多年生落叶灌木。喜阳光充足、空气流通并能避干冷风的环境，切忌将其栽植在山阴面、高墙和树荫下。

月季栽培以疏松肥沃、排水良好的微酸性土壤为好。栽植之前施足基肥，以生物有机肥为宜。生长季节每月追施一次发酵肥。5～6月是盛花期，此时可适当加大施肥量，增施氮磷钾复合肥。7～8月天气炎热，施肥量要减少。待到9月份，天气渐凉爽，月季进入第二次盛花期，施肥量也应酌情增加。但注意少施氮肥，多施磷、钾肥，保证植株生长健壮，利于安全过冬。特别指出，由于月季易患茎腐病，在扦插或栽植时，用土壤酵母按5%比例处理土壤，可有效减少病虫害发生。

5. 兰花　兰花喜温暖、湿润和半阴的环境。中国兰花喜中性或微酸性水，可用酵素叶面肥兑水500～600倍浇施。春、夏季旺盛生长期多浇水，秋季稍干些，冬季忌盆土长期潮湿。空气湿度高对兰花生长有利，干燥时应向花盆周围多喷水，以增加空气湿度。春末至秋初均需遮阴，冬季给予较强光照。兰花生长期需要追施肥料，每15天施用1次酵素发酵液肥，随水浇施，肥料要淡，不宜太浓。

6. 杜鹃花　杜鹃花属是杜鹃花科的一个大属，性喜湿润、凉爽的环境。

杜鹃花是喜肥花卉，但肥料不宜过浓，要淡肥勤施。旺盛生长期间每

15～20 天追施 1 次酵素发酵液肥或酵素光敏色素肥。杜鹃花喜铁，生长期间，用酵素叶面肥 500～600 倍液，配合 0.2%硫酸亚铁溶液，每隔 5～7 天喷 1 次，连续 3～4 次，效果良好。杜鹃花应避免使用含钙肥料。

7. 山茶花 山茶花又名茶花、耐冬、山椿等，为山茶科常绿灌木或小乔木。性喜半阴的环境。

山茶花栽培用土，要求微酸而疏松，碱性土壤对其生长不利。基肥以酵素高温堆肥为主。追肥可用酵素发酵液肥，配合硫酸亚铁，每 10～15 天施用 1 次。花前用酵素叶面肥 500～600 倍液叶面喷施或浇灌，对山茶花生长开花十分有利。

8. 桂花 桂花又名木樨、岩桂，为木樨科常绿乔木。喜光，耐寒力较强。适合用泥炭土或腐叶土加酵素腐殖酸肥作基肥，配成培养土，要求疏松、透气、排水良好。春、夏、秋三季桂花生长旺盛，每 15～20 天追施 1 次酵素发酵液肥。北方盆栽桂花容易出现干叶尖的现象，是盆土过于黏重或长期不换盆造成的，可用酵素高温堆肥或酵素光敏色素肥克服。

第五节 酵素在粮食作物上的应用

一、酵素在小麦上的应用

（一）小麦的需肥特点

据研究，每生产 100 千克小麦籽粒需氮（N）2.8 千克，磷（P_2O_5）0.9 千克，钾（K_2O）2.9 千克。小麦不同生育期对养分的吸收数量和比例是不同的。对氮的吸收有两个高峰期：一是在出苗至拔节阶段，氮的吸收占吸收总量的 40%左右，主要用于分蘖；二是拔节到孕穗开花阶段，吸收量占到 30%～40%。小麦对磷、钾的吸收在分蘖期约占吸收总量的 30%，拔节以后迅速增加，钾在拔节期到孕穗期吸收最多，约占吸收总量的 60%；磷的吸收以孕穗到成熟期为最多，约占吸收总量的 40%。因此，小麦苗期应施适量的氮、磷、钾，促进幼苗多发根，早分蘖，以达到壮苗的标准。拔节至孕穗期是小麦吸收养分最大效率期，要及时足量的供肥，以巩固分蘖成穗，促进壮秆、增粒。抽穗扬花以后应保持良好的氮、磷、钾营养，以防脱肥早衰，促进籽粒饱满。

（二）科学施肥技术

1. 施足基肥 一般基肥占总施肥量的 60%～70%，每 667 $米^2$ 用酵素高温堆肥100～200千克或厩肥1 500～2 000千克、尿素10千克、过磷酸钙40千克、氯化钾7～10千克。

2. 种肥　小麦播种时，施用适量化肥作种肥，能促进小麦生根发苗，提早分蘖，尤其是对晚茬小麦或基肥不足的小麦，效果更加显著。用作种肥的尿素每667米^{2}用量为1.5～2千克、过磷酸钙3～4千克、45%硫酸钾复合肥3～4千克。

3. 苗肥　在三叶期施用，每667米^{2}用尿素5千克，以促根增蘖，增加有效分蘖。

4. 巧施返青肥　为了巩固冬前分蘖，促进年后分蘖，要早施一次返青肥，每667米^{2}用碳酸氢铵20千克、过磷酸钙10千克。

5. 拔节孕穗期　小麦拔节孕穗期，是一生中生长最旺盛的时期，养分需肥量大，如果脱肥将导致小麦早衰；但施肥过多，会造成植株徒长，不利于幼穗分化发育。因此，此时追肥应看苗情，对于弱苗，叶色淡绿发黄的田块，应早施拔节肥，提高分蘖成穗，力争多穗、大穗。每667米^{2}用尿素3～5千克，兑水冲施。对于生长健壮的麦苗，应主攻大穗，拔节期适当控制肥水，使茎秆基部粗壮，防止倒伏，待叶色自然褪淡，第一节间定长，第二节间迅速伸长时，再追肥。每667米^{2}追施尿素3千克，兑水冲施。对于群体大，叶面积系数高，叶色浓绿的旺长苗，可不追肥。到剑叶露尖时，发现叶色褪淡时，可补施一次孕穗肥，每667米^{2}用45%三元复合肥3～5千克。小麦生育期用酵素叶面肥500～600倍液，配合0.3%～0.5%尿素、0.2%～0.3%磷酸二氢钾溶液进行叶面喷肥，可获得良好的效果。

二、酵素在玉米上的应用

（一）玉米的需肥特点

据研究，每生产100千克玉米籽粒，需要氮（N）2～4千克，磷（P_2O_5）0.7～1.5千克，钾（K_2O）1.5～4.0千克。玉米不同生育期对养分的需求状况不同。苗期由于植株小，生长慢，对养分吸收数量少。拔节孕穗到抽穗开花期，玉米生长速度迅速加快，营养生长和生殖生长并进，吸肥量明显增多。开花授粉之后，吸收量逐渐下降。春玉米和夏玉米相比，夏玉米对氮、磷的吸收更集中，吸收高峰也来得早。一般春玉米苗期拔节前吸收氮占吸收总量的2.1%，拔节至抽穗开花期占51.2%，抽穗后占46.7%；而夏玉米苗期吸氮占9.7%，拔节至抽穗开花期占78.4%，抽穗后占11.9%。春玉米对磷的吸收量，苗期占1.1%，拔节至抽穗开花期占63.9%，抽穗后占35.0%；夏玉米对磷的吸收量，苗期占10.5%，拔节至抽穗开花期占80.0%，抽穗后占9.5%。玉米对钾的吸收，春玉米、夏玉米在拔节后迅速增加，于开花期达到峰值。

（二）科学施肥技术

1. 施足基肥 每667米^{2}施用酵素高温堆肥100～200千克、氯化钾3～5千克。化肥应避免与种子直接接触。

2. 轻施苗肥 玉米3～4片叶时，每667米^{2}追施尿素3千克。

3. 巧施拔节肥 春玉米拔节肥多在植株7～9片叶展开时施用，每667米^{2}追施尿素3～5千克、氯化钾2～3千克，有利于发达根系，茁壮茎秆，增加穗数，穗大粒多，防止空秆和倒伏。沙壤土要特别注意镁、钾的补充。

4. 重施攻苞肥 当玉米长至大喇叭口时，正是玉米雌雄花器官发育旺盛期，是决定果穗大小、籽粒多少和花粉生活力强弱的关键时期，也是玉米吸水吸肥的高峰期，每667米^{2}重施45%含氯复合肥25～35千克。

5. 增施粒肥 粒肥应根据玉米生长势而定，若攻苞肥不足，果穗节以下黄叶多，出现脱肥时应增施粒肥。粒肥在玉米果穗吐丝时施用，每667米^{2}施尿素2～3千克，或用酵素叶面肥500～600倍液，配合0.3%～0.5%尿素、0.2%～0.3%磷酸二氢钾溶液叶面喷肥，每隔10～15天1次，连续2～3次，可收到良好效果。对于缺锌、缺硼的田块，在拔节期、孕穗期分别用酵素叶面肥500～600倍液，配合0.2%～0.3%硫酸锌、0.1%～0.2%硼砂溶液叶面喷肥，均有显著的增产效果。

三、酵素在水稻上的应用

（一）水稻的需肥特点

据研究，每生产100千克稻谷需氮（N）1.3～3.2千克，磷（P_2O_5）0.8～1.6千克，钾（K_2O）2.8～4.3千克。从各生育期吸收氮、磷、钾养分来说，分蘖至孕穗期是吸收的高峰期，占吸收总量的60%～70%，其中对氮的吸收，分蘖期略多于孕穗期；对磷、钾的吸收，则以孕穗期为多。从齐穗到成熟，氮、磷、钾的吸收仍占较大比例，占20%～30%。对于杂交水稻，生育后期仍需要维持一定的养分供应。

（二）科学施肥技术

1. 重施基肥　基肥施用量占施肥总量的60%～70%，每667米^{2}用酵素高温堆肥200～300千克、尿素3～5千克、过磷酸钙10～15千克、氯化钾3～5千克。水稻喜硅，每667米^{2}增施土壤酵母20～30千克，对于水稻生长十分有利。

2. 早施追肥　第一次追肥在插秧后5～7天进行，用肥量占总用肥量的30%左右，每667米^{2}追施45%含氯复合肥15～25千克。

3. 后期补肥　幼穗抽生后，每667米^{2}追施45%三元复合肥3～5千克，并用酵素叶面肥500～600倍液，配合0.2%～0.3%磷酸二氢钾溶液作根外追肥，每隔10～15天1次，连用2次，可防止早衰，增加生长后期光合产物的积累，从而提高产量。

四、酵素在大豆上的应用

（一）大豆的需肥特点

据研究，每生产100千克大豆籽粒需氮（N）7.0～9.5千克，磷（P_2O_5）1.3～1.9千克，钾（K_2O）2.5～3.0千克。大豆根系长有根瘤菌，生长所用氮素仅一半来源于根瘤菌的固氮作用，其余来自土壤。大豆还需要一定量的硼和钼。大豆各生育期需肥情况不同。氮的吸收，出苗至开花期占全生育期吸收总量的20%；开花至鼓粒期占到55%；成熟期占到25%。磷的吸收，出苗至开花期占到15%；开花结荚期占到60%，达到峰值；结荚至鼓粒期占到25%。钾的吸收，出苗至开花期占到32.2%，高于氮、磷的吸收比例；开花至鼓粒期占到61.9%；成熟期仅占到5.9%。结荚期是大豆吸收氮、磷、钾养分最多的时期，而且吸收率高，如果管理不当，极易造成脱肥。

（二）科学施肥技术

1. 基肥　每667米^{2}施酵素高温堆肥200～300千克、酵素腐殖酸肥10～15千克、45%含氯复合肥10～15千克作基肥。

2. 种肥　大豆拌种肥能促进根系生长，增加根瘤菌数，提高固氮能力，使茎秆粗壮、枝多、荚多、粒多而饱满。常用的拌种方法有2种：一是大豆根瘤菌拌种。即每5千克大豆种子，用根瘤菌剂25克，清水250克，在盆中把种子与菌剂充分拌匀，晾干后播种。二是钼肥拌种。即每5千克种子用钼酸铵

5～10 克，清水 250 克，水烧开后将钼酸铵溶解，冷却后拌种，晾干后播种。

3. 合理追肥 大豆的追肥要根据基肥的施用和植株长势来确定。若基肥充足，苗期和花芽分化期可不追肥；反之，若发现幼苗弱黄，应追施尿素。开花结荚期是大豆需肥最多的时期，且此时基肥和前期追肥已大量消耗，应重施一次追肥。每 667 米^{2}追施尿素 2～5 千克、氯化钾 7～8 千克，在开花前 5 天穴施。

4. 根外追肥 苗期至开花前，用酵素叶面肥 500～600 倍液，配合 0.05%～0.1%钼酸铵溶液进行叶面喷肥，每 7～10 天 1 次，连续 2～3 次。若开花前，叶面喷施酵素叶面肥 500～600 倍液，配合 0.1%～0.2%硼砂溶液，可促进花蕾饱满，荚果籽粒多，秕粒少，大大提高大豆的结实率。

五、酵素在甘薯上的应用

（一）甘薯的需肥特点

据研究，每生产 1 000 千克鲜薯，需氮（N）4.9～5.0 千克，磷（P_2O_5）1.3～2.0 千克，钾（K_2O）10.5～11.5 千克。甘薯是一种喜钾作物。甘薯所需养分，不同生育期吸收有明显的阶段性。在生育前期，包括发根缓苗期和分枝结薯期，这一时期的生长中心由发根转化为茎叶和块根，应力争早分枝，早结薯、多结薯。生长前期，氮、磷、钾的吸收量分别是全生育期吸收总量的 37.8%、26.9%、39.3%。进入生长中期，即从封垄开始到茎叶生长最高峰时，是茎叶旺长、块根膨大的时期，生长前期形成的块根在此时迅速膨大，养分吸收量迅速增加，氮、磷、钾分别占到吸收总量的 41.5%、61.8%、55.4%。生长后期，氮、磷、钾的吸收量分别占到吸收总量的 20.7%、11.3%、5.3%。此时块根迅速生长，茎叶生长逐渐停滞，养分吸收减少，并向块根转移。

（二）科学施肥技术

1. 基肥 甘薯多以起垄栽培，基肥应施于垄底，每 667 米^{2}基施酵素高温堆肥 200～500 千克、酵素腐殖酸肥 15～20 千克、45%硫酸钾复合肥 10～15 千克。

2. 追肥

（1）提苗肥 在栽植后 15 天施用，目的是促使茎叶早发，为吸收根的形成提供营养，每 667 米^{2}追施尿素 2～3 千克。

（2）结薯肥　栽后30～40天，要施足肥，以促进结薯，早封垄，每667米^{2}追施尿素3～4千克。

（3）催薯肥　一般在栽后45～50天进行，每667米^{2}施尿素2～4千克、硫酸钾6～8千克。可兑水浇灌入垄背的缝隙中。

3. 根外追肥　在甘薯生长后期，根系吸收能力减弱，为了维护茎叶生长，防止早衰，可采用叶面喷肥补充营养。用酵素叶面肥500～600倍液，配合0.5%尿素、0.2%～0.3%磷酸二氢钾溶液，每隔10～15天喷1次，连续2～3次，对促进块根膨大和提高品质有一定的作用。

第八章

酵素在食用菌生产上的应用技术

酵素含有多种生命活性物质，在食用菌生产上具有很高的应用价值。酵素与食用菌有着互惠互利关系，两者相辅相成，尤其是酵素的科学使用可实现部分食用菌“生料”栽培，大大降低生产成本，提高生产效率。

第一节　酵素在平菇栽培上的应用技术

平菇（*Pleurotus ostreatus*）也称侧耳、糙皮侧耳，台湾称秀珍菇，为担子菌门伞菌目侧耳科一种类，是栽培广泛、十分常见的灰色食用菇。据测定，每100克鲜平菇中含有蛋白质1.9克，脂肪0.3克，碳水化合物4.6克，膳食纤维2.3克，钾258毫克，磷86毫克，镁14毫克，钙6毫克，钠4毫克，铁1毫克，烟酸3.1毫克，维生素C 4毫克，维生素E 0.79毫克。平菇蛋白质含有18种氨基酸，其中8种必需氨基酸占氨基酸总量的35%以上。平菇中的蛋白多糖体对癌细胞有很强的抑制作用，能增强机体免疫功能。

一、平菇品种选择

平菇品种多，选择时要注意平菇的温度类型，以及平菇品种对栽培料的分解特性。平菇按温度类型分为：

低温型：子实体形成的适宜温度为8～18℃。投料时间为9月下旬至12月中旬。

中温型：子实体形成的适宜温度为13～24℃。投料时间为8月中旬至9月上旬，或1月上旬至2月上旬。

高温型：子实体形成的适宜温度为18～30℃。投料时间为3月中旬至4月上旬。

广温型：子实体形成的适宜温度为11～30℃，黄淮地区除盛夏季节外均可投料。

栽培者根据品种的温度类型，结合上市期，来确定栽培时间。

不同的平菇品种对栽培料的分解特性不同，可分为木腐型、草腐型和兼腐型三种。栽培时要根据平菇对栽培料的分解特性确定原料比例。生产上，对于以农作物秸秆为主的栽培料，若选择了木腐型品种，轻则产量低，重则失败。

二、培养料制作

（一）原料选择与处理

主料主要有麦秸、豆秸、玉米秸、玉米芯、稻草、木屑、树枝、中药渣、棉籽壳等，辅料有牛粪、马粪、鸡粪、麸皮、米糠、酒糟、玉米粉、棉籽饼、豆饼等。所选主料要求干燥、无霉变，辅料要求干净、干燥、新鲜。各种原料都要晒干、粉碎、过筛，物料直径小于5毫米。

（二）培养料配方

配方1：麦秸700千克，牛马粪250千克，麸皮50千克，磷酸二铵15千克，酵素菌2～3千克，水1.3～1.5吨。

配方2：麦秸350千克，木屑300千克，豆秸150千克，干鸡粪200千克，酵素菌2～3千克，水1.4～1.5吨。

配方3：玉米秸300千克，木屑300千克，棉籽壳200千克，干牛马粪200千克，磷酸二铵15千克，酵素菌2～3千克，水1.4～1.5吨。

配方4：麦秸或稻草500千克，豆秸200千克，木屑200千克，菜籽饼100千克，石膏粉20千克，酵素菌2～3千克，水1.3～1.5吨。

配方5：麦秸400千克，棉秸400千克，麸皮150千克，棉籽饼60千克，酵素菌2～3千克，水1.3～1.5吨。

配方6：棉秸800千克，干鸡粪200千克，尿素10千克，钙镁磷肥30千克，石膏粉20千克，麸皮30千克，酵素菌3～5千克，水1.2～1.3吨。

（三）堆料发酵

选定配方后，按照配方中各物料数量充分混匀，分3～5次加水，边加水边搅拌，不能发生流水现象，一次加水后，适当停一段时间，让干料吸收水分后，再进行下一次加水。当物料充分湿润后，堆成宽1.2～1.5米、高0.8～1

米的长方体料堆，然后用干净棉被盖严，进行发酵处理。当料温达到55～60℃时，维持1～2天，进行翻堆；翻堆后重新堆成原来的形状，料温再次升至60℃，维持1～2天，进行第二次翻堆。以此类推，前后共堆积、翻堆4次即可。

栽培料发酵应掌握以下四点：

（1）发酵场地要保持干净整洁卫生，经常喷洒杀虫剂，减少蚊蝇滋生。

（2）物料加水要均匀，物料含水量控制在65%左右。

（3）翻堆要及时、均匀充分，保持物料疏松，严禁踩踏压实。

（4）发酵时间控制在7～9天为宜。发酵期过短发酵不充分，发酵期过长养分损失大。

优质培养料的标准：

（1）栽培料腐熟均匀，颜色一致，呈棕褐色。

（2）物料质地松软，富有弹性，爽利不黏。

（3）物料发出酵香味，无酸腐味。

（4）物料表面有白色菌丝出现。

（5）物料含水量60%左右，pH 6.0～6.5。

（6）碳氮比为（35～40）：1。

（四）发酵料后处理

选择在室内水泥、瓷砖地面上进行，先把室内用1%漂白粉喷雾消毒，地面用2%石灰水清洗冲刷干净。将发酵好的培养料运到室内，按100千克干料加石膏粉2～3千克、甲醛200～300毫升，拌匀，覆盖塑料薄膜，静置6～8小时后摊开，当温度降至30℃时，开始用于平菇栽培。

三、平菇微孔袋栽培法

（一）微孔袋的制作

选择28厘米×（0.025～0.033）厘米的聚乙烯筒料，截成52厘米长，每30～40条叠放整齐，沿筒袋横向按宽度“5.5、5.5、10、10、10、5.5、5.5”厘米用缝纫机跑空针打孔，打孔时将针距调至最大。

（二）准备菌种

将平菇栽培种从瓶或袋中取出，用手掰成花生米大小的菌种块，注意菌种只能用手轻轻地掰，不能用手搓。菌种用量占物料湿重的8%～10%。

（三）装袋栽培

先将微孔袋一端用塑料绳扎好，扎绳离袋口2.5厘米，撒上一层平菇菌种，摊平，装一层料，适当压实，料面跟微孔平齐时，再撒一层菌种，再装料，直至第四层菌种播种好，用直径2～2.5厘米的圆木棍，从料柱中心自上向下打一通孔，最后将袋的末端收拢扎好。

装袋标准：

（1）料柱长30厘米。平菇菌种播在微孔处，每袋用菌种300～400克。

（2）装好的栽培袋每袋重3.5～4千克。

（四）发菌期管理

将装好的菌袋顺序排放到经过消毒处理的发菌场所，排放方式根据气温决定。当气温高于20℃时，应单袋平放或立放，袋间保留3～5厘米间隙；当气温在15℃左右时，菌袋应排成3～5层的单排垛；当气温低于10℃时，菌袋应排成4～6层的双排垛，并在上面覆盖塑料薄膜或棉被。

发菌期管理要点：

（1）遮光，不要让阳光直接照射，尽量创造黑暗环境。

（2）控制菌袋内料温，保持在22～28℃，当料温接近28℃时，要及时翻垛降温。千万不能超过33℃。

（3）经常通风换气，保持发菌场所空气清新。

在适宜条件下，大约20天菌袋中菌丝发满，30天分化原基。

（五）出菇期管理

平菇出菇可在室内、塑料大棚、半地下菇棚中进行。一般每吨投料需要25～39米^{2}的场地。先将出菇场所清理干净，再用0.2%多菌灵和2%石灰水喷洒消毒。将分化原基的菌袋排成6～8层、南北走向的菌墙。

1. 开袋方式　采用单头定点开袋法。具体做法：从原基分化好的一端，选择原基大的部位，用刀片将菌袋割破，露出鸡蛋黄大小的地方，每袋开1个点。另外，开袋时要一层开这头，另一层开那头，间隔进行。

2. 开袋后管理　开袋后做好以下四个方面的管理：

（1）根据平菇品种的温度类型控制出菇温度。

（2）给予适量的散射光，光照强度控制在200～400勒克斯。

（3）调节湿度。空气相对湿度保持在85%～95%，在此范围内采取干湿交替的管理方法，喷水时应向空间喷，水滴越细越好。注意在菌盖直径小于5厘米时不得向子实体喷水。

（4）加强通风换气，保持菇场内空气清新。原则是在对温度和湿度影响不大的前提下尽量通风换气。

（六）采收和补水

当子实体长到八成熟时即可采收，从基部切下。采后菌袋补水方法有三种：浸泡法、墙式覆土法和畦式覆土法。

1. 墙式覆土补水法 在出菇场内，整高16厘米、宽75厘米、长度不限的垛底，将菌柱脱去塑料袋。在垛底表面撒一层生石灰粉，摆放2排菌柱，两排之间留15厘米空隙，菌柱之间留3～5厘米空隙，向菌柱上撒一层生石灰粉，靠近两边用泥将菌柱粘牢固定，中间填满湿土并压实，再在上面放几根枝条或玉米秸，起到连接加固作用，以防菌墙向两边倒塌。依次像砌墙一样垒菌墙，高度6～8层，最后在墙顶面用硬泥筑1个10厘米深的水槽，墙两边的缝隙用泥抹好。每隔5～7天向水槽内加1次水。其他管理措施跟第一茬菇的管理相同，这样可连续采收，产量比常规栽培提高40%以上。

墙式覆土要注意四点：

（1）只有在冬季气温低时才能使用。

（2）菌柱发菌要好，有污染或未发满的菌柱不能上墙。

（3）只有出过1～2茬菇的菌柱才能进行墙式覆土。

（4）所用的覆土要疏松，无杂菌。如无把握，可先进行土壤消毒处理，中间填的土按照每100千克加150～200毫升甲醛溶液搅拌均匀，覆盖塑料薄膜，放置1～2天后使用；和泥时用2%的石灰水或0.2%的多菌灵溶液。

2. 畦式覆土补水法 在塑料大棚、小拱棚、庭院、果园中挖宽1米、深35厘米、长度不限的畦，将出过1～2茬菇的菌柱脱去塑料袋，平摆或直立放在畦中，菌柱间留3～5厘米的空隙，用土填平、压实，浇足水后，再在表面撒一层湿土，将菌柱盖严。在露天条件下，需搭架覆盖塑料薄膜或遮阳网，经7～10天，菌柱吸足水分和养分，将表面的覆土用水冲掉，露出料面，原基分化，子实体形成，还可采收2～3茬，产量比墙式覆土要高。

第二节 酵素在草菇栽培上的应用技术

草菇（*Volvariella volvacea*）又名兰花菇、苞脚菇，因常常生长在潮湿腐烂的稻草中而得名。草菇是一种重要的热带亚热带菇类，是世界上第三大栽培食用菌，我国草菇产量居世界之首，主要分布于华南地区。草菇肥大、肉厚、柄短、爽滑，营养丰富，味道鲜美。每100克鲜菇含维生素C 207.70毫克、糖分2.60克、粗蛋白2.68克、脂肪2.24克、灰分0.91克。草菇蛋白质中含有18种氨基酸，其中必需氨基酸占40.47%～44.47%。此外，还含有磷、钾、钙等多种矿质元素。

一、培养料的制备

（一）麦秸培育料的制备

1. 配方　麦秸1 000千克，纯干鸡粪或牛马粪250千克，麸皮100千克，红糖10千克，钙镁磷肥25千克，酵素菌2～3千克，水1 600～1 800千克。

2. 制备方法　在麦秸上喷水至含水量达到70%左右，把其他原料均匀撒到麦秸上，充分拌匀，堆成宽1.5米、高1.2米、长度不限的长方体料堆，表面覆盖棉被或草苫。当料堆温度达到60℃以上，维持2天，以后每隔1～2天翻堆1次，共翻4次。发酵结束后，将料堆摊开降温。每吨湿料添加石膏粉50千克，喷洒杀虫剂，充分调拌均匀后即可用于栽培。

（二）用平菇废料制备草菇培养料

1. 配方　平菇废料1 000千克，配合米糠400千克、麸皮150千克、红糖15千克、石膏粉30千克、酵素菌2～3千克，水1 600～1 800千克。

2. 制备方法　将平菇废料弄碎，加水使之充分吸足水分，再将其他物料顺序均匀掺入，充分拌匀，加水至含水量65%左右。将物料堆成宽1米、高0.8米、长度不限的长方体料堆，上盖棉被或草苫，进行避光发酵。当料温升至60℃时，维持2天进行翻堆，之后每天翻堆1次，发酵时间7～10天。发酵结束后将料堆摊开降温、按照每1 000千克湿料加入石膏粉40千克，喷洒杀虫剂后备用。

二、草菇栽培技术

（一）室内床架栽培

1. 床架搭设及其消毒　利用空闲房屋、仓库、养蚕室、烤烟房等都可进行草菇栽培。先将房屋清扫干净，内设床架，床架宽0.8～1米，长度1.5～3

米，每层间距50厘米，设3～5层。栽培前对菇房和床架进行严格消毒和杀虫。消毒可采用甲醛、高锰酸钾熏蒸法：每立方米空间用甲醛16毫升、高锰酸钾10克，熏蒸24小时。杀虫可选用敌敌畏600倍液喷雾。

2. 铺料接种 先在床架上铺一层塑料薄膜，然后铺料，料厚5～7厘米，沿四周撒菌种，播幅宽4～6厘米；再铺8～10厘米厚的一层料，沿四周播种；铺第三层料，料厚8～10厘米，在第三层料的上面均匀撒一层菌种，最后在上面撒一层1～1.5厘米厚的细料，整平压实，覆盖薄膜。播种量为物料湿重的8%左右。

（二）塑料棚畦式栽培

在蔬菜大棚、养鸡棚中均可栽培草菇。整畦，畦宽1米，深10～15厘米，长度不限。先向畦面撒施一层生石灰粉，铺料播种和室内栽培相同。料铺在畦中间，料宽65～70厘米，每边留15～17.5厘米的出菇区，然后向料面覆盖厚1～2厘米的湿土。

（三）草菇兜袋栽培

选择长90～120厘米、宽55～65厘米的塑料编织袋，袋内铺料8～10厘米厚，撒一层菌种，直至装满袋为止，将袋口扎好，平放或立放到室内或棚内，保温保湿，培养菌丝。

三、发菌期管理

（一）温度

控制料温在30～35℃，当料温超过35℃时，采取通风、喷水降温。当气温低于25℃时，采取增温措施。

（二）湿度

保持空气相对湿度80%～85%，经常用0.5%～1%的石灰水向料面喷雾。

（三）光照

发菌期尽量创造黑暗环境，避免阳光直射，否则会造成菌丝干缩死亡。

（四）通气

播种2～3天内，每天通气1次。当菌丝布满料面后，要加大通风量，每天通风 2～3 次，每次持续 20～30 分钟。

（五）控制 pH 值

草菇喜欢微碱性环境，菌丝生长适宜的 pH 值为 7.5～8.5。在发菌期料中会产生酸性物质，要经常向料面喷洒石灰水，浓度控制在 0.5%～1%，以达到偏碱性的目的。

四、出菇期管理

草菇播种后，在适宜条件下，10 天左右就会形成原基。原基出现后，向料面喷洒 1%～2%的石灰水，将空气相对湿度提高至 90%～95%，温度维持在 28～32℃。草菇具有恒温结实性，出菇温度恒定与否是决定草菇产量高低的关键因素。要给予充足的散射光，保持室内空气清新；经常向菇场中撒石灰粉，防止杂菌滋生；每隔 3～5 天，菇场喷洒杀虫剂，防治害虫。

五、采收

当菇体发育成鸡蛋形状，尚未破苞时采收。采收时要采大留小，每天采收 2 次。一般地，人工栽培草菇可出菇 2～3 茬，生物学转化率为 15%～30%。

第三节 酵素在金针菇栽培上的应用技术

金针菇（*Flammulina velutipes*）别名冬菇、朴蕈、毛柄金钱菌等。金针菇在我国分布广泛，栽培历史十分悠久。金针菇是秋冬与早春栽培的食用菌，以其菌盖滑嫩、柄脆、营养丰富、味美适口而著称于世，深受大众的喜爱。据测定，金针菇富含蛋白质，还含有多种维生素，且富含钙、磷、铁等多种矿物质，营养十分丰富。金针菇还含有 18 种氨基酸，其中含有 8 种人体必需的氨基酸，占总氨基酸含量的 42.29%～51.17%。

一、培养料的制备

（一）培养料配方

配方 1：阔叶树木屑 40%，玉米芯 38%，麸皮 20%，红糖 1%，石膏粉

1%，另加磷酸二氢钾0.2%、酵素菌0.2%。

配方2：棉籽壳30%，阔叶树木屑30%，玉米芯30%，干啤酒糟8%，石膏粉2%，另加磷酸二氢钾0.2%、酒石酸0.05%、酵素菌0.2%。

配方3：棉秆粉40%，棉籽壳40%，麸皮10%，玉米粉8%，蔗糖1%，石膏粉1%，另加酵素菌0.2%。

配方4：枝条粉40%，棉秆粉40%，纯干鸡粪18%，石膏粉2%，另加酵素菌0.2%。

（二）制备方法

选定配方，备好原料，料水比为1∶（1.2～1.3）；将蔗糖、磷酸二氢钾、酒石酸溶于水，制成拌料液；将各种物料与酵素菌混合均匀，用拌料液拌料，使物料的含水量达到65%左右；将拌好的物料堆成宽1米、高80厘米的长方体料堆，覆盖棉被或草苫。当料温达到60℃以上时，维持2天，进行第一次翻堆，之后每隔2天翻堆1次，共翻4次，发酵时间7～10天。发酵结束后将料堆摊开降温，准备接种栽培。

二、金针菇熟料栽培

（一）装料

用罐头瓶、原种瓶或塑料袋装料，用瓶时料装至瓶肩适当压实，中间打孔，500毫升罐头瓶装干料120～130克，用聚丙烯薄膜封口。750毫升原种瓶装干料180～200克，用棉塞堵口。塑料袋栽培时，应选用（15～17）厘米×30厘米×0.025厘米的聚丙烯袋，每袋装干料250～300克，适当压实，套上项圈，堵棉塞封口，或用无棉盖体封口。

（二）灭菌

将装好的瓶、袋装入高压蒸汽灭菌锅，当压力达50千帕时排气，连续排3次，然后将压力升至1 500～1 800千帕保持1.5小时。采用常压灭菌时，保持温度100℃，维持8～10小时。

（三）接种

把灭好菌的瓶、袋放到接种室或接种箱内，进行空间环境消毒和用具消毒灭菌。当温度降至30℃以下，按无菌操作要求进行接种，每瓶菌种可接种40～

50瓶或袋。

（四）发菌期管理

接种后在25～27℃下培育5～7天。当菌丝吃料后，将培养温度调整至20～23℃，经常通风换气，保持室内空气清新，尽量创造黑暗环境。当发现杂菌感染时，及时取走处理掉。经过25～30天可发满菌丝。

（五）出菇期管理

将发好菌的瓶或袋放在出菇房内。瓶栽金针菇要先去掉封口物，再在瓶口套上纸筒，筒高15厘米，也可套15厘米长的聚丙烯塑料筒。袋栽金针菇去掉封口物后，将袋口拉直即可。开口后，将温度降至8～15℃，空气相对湿度提高至85%～90%，每天向空间喷水雾2～3次。给予100～200勒克斯的散射光，最好从上部给光。通风采用缓慢透气的方法，因为空气中CO_2浓度对金针菇的质量影响很大，当CO_2浓度低于0.1%时，金针菇易开伞；当CO_2浓度高于0.2%时，会形成无菌盖的刺状金针菇。金针菇生长最适宜的CO_2浓度为0.13%～0.15%。当子实体长至15厘米高，菌盖为半球形时为适宜采收期。采收后整理料面，补充水分，再经10～15天，又可形成菇蕾，二茬菇管理同第一茬金针菇。一般可采收2茬。生物学转化率可达80%～120%。

三、金针菇生料压块栽培

金针菇生料栽培成本低，操作简单，关键是要抑制杂菌和低温发菌，投料时气温应稳定在12℃以下，黄淮海地区投料时间为11月下旬到12月中旬。

（一）菇场消毒

金针菇压块栽培可在室内或阳畦内进行，栽培前两天对栽培场所、床架、地面及用具用5%漂白粉溶液冲刷，然后喷500倍敌敌畏液，栽培前再用2%石灰水消毒。

（二）压块接种

压块模框规格为50厘米×40厘米×9厘米。先在床架或地面上铺地膜，将模框放好，铺第一层料，厚3厘米，撒一层菌种；铺第二层料，厚5厘米，撒一层菌种；铺第三层料，厚1厘米，将料面铺平，适当压实，拿掉模框，覆盖地膜。压一菌块需要湿料 7.5 千克、菌种 1.5 千克。压块时也可将地膜裁成一定大小，先放到模框里，播种后将地膜收拢包严后去掉模框。

（三）发菌期管理

发菌初期将温度控制在 8～12℃，当菌丝布满料面后，将温度升至 15～18℃。发菌期保持空气清新，菌丝布满物料后，每天掀动 1 次地膜。如果接种后 5 天还看不到菌丝萌发，需要揭开地膜，进行 1 次通风换气。保持黑暗环境。一般 30～40 天菌丝即能发好。

（四）出菇期管理

当料面开始吐黄水时，就可将地膜揭开，向料面喷洒 1%石灰水。温度控制在 10～13℃；向空间和菌块四周喷雾，保持空气相对湿度 85%～95%；将薄膜架高，离料面约 10 厘米，5～7 天菇蕾即可布满料面。

（五）适时采收

当菌柄长至 15 厘米时即可采收。采收后，清理料面，喷 1 次杀菌剂，如百菌清可湿性粉剂 600 倍液，以后每天向料面浇水 1 次，5～7 天补足水分，再经 7～10 天就能分化出原基，之后按第一茬出菇管理。压块栽培可采收 2～3 茬，生物学转化率 120%～150%，最高可达 170%。

第四节　酵素在鸡腿菇栽培上的应用技术

鸡腿菇（*Coprinus comatus*），学名毛头鬼伞，因其形如鸡腿，肉质似鸡丝而得名。鸡腿菇营养丰富、味道鲜美，口感极好，具有很高的营养价值。据测定，每 100 克干菇含有蛋白质 26.7 克，脂肪 2.3 克，膳食纤维 18.8 克，钾 4 053 毫克，磷 764 毫克，镁 119 毫克，钠 68 毫克，钙 9 毫克，铁 6.5 毫克，锌 4 毫克，硒 15.4 毫克，叶酸 352 微克，生物素 79.4 微克。栽培鸡腿菇需使用发酵料，利用酵素菌发酵原料栽培鸡腿菇技术，不仅原料发酵彻底和产量高，而且有较好的防病效果。

一、培养料配方

鸡腿菇分解纤维素、半纤维素的能力较强，分解木质素的能力较弱，一般以玉米芯为主料。

配方：玉米芯 30%，棉籽壳 30%，干牛粪 30%，麸皮 5%，过磷酸钙 1%，石膏 1%，生石灰 3%，另加酵素菌 0.5%。

二、栽培季节

鸡腿菇属于中温型菇类，宜在秋季栽培为好。具体时间为：6 月上旬制母种，6 月中旬制原种，7 月中旬制栽培种，8 月中、下旬生产栽培袋，9 月中、下旬开始覆土出菇，12 月底基本结束。

三、堆料发酵

7 月底至 8 月初气温较高，宜堆成高 1 米、宽 1.5 米、长不限的料堆，从堆顶每隔 30 厘米用直径 5 厘米木棍打洞到底，然后盖草帘保温发酵。堆料温度升至 65℃时保温 18 小时，然后翻堆，一般翻堆 3～4 次为宜。发酵好的料堆表面有一层白色的丝状放线菌，料呈咖啡色，pH 为 7，有酵香味，含水量约 65%。整个发酵周期为 7 天左右。

四、脱袋覆土

在地上式菇棚内做宽 1.5 米的畦床，畦与畦之间留 30 厘米的走道，床面高于人行道面。建畦之后要喷水保湿，喷敌敌畏、三氯杀螨醇等农药杀虫，并对整个菇棚使用硫黄熏蒸消毒，然后将发好菌的出菇袋脱去外袋进行覆土。覆土以从表土 30 厘米以下挖取含有腐殖质而又不过于肥沃的土为宜，挖取后先在烈日下晒干，再用 1%～1.5%甲醛和 0.3%～0.5%敌敌畏混合熏蒸消毒。土粒直径 0.5 厘米为宜。覆土先用 1%～2%石灰水预湿，一次性覆盖 3～5 厘米，以避免杂菌对栽培造成危害。

五、出菇前期管理

覆土后前 5 天以保温保湿、微通风为主，采用细喷勤喷的方法逐步调整好泥土的含水量，经常保持覆土层湿润以利于覆土层菌丝生长。喷水不能过勤过重，否则过多水分流入料内，造成料变质发黑影响出菇。温度控制在 22～

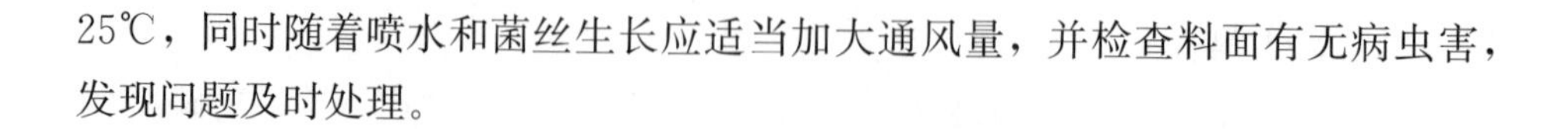

25℃，同时随着喷水和菌丝生长应适当加大通风量，并检查料面有无病虫害，发现问题及时处理。

六、出菇管理

覆土 7 天左右开始出菇，此时管理要做到：

1. 温差刺激 子实体形成需低温刺激。当温度降至 20℃以下、9℃以上时菇蕾会破土而出，根据此特点可人为加大温差。

2. 适当光照 子实体分化需要 500～1 000 勒克斯的散射光，子实体发育长大也需 500 勒克斯以上的光照，光线不宜过强，否则菇体变黄影响品质。

3. 水分管理 子实体开始形成阶段，以向空中喷雾增湿为主，要勤喷水、喷小水；子实体生长阶段，可往菇床上直接喷水，空气相对湿度保持在 85%～90%，湿度不宜过大过小，过大菇盖易发生斑点病，甚至烂菇，过小子实体表面易出现鳞片反卷。

4. 控温 温度宜维持在 15～20℃，超过 20℃应及时降温，以免开伞。低于 15℃应少通风，以保温为主。

5. 通气 鸡腿菇是好气性腐生菌，子实体形成和生长阶段需大量氧气，需大量通风，但通风应结合菇的大小和温湿度情况灵活掌握，一般出菇后每天通风 2～3 次，每次 30 分钟。低温季节中午通风，高温季节早晚通风，阴雨天通风时间长些，避免强风直接吹入菇床。

七、采收

鸡腿菇从原基到长大成熟是一个十分缓慢的过程，一旦临近成熟时，生长速度显著加快，菌柄很快伸长，菌环松动脱落，菌盖极易开伞，子实体易破碎，菌褶变黑而自溶，失去商品价值。所以，鸡腿菇最适采收期在菇蕾期菌环刚刚松动，子实体 5～6 成熟时。第一潮菇采收后停止喷水 2～3 天，后再向畦内喷重水，继续进行出菇管理，一般可收 3～4 潮菇，生物学转化率可达 100%。使用酵素菌的栽培畦 3 潮菇的生物学效率为 109%，较对照组（生物学效率为 98%）高 11%，后期发生鸡爪菇很少。

第九章
酵素农业及酵素农产品

第一节　酵素农业的提出

酵素农业的提出受到中医的启发。在医药领域，中医有着一整套的方法，针对病人的具体情况，采用“望、闻、问、切”等传统方法，结合现代中医药技术总结出的一整套解决方案，就是所谓的药方。

“是药三分毒”是中医论断，同样适合农业。对于土壤来说，凡是外源的投入品，都会在不同程度上对土壤理化性状和土壤微生物种群结构和数量产生影响。长期过量使用化肥造成土壤板结、酸化、盐渍化就是深刻的教训。

中医农业是创新将中医理论和中医药技术，应用于农业生产，以土壤健康、环境友好、生物多样性为基础，实现农产品安全、优质的可持续生产和建成具有中国特色的创新型现代生态健康农业。中医农业注重“尊重自然，关爱生命，相生相克，和谐共生”。

一、酵素农业概述

（一）酵素农业的定义

酵素农业是一种充分利用能够产生酵素的活性有益微生物群及其代谢产物来激发或调节动物、植物、菌类等自身正常生理生化反应，提高生物机体自然免疫力，以实现动物、植物、菌类最大生产潜能和农产品最佳质量的一种生产方式和管理模式。从本质上讲，酵素农业是另一种形式上的中医农业。

酵素农业源于自然农耕。酵素自然农耕是以农法自然为哲学，遵循大自然生态规律，以修复改良农田土壤，形成类似森林肥沃腐殖质土壤为核心，利用果蔬等厨余垃圾制作环保农用酵素，利用环保农用酵素提取森林腐殖菌，并利用环保农用酵素扩培森林腐殖菌堆肥，通过向农田施用环保农用酵素及森林腐殖菌堆肥和各种酵素液肥，而不用农药、化肥、除草剂、植物生长调节剂等非自然物质，逐步恢复构建农田土壤微生物多样性、植物多样性、动物多样性、菌物多样性，从而实现农田生物多样，万物和谐共生，土壤健康肥沃，农产品优质安全的一种可持续农业生产模式。

（二）酵素农业的基本原理

利用天然有机质材料和微生物发酵工艺技术，生产出具有营养、调理、植保、促生、抗逆、提质等功效的活性微生物及其代谢产物，能够激发生物体自身免疫系统，增强抗逆性，适应逆境环境，保持生物较长时间稳定或保持在较适宜的生长发育条件下，最终实现发育更好、产量更高、品质更佳、更加天然、更有营养。

（三）酵素农业的特点

1. 药食俱佳，道法自然 利用酵素菌技术生产的酵素农产品摒弃了化肥、农药、除草剂、植物生长调节剂等的使用，其营养更多的是通过发酵天然有机质材料生产出腐殖酸有机肥、生物有机肥和微生物菌剂来实现，促使农作物根系发达，吸收、转化土壤中潜在的营养，激发出固氮、溶磷和解钾的特性，还可将植物根系分泌的化感物质，尤其是自毒物质加以分解转化，克服土壤酸化、次生盐渍化和农作物自毒等连作障碍。发达的根系和优质肥沃的土壤保证了农产品的质量品质，其药理成分也能充分表达。

2. 循环利用，高效环保，可持续发展 农业生产在产出农产品的同时，也会产生大量的秧蔓、秸秆、尾菜、畸形果、病残果等，畜禽养殖和水产养殖也会产生大量粪污，这些有机质材料均可利用酵素菌来解决，变废为宝，重新利用。高亮、孙继发团队在山东省潍坊市发展的酵素大豆、酵素潍县萝卜、酵素菠菜、酵素韭菜、酵素生姜、酵素葡萄、酵素苹果、酵素大樱桃等，就是通过将畜禽粪污与菜地、果园中的秧蔓、枝条等充分混合，采用酵素菌高温固态发酵技术生产出生物有机肥，应用于蔬菜、果树生产，从而实现农业废弃物的循环利用，克服了困扰畜农的养殖环境污染问题和菜农的设施蔬菜连作障碍问题。

3. 土壤健康，地力持续提高 酵素农业倡导的是农业生产副产物经酵素菌生物转化后的循环利用。农作物秸秆、秧蔓、残果、尾菜等材料均来源于土壤，经生物酶转化后重新反哺土壤，不仅降低土壤容重，增加孔隙度和田间持水量，而且能补充植物营养，挖掘土壤潜在肥力，还能补充有益微生物，提升土壤物质转化和能量转换的效率，土壤有机质、腐殖酸含量逐年提高，加之矿质营养元素的科学合理添加，土壤肥力、地力和土壤的生产性能得以保持在良好水平并且逐年提高。

“酵素农业”的核心是“育好土”，好的土壤能给生于斯长于斯的生命以无限的关爱。而腐殖酸是土壤的本源性物质，腐殖酸联土、联肥、联生态，利用微生物酵素实现腐殖酸从土壤中来到土壤中去，是“培育好的土壤”的核心所在，或是“酵素农业”的实质所在！

二、腐殖酸在酵素农业上的应用探讨

酵素农业是一种充分利用外源生物酶来调动和调节生物自身生物酶系的表达，维持机体最佳生理机能，激发机体自然免疫力，以实现最大生产潜能和农产品最佳质量的一种生产方式和管理模式。生产酵素农产品（包括畜产品、水产品等）是农业循环经济的一环，是利用天然有机质材料，通过酵素菌生物发酵技术，生产出集营养、调理、植保于一体的生物制品；利用外源酶系激发内源酶系，促进生物机体内的生物酶系活力充分表达，自身免疫系统增强，抗逆性增强，生长发育环境不易被破坏，生物始终处于最佳生长发育状态，表现出发育更好、产量更高、品质最佳、更加天然、更有营养。

腐殖酸在农业生产上应用的历史实践证明，施用腐殖酸能够明显促进作物生长发育，增强抗逆性，提高产量，改善品质。酵素农产品的生产离不开腐殖酸新型肥料，腐殖酸在酵素农业生产中发挥着提质增效、促进资源循环利用、保持土壤健康等重要的作用。

（一）腐殖酸在酵素农业中提质增效

酵素农业的提出旨在保持土壤健康，预防污染，杜绝或减少化石原料的无序投入。酵素农业倡导药食俱佳，道法自然。酵素农业生产离不开微生物发酵技术，是通过发酵有机质材料促使农作物根系发达，吸收转化土壤中潜在肥力，进一步激发微生物固氮、溶磷和解钾的特性，克服土壤酸化、次生盐渍化和农作物自毒等连作障碍。

利用酵素菌可以好氧发酵木屑、锯末等生产高温堆肥，也可以发酵褐煤、中药渣等生产酵素腐殖酸肥，用于蔬菜、果树、粮食和经济作物生产，也可用于人参等中药材的生产。酵素腐殖酸肥在酵素农业生产中的突出作用是提质增效。刁亚娟研究发现，酵素菌肥对番茄有显著的促进生长作用，株高、茎粗和叶面积在生长发育中后期显著提高；酵素菌肥对番茄发育有一定的促进作用，与番茄产量提高极显著相关，增产率达37.23%～46.43%；酵素菌肥能显著改善番茄品质，糖酸比为6.30，明显高于对照的3.65。张歆等试验研究了酵素菌肥对生姜的增产作用及对姜瘟菌的抑制作用，结果表明，施用酵素菌磷酸粒状肥对生姜有显著的增产作用，且以酵素菌磷酸粒状肥与生牛粪混合作基肥增产作用最佳，比单施生牛粪作基肥每667米^{2}增产嫩姜317.28千克，增产率32.78%；其次，酵素菌磷酸粒状肥与牛粪处理区，比对照生牛粪每667米^{2}增产嫩姜132.09千克，增产率13.65%。刘秀春等试验发现，施用酵素菌肥的苹果百果重比对照增加2.8%～18.1%，苹果花青苷含量增加1.99%～33.8%，总糖含量提高1.01%，糖酸比提高0.26～12.75。王连君等研究了不同配方的酵素菌肥对藤稔葡萄的品质和产量的影响，结果表明，施用酵素菌肥的葡萄平均单果重比对照增加4.1g，平均单穗增重60.4克，可溶性固形物含量增加1.7%，可滴定酸降低0.2%，每100克鲜果维生素C含量增加0.6毫克。范咏梅等在新疆巴里坤县进行酵素菌肥应用试验。结果表明，施用酵素菌肥，小麦每667米^{2}平均单产462.2千克，比常规施肥对照平均单产增加10.6千克，增幅2.3%；每667米^{2}基施20千克、追施3千克酵素菌肥的组合效果最佳，平均单产505.1千克，比对照增产53.5千克，增幅11.8%。施用酵素菌肥可减轻小麦叶锈病、黑胚病的为害，平均叶锈病发病率比对照降低46.6%，黑胚病发病率平均比对照降低44.5%。施用酵素菌肥的小麦粗蛋白、湿面筋含量及面团最大强度、面团延伸性都有相应增加，尤其是沉降值增加20%，使小麦品质几乎跃升一个档次。

（二）腐殖酸生物菌剂发酵有机废弃物，变废为宝

酵素农业是通过酵素菌生物发酵农业废弃物，变废为宝。高亮等在山西省浮山市规模化养牛场和蔬菜基地进行试验研究，利用腐殖酸生物除臭菌剂改善养殖环境，将粪污与蔬菜秧蔓、残果等混合，采用高温固态发酵生产出腐殖酸生物有机肥，应用于设施蔬菜连作障碍综合治理，取得了良好效果，做到了园区内农业废弃物的充分利用，大大缓解了养殖环境污染和设施蔬菜连作障碍问题。

程红胜等研究了在猪粪发酵中添加生物菌剂可增加生物腐殖酸含量，但不同菌剂处理生物腐殖酸最大产出的发酵周期存在很大差异。任静等研究了在牛粪堆肥中接种微生物菌剂，可加速发酵材料中总腐殖酸和水溶性腐殖酸的转化与合成，从而提高了肥效。

（三）生物腐殖酸能够提高养殖效益，改善养殖环境

刘洋等以生物腐殖酸菌剂（BFA）对哺乳动物（SD 大鼠）的生理生化、肠道菌群等指标的影响为试验评价指标，初步探讨 BFA 用作功能性饲料营养添加剂的价值。将 4 种生物腐殖酸菌剂（分别为乳酸菌发酵 BFA、芽孢菌发酵 BFA、酵母菌发酵 BFA 以及三菌混合发酵 BFA）均按 1.5%的比例与常规饲料混合，并以未加入 BFA 的常规饲料为对照组，分组饲喂 SD 大鼠，观察实验组和对照组血常规、血生化指标、增重、料重比以及肠道菌群定量分析等指标的差异。血常规：乳酸菌发酵组的白细胞（WBC）、单核细胞（Mon）、中性粒细胞（Neu）较对照组降低，差异显著；芽孢菌发酵组中性粒细胞（Neu）较对照组降低，差异显著。血生化：乳酸菌发酵组的总蛋白（TP）、白蛋白（Alb）、白/球比值（A/G）较对照组升高，差异显著，总胆红素（TBIL）较对照组降低，差异显著；芽孢菌发酵组总胆红素（TBIL）较对照组降低，差异显著。增重：混合发酵组的总增重和日增重均显著高于对照组；乳酸菌发酵组、芽孢菌发酵组、酵母菌发酵组、混合组、对照组饲料增重比分别为 6.70、6.74、6.49、6.09、6.77。菌群分析：乳酸菌发酵组和混合发酵组的大肠杆菌数量较对照组降低，差异显著；同时乳酸杆菌数量较对照组显著升高。杨前锋等试验将腐殖酸发酵物（主要成分是腐殖酸与益生菌）替代抗生素作为饲料添加剂用于肉鸡增重试验表明，使用腐殖酸发酵物对肉鸡 1～14 日龄增重、转化率及饲料消耗均无影响，15～42 日龄以及 43～51 日龄增重、转化率都显著提高，其中饲料转化率达到极显著差异水平，日耗料显著降低。王卫东等[15]试验将腐殖酸发酵物替代抗生素用于肉牛饲养，对肉牛增重明显，且无副作用。李瑞波阐述了生物腐殖酸能改善水质，改良水底，形成健康养殖的水环境。冯东岳也阐述了生物腐殖酸在水产养殖中的“健康养殖，综合治理”的良好效果。

三、腐殖酸可保持土壤健康，地力持续提高

保持土壤健康的根源是杜绝或减少非土壤本源性物质的过量、无序投放。酵素农业通过补充腐殖酸生物肥，提升土壤物质转化和能量转换的效率，土壤有机质、腐殖酸含量逐年提高，加之矿质营养元素的科学合理添加，土壤肥力、地力和土壤的生产性能得以保持在良好水平并且逐年提高。

判定土壤健康与否的一项简便方法是检测其中活性微生物的种群数量、含

量和密度，可以通过平板分离计数法分析土壤中细菌、真菌和放线菌的情况。腐殖酸能够促进土壤中腐生性有益微生物的繁衍，使土壤微生物数量显著提高，且保持较强的生物活性，并维持较长时间。毕军等试验冬小麦每 667 米^{2}施用腐殖酸生物活性肥料 100 千克，在拔节期能使土壤细菌数量增加 61.9%，真菌数量增加 38.6%，放线菌数量增加 61.5%。高亮等研究将腐殖酸生物菌肥用于保护地次生盐渍化土壤改良，结果 pH 值下降 0.71，土壤全氮含量增加 0.14 克/千克，有效磷含量增加 15.87 毫克/千克，速效钾含量增加 21.57 毫克/千克，土壤有机质含量增加 4.20 克/千克；土壤微生物数量明显增加，细菌数增加 18.99×10^7 个/克，放线菌数增加 7.81×10^7 个/克，真菌数增加 3.44×10^5个/克，侵染黄瓜的南方根结线虫（*Meloidogyn incognita*）数量减少，有益的小杆线虫（*Rhobditis* sp.）明显增多。土壤微生物数量增多，改善了土壤微生态环境，提高了土壤肥力。Dagmar Rocker 等研究表明，施用腐殖酸可显著改善土壤细菌群落，但在不同类型的土壤中表现存在差异。Absiyan S. N. A. 等研究发现，当土壤中存在重金属污染时，施用腐殖酸的量越大解除土壤中重金属的生物毒害能力越强，越能降低污染危害，促进植物生长。

四、腐殖酸在酵素农业上的展望

腐殖酸在酵素农业上具有广阔的应用前景，不仅源于腐殖酸是土壤本源性物质，是最好的有机质，还因腐殖酸可净化“土壤血统”。腐殖酸既是土壤有机质中最活跃的组分，又是土壤肥料的“运转仓库”，还是土壤团粒的构造者。利用腐殖酸开发绿色环保新农资产品，反哺到土壤中，既可满足农业生产需要，又可保障土壤生态安全。

酵素农业在现代农业中占有一定地位，腐殖酸在酵素农业上发挥着重要作用，主要表现在以下 3 个方面。

一是酵素农业贯穿土壤、环境、生产、加工等环节，是以高品质农产品为代表，是现代农业发展的一项重要目标，腐殖酸提质增效的效应能够完全担当。现代农业离不开现代工业装备、现代科技手段和现代组织管理方式，而腐殖酸在酵素农业上正是利用现代工业装备和现代生物发酵技术，将农副产品废弃物转化成有益营养，满足农作物、畜禽和水产的需要，循环利用自然材料，最大限度杜绝化石原料，有效保护资源。

二是酵素农业生产方式是让农作物、环境、土壤、养分处于自然协同状态，尽量减少人为干预措施，土壤更加肥沃，地力显著提高，生产性能显著改善，农产品质量更高，完全符合现代农业对商品化农业的要求。

三是酵素农业让农产品更安全，人类更健康。酵素农业始终关注的是土壤调理和改良，这是抓住了农业生产的根本。腐殖酸在钝化土壤重金属防污染、改良盐碱地、修复污染土壤、改良设施盐渍化土壤等方面具有显著效果，能够保持土壤健康，农作物通常不会出现明显的植物缺素症和严重的病虫害及连作重茬障碍问题，农产品中维生素、矿物质、碳水化合物、蛋白质、脂肪、膳食纤维和特种营养成分含量更高，更具营养，完全符合酵素农产品的生产要求。

第二节 酵素农产品GAP生产管理技术

酵素农产品的生产源于微生物酵素技术，这是一种自然农耕方式，利用酵素菌发酵天然有机物和富含中微量元素的天然矿物，生产出用于改良土壤、培肥地力的酵素有机肥和微生物酵素土壤改良剂，酵素自然农耕的重点在于“培育土壤”。“根系培育不好，农作物繁茂不了”“只有造好土，育好根，才是栽培好农作物的根本之道”，其中蕴含着深刻的哲学思想。

良好农业规范（good agriculitural practices，简称GAP），是一套针对农产品生产的操作标准，是提高农产品生产基地质量安全管理水平的有效手段和工具。GAP以农产品可追溯为核心，在关注农产品安全的同时，关注环境保护、员工健康和动物福利。

酵素农产品来源于酵素农业，是类似于有机食品的高品质农产品，目前已成为酵素生态农业示范典型产品的有：酵素哈密瓜、酵素黄金籽番茄、酵素潍县萝卜、酵素生姜、酵素韭菜、酵素西葫芦、酵素芽苗菜等。

一、酵素生姜GAP生产管理技术

（一）酵素生姜种植基地

1. 基地立地条件 酵素生姜GAP规范化种植所要求的立地条件，既包括适合生姜生长发育的自然条件，又包括土壤、大气、水源等生态环境质量状况，还包括基地建设、周围环境等。生产基地环境空气质量应达到GB 3095—2012规定的二级标准以上；土壤环境质量应达到GB 15618—2009规定的二级标准以上；灌溉用水应达到GB 5084—2005规定的二类（旱地）标准。

2. 基地管理程序 基地管理程序主要包括：

（1）酵素生姜产品质量安全追溯控制程序。包括建立产地环境档案；绘制基地地块分布图；编制基地年度生产计划表；记录每一地块全部农事活动；分地块采收并记录；按产品批号储存、运输、销售。

（2）文件控制程序。

（3）记录及其保存管理程序。

（4）内部审查、检查控制程序。

（5）环境管理程序。包括有机废弃物管理计划；有机废弃物垃圾管理、再利用计划；有害生物控制；环境保护措施。

（二）生长条件

1. 温度 生姜性喜冷凉气候环境。温度16℃时，种姜开始发芽，发芽适宜温度22～25℃。茎叶生长适宜温度，白天25～28℃，夜间17～18℃。生姜产品形成期叶片光合最适温度25℃，此温度下光合速率最高。生姜全生育期≥12℃的有效积温控制在3 500～3 700℃。

2. 光照 在土壤水分供应充足时，生姜可适应较强的光照，表现出喜光耐阴的特性。栽培生姜以保持中上等强度的光照为宜，光照过强对生姜生长发育不利，越夏时，生姜需遮阴处理，以遮光60%效果最佳。

3. 土壤 酵素生姜最适宜壤土，以土层深厚，富含有机质，酸碱度适宜（pH 6～7），0～20厘米的耕作层土壤容重1.3克/厘米^3，总孔隙度与固相之比约1∶10为宜。

4. 营养 生姜各生育期对营养元素的吸收与植株鲜重的增加基本一致。幼苗期，植株生长量小，对氮、磷、钾的吸收量也小，一般占全生育期吸收总量的12.3%。立秋后，生姜进入旺盛生长期，生长速度加快，分枝数明显增加，叶面积迅速增大，根茎开始膨大，氮、磷、钾吸收量占总吸收量的85%。

5. 水分 生姜属浅根性蔬菜，不耐旱，根系主要集中在30厘米以内的耕作层土壤，难以吸收深层土壤中的水分。栽培酵素生姜最适宜的土壤含水量为80%。

（三）土壤处理

生产中，为了提高生姜品质，预防病虫害发生，通常采用酵素菌土壤消毒法。在播种之前20～30天，利用土壤酵母或酵素菌，将会收到更好的效果。常用方法是：每667米^{2}用土壤酵母200～300千克或用酵素菌2～3千克和麸皮10～15千克的混合物，均匀撒在土表，耕翻入土，灌水，使土壤含水量达50%以上。可用塑料薄膜扣严，利用酵素菌中有益细菌、酵母菌、丝状真菌等的生长繁殖，优化土壤微生物区系，消除前茬农作物病残体，减少寄生菌的宿存，起到土壤消毒效果。

（四）整地施肥

酵素生姜，北方多采取开沟种植、培土栽培，南方多采用起垄栽培。种植沟沟距48～52厘米，沟宽25厘米，沟深15厘米。施肥以基肥为主，结合整地，667米^{2}施用酵素高温堆肥1 000～2 000千克，土壤酵母200～300千克，高级粒状肥100～200千克，并配合腐殖酸复合肥料30～50千克。将上述肥料一分为二，一半全园均匀撒施，深翻25厘米，并严格清除前茬作物的植株残留；剩余一半肥料撒施于沟中，浅翻，保证肥料最大效果。

（五）催芽栽种

酵素生姜种植中培育适龄壮芽是丰产的关键环节。山东大部分地区露天地膜覆盖栽培于4月上、中旬播种，小拱棚栽培于3月底4月初播种，大棚栽培于3月20日前后播种。

1. 晒姜、困姜　在生姜种植前30天，从贮藏窖中取出生姜，用清水冲洗干净，剔除病残、虫害、萎蔫的姜块，平铺在干净的地面上晾晒2～3天，傍晚收入室内进行困姜，激活姜芽。要防止冻伤姜块。

2. 催芽

（1）姜池催芽法　在室内或房前阳光充足的地方用土坯或砖建长方形催芽池，池高80厘米，长、宽依种姜多少来确定。放种姜前，先在底层铺10～15厘米厚的干麦秸，然后将种姜一层层放好，随放随在四周塞5～10厘米厚的麦秸或干草。种姜放好以后，再在上面盖5～10厘米厚的麦秸，最后用麦秸和泥封住。保持池内温度22～28℃，如果达不到温度需求，可垒火炕加温。20～30天，当姜芽长到1厘米左右时即可播种。

（2）竹篓催芽法　在竹篓底部铺上几层草纸，将晒好的种姜平放其中，然后将口封严。在室内搭架，架高2.2～2.5米，将篓放在上面，生炉火提高室内温度进行催芽。

（3）阳畦催芽法　生姜催芽阳畦深0.6米、宽1.5米，长度根据种姜的多少而定。在底部和四周铺10厘米厚的麦秸，将晒好的种姜摆放其中，姜的厚度30～35厘米。在姜块上盖15厘米厚的麦秸，覆盖塑料薄膜，夜间加盖草苫，保证畦温20～25℃。必要时可加铺电热线，以利于保持畦内温度稳定。该催芽法催芽时间一般可缩短3～5天，幼芽整齐一致。

(4) 温室催芽法　在大棚或日光温室地面铺一层5～10厘米厚的麦秸，将晒好的种姜摆放其上，厚度30～35厘米，在姜块上再盖一层麦秸即可。控制棚室温度20～25℃。

(六) 栽种

1. 掰姜种　在生姜催芽后播种前，将大块姜种掰开，每块种姜上保留1个健壮姜芽，将其他副芽抹去，剔除发黑变褐、干瘪姜块。一般每块种姜重70～80克。按姜块大小分级后播种。

2. 播种　生姜发芽慢，出苗时间较长，播种前，应浇一遍透水，待水充分渗完后即可播种。将姜块按照株距20～30厘米水平排放在沟底，姜芽方向一致，与沟行向成45°夹角。种姜摆好后，用手轻轻按入泥中，使姜芽与土面平齐，再在种姜上面覆盖一层湿土，厚度为4～5厘米。

(七) 田间管理

1. 遮阴　生姜喜阴怕热，不耐高温和强光。5月中、下旬开始搭建遮阳网，选用透光率50%～60%的遮阳网，棚架高度1.5～1.8米，方便田间操作。7月底，撤去遮阳棚，恢复正常管理。

2. 追肥　酵素生姜追肥保证"有机无机微生物"配合使用。全生育期多次追肥，注重叶面喷肥。当苗高30厘米，"三股杈"期，追施1次含腐殖酸水溶肥料，每667米^{2}用量50～75千克，促进根系发达。立秋前后，每667米^{2}追施高级粒状肥50～100千克、腐殖酸复合肥50～75千克和酵素菌液肥20～30升。在生姜出苗后，喷施1次酵素叶面肥；在全生育期多次叶面喷施酵素叶面肥500～600倍液，配合0.2%腐殖酸铁，以增强植株抗性，防治病虫害，改善品质。

3. 浇水　酵素生姜全生育期应保持土壤湿润，掌握前控后促的原则。

发芽期：一般不浇水，保持土壤有效含水量80%左右。

幼苗期：小水勤浇，保持土壤湿润。

姜块膨大前期：掌握"见干见湿"的原则，浇水不宜过多。

姜块膨大盛期：保证浇水充足、均匀，一般5～6天浇水1次。严格注意防涝、防干旱。

采收前7～10天停止浇水。

4. 培土　生姜培土分次进行。5月中下旬，"三股杈"期，培土3～5厘米，俗称"小培沟"；6月中旬，将垄沟填平，俗称"大培沟"；立秋前后，结合追肥，加大培土量，将之前的垄挖成沟，培土要仔细，防治损伤姜块和根系；9月中下旬至10月上中旬，可根据需要酌情培土1～2次，保证姜块膨大。

（八）病虫害防治

种植酵素生姜尽量选择没有种过生姜、马铃薯、红薯的生茬地块。为了预防病害发生，在全生育期，用酵素叶面肥40毫升、食醋55毫升、白酒50～60毫升、过磷酸钙70克、磷酸二氢钾30克、清水80升，叶面喷施或灌根，每隔7～10天使用1次，连续使用3～5次。发现姜瘟病株，及时拔除，向穴中追施土壤酵母300～500克，或酵素菌剂50～100毫升，覆土，利用有益菌杀灭病原细菌，可预防病害传播。对于线虫为害的姜田，可选用昆虫病原线虫，随水冲施，每667米^{2}使用5 000～10 000头即可收到理想效果。

（九）收获、贮藏

1. 收获 酵素生姜怕霜，露地生姜收获期在11月上旬，收获期间时刻关注天气变化，出现强降温天气要注意预防。收获时，用三齿铁铲沿姜垄顺序挖取，即先用铁铲将姜株松动，用手抓住姜棵，用力将姜整株拔出，再捡拾老姜（种姜）。挖完姜株后，在姜块上部保留2～3厘米剪去姜苗，倒放入周转箱中，运输贮藏。

2. 贮藏 酵素生姜贮藏适温为16～20℃，沙土相对湿度为90%～95%，空气相对湿度控制在80%～90%。窖藏生姜，一般窖口直径为0.8～1米，窖深6～8米，向两侧挖洞，洞高2米左右，宽2米左右，洞深3～5米。在窖坑洞内贮藏，姜块排列在窖洞内，中间高，两端低，四周覆一层土，以后随气温下降，分次添加覆细沙，覆盖厚度15～30厘米。每贮藏500千克生姜插1个直径10厘米的通风管。贮藏初期姜块呼吸旺盛，温度持续上升，要保持通风正常。下窖后30天内，要保持20℃窖温，以后姜堆逐渐下沉，要随时用细沙填缝。窖贮生姜可贮藏1～3年，出姜时要注意往窖内强制通风，并一次性将生姜出完。

二、酵素韭菜GAP生产管理技术

（一）酵素韭菜基地应具备的条件

1. 环境条件 种植酵素韭菜的地块要远离城市、厂矿企业，要离铁路、公路、居民社区等人口密集区一定安全距离。栽培土壤要以沙壤土为主，土层深厚、疏松肥沃，有机质含量在20毫克/千克以上，无土壤酸化，无次生盐渍化，无重金属或有机物污染，土壤环境质量指标均应达到GB 15618—2009规定的二级标准以上。灌溉水应达到农田灌溉水质标准GB 5084—2005规定的二类（旱地）标准。空气质量好，远离烟尘，应达到环境空气质量标准GB 3095—2012规定的二级标准以上。

2. 基地标准化管理程序 主要包括：建立酵素韭菜生产全过程可追溯程序，如建立基地档案，确定种植区域，绘制地块分布图，编制年度生产计划，全程记录农事操作和酵素韭菜收获，记录不同批次收获酵素韭菜的加工、储存、运输和销售等信息；并建立技术档案，完善内部审查、监督制度；建立客户档案，对销售的酵素韭菜进行市场跟踪，保证产品美誉度。

（二）韭菜的特征特性与生长发育条件

1. 韭菜的特征特性 韭菜系多年生宿根蔬菜，悬状根系着生鳞茎盘基部，鳞茎盘基部逐年向上生长，易形成“跳根”现象（鳞茎高出地表现象），影响其生长发育。

韭菜的茎分营养茎（包括鳞茎和根茎）和花茎（包括花轴和花序）。叶用韭菜生产要避免或延迟花茎抽生时间，而以韭薹为主的品种则要保证一定地温和长日照条件，以保证花茎质量。

韭菜能够连续生长、连续收获。生产上要注意，收割韭菜时的割口不能伤及根茎，宜在鳞茎中上部，防止损伤或破坏分生组织，以免影响新叶发生。

2. 韭菜生长发育条件 韭菜适宜冷凉气候，生长发育的适宜温度为15～25℃。韭菜在10～15℃时也能很好地生长，比较适合拱棚、阳畦栽培。韭菜生长忌高温高湿环境，当气温超过25℃，植株生长缓慢，高于30℃时生长发育受阻，甚至出现发黄枯萎现象。高湿环境易诱导病害发生。韭菜能耐受−5℃低温，但避免低温高湿，以免诱导灰霉病发生和流行。

韭菜较耐阴，甚至适应完全黑暗环境。生产上，要进行适当遮阴处理，避免强光直射，以免造成叶子纤维化，影响产品品质。除了进行韭黄生产要求完全黑暗外，如果韭菜长时间处于弱光状态下，植株营养不良，鳞茎瘦弱，分蘖减少，叶子纤细，易倒伏，产量显著降低。

酵素韭菜以排水良好、疏松、肥沃、微酸性至中性的壤土为好。

（三）育苗

1. 基质选择 酵素韭菜育苗可以选用商品基质，但更适合选用酵素菌发酵锯末制备的高温堆肥，再配合土壤酵母和有机质发酵肥料，配制成的全营养有机无机微生物复合基质。

2. 穴盘消毒 韭菜育苗宜选用72穴的穴盘，穴口径40毫米×40毫米，穴深45毫米。平铺穴盘，装填基质。播种前，每平方米穴盘用福尔马林30毫升，加水3升成稀释液，均匀喷洒，覆盖塑料薄膜。3天后揭膜，待气体全部散完后即可播种。或在播种前喷洒0.3%高锰酸钾溶液，等穴盘及基质表面干透后即可播种。

3. 种子处理 对于包衣种子该步骤可省略。采用温汤浸种：将种子放入容器中，缓慢加入55℃热水，热水的用量大约为种子的3倍，不停搅拌，时间控制在20分钟左右，捞出种子进行催芽。

4. 催芽 将浸好的种子用干净纱布包好，放入恒温箱中保持18～20℃，每天用清水淘洗种子一次，经48～72小时，当50%左右种子胚根露白时，即可播种。

5. 播种 常人工直播，将处理好的韭菜种子小心撒播在盘穴中，每穴播种5～10粒（宽叶韭少播，窄叶韭多播）。播后及时覆盖基质，厚度约为1厘米，用刮板刮去多余基质，保持育苗盘平整，浇水至穴盘基质浸湿3/4为度，切忌出现穴孔流水现象，预防积水。在种子出芽前，适当补水，使育苗盘保持一定湿度，同时，提高温室或保护地内温度，保证出苗整齐。

6. 苗期管理

（1）温度 韭菜幼苗生长适温在15℃左右，韭菜出苗后温度控制在20℃左右。

（2）水分 韭菜在空气湿度60%～70%、基质湿度80%～95%的情况下最适合出苗。为了保证韭菜出苗整齐，要多观察空气湿度和基质含水情况，喷雾要均匀，严格控制喷雾时间和喷水量，防止基质过干、过湿，以免出现根尖干枯、沤根等现象。

（3）肥料管理 当韭菜苗高7～10厘米时，喷洒酵素叶面肥600倍液1～2次，间隔5～7天。当苗高10～13厘米时，随水冲施酵素菌液肥，或含腐殖酸水溶肥料，或含氨基酸水溶肥料，或含海藻酸水溶肥料1～2次，同时结合喷施酵素叶面肥500倍液1～2次，间隔7～10天。

（4）壮苗标准 苗龄60～70天，苗高16～18厘米，每株5～6片叶，根系和基质抱合紧密。用手提起育苗盘抖动，无幼苗或基质掉落现象，放于地面，幼苗恢复原状。

利用酵素菌发酵基质培育的韭菜幼苗，由于基质中含有大量有益微生物群，通常不会发生苗期病害（猝倒病、立枯病等），不需使用药剂防治。

（四）土壤处理

韭菜易多发生迟眼蕈蚊为害引起烂根烂茎，进而发生真菌侵染的为害。酵素韭菜生产中多采用酵素菌消毒法，即每667米^{2}用土壤酵母300～500千克，或用酵素菌3～5千克、麸皮15～20千克的混合物均匀撒在土表，撒施后及时翻耕，立即灌大水，保持土壤含水量达50%～65%。用塑料薄膜扣严，封闭大棚，经1～2天后，酵素菌开始发酵，地温逐渐上升，可达50℃左右，气温高达65℃。经过7～14天后，撤去地膜，翻耕1次，再灌大水，15～20天后即可正常生产。

（五）整地施肥

酵素韭菜施肥以基肥为主，结合整地每667米^{2}施用酵素高温堆肥2 000～3 000千克、酵素有机肥120～160千克、磷酸粒状肥100～200千克、腐殖酸复合肥料25～50千克。将磷酸粒状肥全部用作基肥，将酵素有机肥和腐殖酸复合肥料一分为二，一半全园撒施，一半沟施。深翻20厘米，耙平，以备定植。

（六）定植

韭菜定植前7天要适当炼苗，提高抗逆性，促进缓苗。

定植前，取出韭菜幼苗，抖去基质，剪去1/3须根和2/3叶子，按植株鳞茎粗细进行分级。

定植时，大小苗要分开栽植。按行距17～20厘米、株距13～20厘米挖穴，穴深5～8厘米，大苗每穴栽植5～10株，小苗每穴栽植10～15株。覆土，以叶鞘顶部露土为度。随定植随浇水，以促进缓苗。

（七）田间管理

1. 追肥浇水　酵素韭菜全生育期多次追肥。在新叶抽生时，追施1次天惠绿肥，每667米^{2}用量5～10升，加水1 000升稀释后灌根，促进新根发生。

在韭菜旺长期，保证肥水充足，促进分蘖。追施酵素菌液肥2～3次，每667米^{2}每次用量10～15升。进入10月，气温下降，植株生长缓慢，此时应适当减少灌水量，以免造成植株贪青，影响养分回流到鳞茎中储藏。

扣棚前在行间开浅沟，沿沟每667米^{2}追施酵素有机肥200千克。扣棚后韭菜重新生长，待株高6～7厘米时，每667米^{2}施酵素菌液肥15～20升。第一茬收割后，每667米^{2}追施含腐殖酸水溶肥料10～20千克，8～9天后，当株高10厘米左右再施1次。以后每收割一茬，每667米^{2}追施高氮高钾型腐殖酸复合肥20～50千克加复合微生物菌剂2～5千克，叶面喷施酵素叶面肥500～600倍液，增强植株抗性，减少病虫为害。

2. 温湿度管理　设施栽培酵素韭菜，白天气温应调节在20～25℃，夜温控制在12～15℃。中午前后要注意通风，空气湿度控制在70%以下，以防病害发生和流行。

3. 后续管理　翌年4月初，撤去拱棚，停止收割，任其自然生长，进入下一个生产周期的养根期。

（八）病虫害防治

1. 真菌病害　韭菜真菌病害主要包括灰霉病、疫病、根腐病等。

防治方法：选用抗病品种；施用酵素高温堆肥、土壤酵母和酵素有机肥，提高植株抗性；合理密度，保证田间通风透光，减少染病机会；叶面喷施酵素叶面肥600倍液，配合高效低毒杀菌剂，如喷克、速克灵、百菌清等，每隔7～10天喷施1次，连续使用2～3次。

2. 细菌病害　韭菜细菌病害主要是软腐病。

防治方法：用酵素叶面肥40毫升、食醋55毫升、白酒50～60毫升、过磷酸钙70克、磷酸二氢钾30克，配合硫酸链霉素50克，清水80升，叶面喷施或灌根，每隔5～10天使用1次，连续使用2～3次。

3. 韭蛆　韭蛆是迟眼蕈蚊的幼虫，一年四季均可发生。幼虫宿聚在韭菜的根茎部位，轻则造成根茎和鳞茎伤害，重则造成植株枯萎死亡，伤口腐烂，发出臭味，进而诱导成虫产卵，为害加剧。一年中，韭蛆多发生在4月上旬至5月下旬、6月上中旬、7月上旬至10月下旬，其中7～10月为害最大。

防治方法：使用酵素高温堆肥，以发酵锯末堆肥最佳；3月底4月初，当迟眼蕈蚊刚刚开始活动时，叶面喷施苦豆子（苦参碱）酵素600倍液以趋避成虫产卵，并用苦豆子酵素200倍液灌根，以杀死蛹、卵及孵化的幼虫。在成虫羽化盛期，用糖醋液（糖∶醋∶水按3∶3∶13比例配制）诱杀迟眼蕈蚊；4月、9月分两次，随水冲施昆虫病原线虫制剂，每667米^{2}每次用量5 000～10 000头；或用酵素叶面肥、食醋、白酒，配合菊酯农药喷雾防治，每10天喷1次，连喷3～4次。

（九）采收、运输

酵素韭菜株高25厘米时即可收割上市，共割5～6次。多于晴天清晨收割，收割位置在小鳞茎上3～4厘米。

长途运输酵素韭菜时，运输工具或包装应具备较好的通气性，并附有防潮、保温、降温措施，保持干燥。同时尽可能缩短运输周期。

三、酵素番茄GAP生产管理技术

（一）酵素番茄种植基地

1. 基地立地条件 酵素番茄GAP规范化种植所要求的立地条件，既包括适合番茄品种生长发育的自然条件，又包括土壤、大气、水源等环境质量状况，还包括基地建设、周围环境等。生产基地环境空气质量应达到GB 3095—2012规定的二级标准以上；土壤环境质量应达到GB 15618—2009规定的二级标准以上；灌溉用水应达到GB 5084—2005规定的二类（旱地）标准。

2. 基地管理程序 基地管理程序主要包括：

（1）酵素番茄产品质量安全追溯控制程序。包括建立产地环境档案；绘制基地地块分布图；编制基地年度生产计划表；记录每一地块全部农事活动；分地块采收并记录；按产品批号储存、运输、销售。

（2）文件控制程序。

（3）记录及其保存管理程序。

（4）内部审查、检查控制程序。

（5）环境管理程序。包括有机废弃物管理计划；有机废弃物垃圾管理、再利用计划；有害生物控制；环境保护措施。

（6）问题产品召回程序。

（7）客户投诉和抱怨处理程序。

（二）生长条件

番茄性喜温暖湿润的气候环境。在春、秋气候温暖，光照较强而少雨的气候条件下，肥水管理适宜，番茄营养生长及生殖生长旺盛，产量较高。而在多雨炎热的气候区，易引起植株徒长，生长衰弱，病虫害严重，产量较低。酵素番茄以排水良好、疏松、肥沃、微酸性至中性的壤土为好。

（三）育苗

通常采用穴盘育苗技术，有利于番茄生产向规模化、集约化、产业化发展。利用穴盘育苗可提高秧苗质量和定植成活率，减少缓苗期。番茄育苗最好采用 72 孔穴盘。

1. 基质选择　酵素番茄育苗可以选用商品基质，但更适合选用酵素菌发酵锯末制备的高温堆肥，再配合土壤酵母和有机质发酵肥料，配制成的全营养有机无机微生物复合基质。

2. 穴盘消毒　平铺穴盘，装填基质。播种前每平方米穴盘用福尔马林 30 毫升，加水 3 升成稀释液，均匀喷洒，覆盖塑料薄膜。3 天后揭膜，待气体全部散完后即可播种。或在播种前喷洒 0.3%高锰酸钾溶液，等穴盘及基质表面干透后即可播种。或用 2%漂白粉喷洒穴盘，集中密闭消毒 5～7 天，再用洁净水冲洗干净，晾干后使用。

3. 种子处理　对于包衣种子该步骤可省略。用多菌灵 500 倍液浸种 30 分钟，后用清水冲洗干净，沥干水分，再进行温汤浸种。将种子放入容器中，缓慢加入 55℃热水，热水的用量大约为种子的 3 倍，不停搅拌，待水温降至 30℃时停止搅拌，浸种 6～7 小时，然后捞出种子催芽。

4. 催芽　将浸好的种子用干净纱布包好，放入恒温箱中保持 25～28℃，每天用温水冲洗 1 次，经 48～72 小时，当 50%左右种子胚根露白时，即可播种。

5. 播种　将装好基质的穴盘用压穴器压好后播种，穴深 0.5～0.6 厘米。每穴播种 1 粒，放在穴中间，播完后覆盖一层已消毒的蛭石，厚度约 1 厘米，用刮板刮去多余的蛭石，喷水，喷匀、喷透，至穴盘滴水为度。在种子出芽前，适当补水，使育苗盘保持一定湿度，同时提高温室或保护地内温度，保证出苗整齐。

6. 苗期管理

（1）温度　播种后每天观察，发现幼苗出土变绿时，适当降低棚室温度，白天保持 25～28℃，夜间 16～18℃，防治发生“高脚苗”。

（2）水分　适当控制水分，一般情况下，基质表面发白后方可喷水。

（3）炼苗　当幼苗长至 2 片真叶时开始炼苗；晴天，加大通风，降低温度 1～3℃，保证幼苗缓慢生长；阴雨天，中午通风降温排湿。雪天、连阴天、霜冻天保温保苗。

（4）壮苗标准　苗龄 45～50 天。秧苗矮壮，节间短粗，叶色深绿，根系发达，白根多，和基质抱合紧密。用手提起育苗盘抖动，无幼苗或基质掉落现象，放于地面，幼苗恢复原状。

利用酵素菌发酵基质培育的番茄幼苗，由于基质中含有大量有益微生物群，通常不会发生苗期病害（猝倒病、立枯病等），不需使用化学药剂防治。

（四）土壤处理

生产中，为了预防冬暖式大棚、温室等设施番茄发生连作障碍，通常采用高温闷棚消毒法，此时，如果结合土壤酵母或酵素菌，将会收到更好的效果。常用方法是：每 667 米^{2}用土壤酵母 300～500 千克或用酵素菌 3～5 千克和麸皮 15～20 千克的混合物，均匀撒在土表，耕翻入土，灌大水，使土壤含水量达 50%以上。迅速用塑料薄膜扣严，密闭大棚。经 1～2 天后，土壤开始发酵，地温逐渐上升，温度可达 50℃以上。经过 7～8 天后，撤去薄膜，再灌一次大水，15～20 天后即可正常生产。

（五）整地施肥

酵素番茄施肥以基肥为主，结合整地每 667 米^{2}施用酵素高温堆肥 2 000～3 000 千克、土壤酵母 200～300 千克、酵素有机肥 80～120 千克、高级粒状肥 50～80 千克，并配合含腐殖酸复合肥料 35～50 千克。将上述肥料一分为二，一半全园均匀撒施，一半沿定植沟（或垄）集中沟施，保证肥料最大效用。深翻 25 厘米以上，并严格剔除前茬作物的植株残留。

（六）定植

酵素番茄要严格控制适宜的定植时期、适宜的栽植密度（株行距）。定植时，将幼苗从穴盘中取出，轻拿轻放，防止散坨伤根。适当深埋，或将幼苗沿地面 45°夹角向南方向倾斜定植，促进茎部多发不定根，提高植株对养分、水分的吸收，从而苗壮植株。定植后，及时浇水，3～5 天后复浇 1 次，待土壤稍微干燥后，铺设滴灌系统，覆盖地膜。

（七）田间管理

1. 追肥　酵素番茄追肥保证“有机无机微生物”配合使用，全生育期多次追肥。在第一穗果开始膨大时，追施 1 次含腐殖酸水溶肥料，每 667 米^{2}用量 15～25 千克，促进根系发达；第一穗果不再膨大开始变白，第二穗果迅速膨大，第三穗果坐住时，加大追肥量，增加追肥次数，每 667 米^{2}每次追施高氮高钾型腐殖酸复合肥 20～50 千克和复合微生物菌剂 2～5 千克。叶面喷施酵素叶面肥 500～600 倍液，增强植株抗性，防治病虫害。

2. 浇水 设施栽培酵素番茄，由于气温明显高于地温，棚室内土壤水分蒸发加剧，致使水溶性矿质营养随水转移到土壤表层，造成浅表层土壤盐分积累，严重时可造成次生盐渍化，影响根系发育。因此，对于滴灌棚室番茄，除正常滴灌浇水施肥外，通常每 30～45 天漫灌 1 次，以起到“压盐”效果，防止次生盐渍化发生和危害。

3. 植株调整 酵素番茄生长茁壮，叶色浓绿，节间短粗，采取正确的植株调整可保持营养生长和生殖生长的平衡，有利于实现高产稳产优质。对于大果型番茄品种，通常采用“单干整枝”，在第一穗花序开花期间，去除花序下部所有侧枝；随着植株生长，在后续花序（或果穗）的下部均可长出侧枝，待侧枝长至 5～10 厘米时摘除。当主干结果 4～6 穗时，结合植株长势调整，摘心换头，保留顶部一条健壮侧枝，培养成主干，再进行正常管理。对于小果品种（樱桃番茄），采用“双干整枝”，保留第一穗花序下部一条健壮侧枝，任其生长，其余侧枝全部摘除。其他管理同“单干整枝”。

（八）病虫害防治

1. 真菌病害 番茄真菌病害主要有早疫病、晚疫病、叶霉病、灰霉病、炭疽病等。防治方法：选用抗病品种；施用酵素高温堆肥、土壤酵母和酵素有机肥，提高植株抗性；合理密度，保证田间通风透光，减少染病机会；叶面喷施酵素叶面肥 600 倍液，配合高效低毒杀菌剂，如喷克、速克灵、百菌清等，每隔 7～10 天喷施 1 次，连续使用 2～3 次。

2. 细菌病害 番茄细菌病害主要有青枯病、软腐病等。防治方法：用酵素叶面肥 40 毫升、食醋 55 毫升、白酒 50～60 毫升、过磷酸钙 70 克、磷酸二氢钾 30 克、清水 80 升的混合液，叶面喷施或灌根，每隔 5～10 天使用 1 次，连续使用 2～5 次。

3. 病毒病 近年来，番茄病毒病发生越来越频繁，为害越来越重。防治方法：选用抗病毒病的品种；施用酵素高温堆肥、土壤酵母和酵素有机肥，提高植株抗病性；叶面喷施酵素叶面肥 500～600 倍液，配合病毒清、抗毒剂 1 号、毒克星、病毒宁等，每隔 7～10 天喷施 1 次，连续使用 2～3 次。

4. 根结线虫 防治方法同酵素生姜。

（九）采收、储藏和运输

酵素番茄生产不使用外源激素涂抹花柄、蘸花或喷花。通过植株调整、水肥管理、人工授粉等方法来促进坐果，也不采用乙烯利等化学催熟剂催熟。番茄果实属于呼吸跃变型，有自然后熟的过程，后熟的快慢除了与环境条件有关外，还随着采收期的不同而不同。酵素番茄采收严格执行随成熟随采收，当番茄果实表面变色达90%时采收。采收过早，成熟度不够，品质下降；采收过晚，果实变软，影响储藏和运输。采收时，用剪刀剪取，保留果萼。装箱时，将果实倒放，顺序排放，防止果柄戳坏果实，延长保存期。

番茄在储藏期和货架期内，维生素C、有机酸含量逐渐下降，而可溶性固形物、可溶性糖含量及糖酸比逐渐上升。酵素番茄适宜储藏温度为4～10℃，储藏期一般控制在1周以内。

长途运输酵素番茄时，运输工具或包装应具备较好的通气性，并附有防潮、保温措施，以保持干燥。同时尽可能缩短运输周期。

四、潍县萝卜GAP生产管理技术

潍县萝卜，俗称高脚青或潍县青萝卜，因原产于山东潍县而得名。潍县萝卜皮色灰绿，肉质翠绿，香辣脆甜，多汁味美，具有浓郁的地方特色，是著名的地方品种。

（一）酵素潍县萝卜种植基地

1. 基地立地条件　酵素潍县萝卜GAP规范化种植所要求的立地条件，既包括适合潍县萝卜生长发育的自然条件，又包括土壤、大气、水源等环境质量条件，还包括基地建设、周围环境等。生产基地空气环境质量应达到GB 3095—2012规定的二级标准以上；土壤环境质量应达到GB 15618—2009规定的二级标准以上；灌溉用水应达到GB 5084—2005规定的二类（旱地）标准。

2. 基地管理程序　基地管理程序主要包括：

（1）酵素潍县萝卜产品质量安全追溯控制程序。包括建立产地环境档案；绘制基地地块分布图；编制基地年度生产计划表；记录每一地块全部农事活动；分地块采收并记录；按产品批号储存、运输、销售。

（2）文件控制程序。

（3）记录及其保存管理程序。

（4）内部审查、检查控制程序。

（5）环境管理程序。包括有机废弃物管理计划；有机废弃物垃圾管理、再利用计划；有害生物控制；环境保护措施。

（二）品种特性

潍县萝卜按其植株特点可分为大缨、二大缨和小缨3个品系，而以小缨品系最为正宗。其植株叶片较小，叶长35～42厘米，宽9～11厘米；肉质根长24～26厘米，平均径粗5.1厘米，肉质根的青/白约为4∶1，平均单重500克左右。平均生长期85天左右。一般每667米^{2}产量3 000～3 500千克。

潍县萝卜性喜冷凉气候环境，适宜秋季栽培，结合保护地，可进行周年栽培。酵素潍县萝卜以排水良好、疏松、肥沃、微酸性至中性的壤土为好。

（三）土壤处理

生产中，为了提高潍县萝卜品质，预防病虫害发生，通常采用酵素菌土壤消毒法。具体方法是：播种前10～15天，每667米^{2}用土壤酵母200～300千克或用酵素菌2～3千克和麸皮10～15千克的混合物，均匀撒在土表，耕翻入土，灌水，使土壤含水量达50%以上。用塑料薄膜扣严，利用酵素菌中的有益细菌、酵母菌、丝状真菌等的生长繁殖，优化土壤微生物区系，消除前茬作物病残体，减少寄生菌的宿存，起到土壤消毒效果。

（四）整地施肥

酵素潍县萝卜均采用平畦栽培，一般畦长20米左右，宽1.2～1.5米，畦埂宽20～30厘米，高15厘米。施肥以基肥为主，结合整地，每667米^{2}施用酵素高温堆肥1 000～2 000千克、酵素有机肥400～600千克、土壤酵母200～300千克、磷酸粒状肥60～80千克、腐殖酸复合肥30～50千克、腐殖酸硼1～2千克。将上述肥料一分为二，一半全园均匀撒施，深翻20厘米，并严格剔除前茬作物的植株残留。剩余一半肥料撒施于平畦上，浅翻，保证肥料最大效果。

（五）播种

潍县萝卜的生长适宜温度为10～25℃，低于6℃停止生长，超过30℃生长严重受阻。因此，潍县萝卜应适期播种，播种过早、过晚均不利。若播种过早，病毒病、霜霉病发生严重；播种过晚，后期温度降低，肉质根膨大不充分，品质下降。在潍坊地区，适宜播种期一般在8月17日前后。

酵素潍县萝卜要求株型紧凑，肉质根饱满、膨大良好，667米^{2}用种量150克。开沟条播，行距30～33厘米，株距20～22厘米，播深1.5～2厘米，播后覆土并适时镇压。667 米^{2}保苗 8 000～9 000 株。

（六）田间管理

1. 间苗、除草 待萝卜苗出齐后，第一次间苗，苗间距 3～4 厘米；3～4 片真叶时，第二次间苗，苗间距 10～12 厘米；5～6 片真叶时，第三次间苗，即定苗，苗间距 20～22 厘米。间苗时，去除病苗、弱苗、畸形苗，拔除杂草，并注意及时补种，保证苗齐。种植酵素潍县萝卜不使用化学除草剂。

2. 追肥 酵素潍县萝卜追肥保证“有机无机微生物”配合使用。全生育期多次追肥，注重叶面喷肥。在萝卜定苗后，每 667 米^{2}追施 1 次含腐殖酸水溶肥料，用量 5～15 千克，促进根系生长；在萝卜“破肚期”，再追肥 1 次，用量同上；在肉质根膨大期，加大追肥量，增加追肥次数，每 667 米^{2}每次追施腐殖酸复合肥 20～30 千克和复合微生物菌剂 2～5 千克。在每次间苗后，喷施 1 次酵素叶面肥；在肉质根膨大盛期，多次叶面喷施酵素叶面肥 500～600 倍液，药液用量 30～60 升，增强植株抗性，防治病虫害，改善品质。

3. 浇水 酵素潍县萝卜全生育期应保证土壤湿润、前控后促。发芽期，一般不浇水，保持土壤有效含水量 80%左右；幼苗期，小水勤浇，保持土壤湿润；肉质根膨大前期，掌握“见干见湿”的原则，浇水不宜过多；肉质根膨大盛期，保证浇水充足、均匀。此时严格注意防涝、防旱，一般 5～6 天浇水 1 次。采收前 7～10 天停止浇水。

（七）病虫害防治

种植酵素潍县萝卜尽量选择没有种过萝卜的生茬地块。为了预防病害和灰粉虱发生，在全生育期，用酵素叶面肥 40 毫升、食醋 55 毫升、白酒 50～60 毫升、过磷酸钙 70 克、磷酸二氢钾 30 克、清水 80 升的混合液，叶面喷施或灌根，每隔 7～10 天喷施 1 次，连续使用 3～5 次。

（八）收获、贮藏

酵素潍县萝卜收获期控制在 11 月上旬为宜，收获期间时刻关注天气变化，出现强降温天气要注意预防。收获时，拔出肉质根，掰去外部老叶，保留 3～5 片新鲜叶片，按肉质根粗细、长短、大小、顺直程度等进行分级，剔除严重畸形、粗皮、开裂的萝卜，顺序堆放在田间，用萝卜缨覆盖，散除生物热，提高贮藏效果。

酵素潍县萝卜多采用塑料袋贮藏。潍县萝卜收获分级后，带缨或切顶，严禁水洗，装入宽50厘米、高1米的塑料袋中，顺序排放。带缨萝卜装袋时，要保证萝卜缨朝上，装至距袋口20厘米时，排气扎口，存放于冷风库中，保持库温3℃左右，可长期存放。贮藏期间避免温度剧烈变化，当温度升至5℃以上时容易出现“糠心”；温度达到0℃时，容易发生冻伤，影响品质。

五、酵素西葫芦GAP生产管理技术

（一）环境条件符合要求

种植酵素西葫芦的地块要远离城市、厂矿企业，要与村庄、居民区保持一定距离。种植区空气质量要达到GB 3095—2012规定的环境空气质量二级以上标准。土层深厚，疏松肥沃，富含有机质，农药、化肥残留量小，无土壤酸碱化、次生盐渍化，土壤质量应达到GB 15618—2009规定的二级以上标准。灌溉水要求水源丰富，干净清洁，符合GB 5089—2005规定的农田灌溉水质二类（旱地）以上标准。

（二）选用优良品种

酵素西葫芦可选用目前市场反应良好、种植面积较大的蓓丽、超利、百丽335、冬玉等为主栽品种。

（三）深耕松土、平衡施肥

土层深厚、疏松透气、地力肥沃是作物高产的基础，营养元素含量均衡，大量元素、中量元素及微量元素配方施肥是提高品质的前提条件。高产地块一般有机质含量在1.5%以上，碱解氮含量110～130毫克/千克，有效磷含量70～80毫克/千克，速效钾含量120～140毫克/千克。一般推荐每667米^{2}施用酵素高温堆肥1 000～2 000千克、高级粒状肥有200～300千克、腐殖酸复合肥25～50千克，施后深耕25厘米左右，便于冬季熟化土壤，创造良好的土壤结构。

（四）土壤消毒处理

西葫芦根腐病、蔓枯病是目前菜农最关心的重要病害。土壤处理方法是：于9～10月，清洁田园，深翻园土30厘米，旋耕、整平、耙细，进行土壤消毒。经过反复试验，利用酵素菌消毒法效果明显，即每667米^{2}用土壤酵母300～500千克，或酵素菌种3～5千克、麸皮15～20千克充分混匀后，撒施在地表，及时翻耕，立即灌水，保持土壤含水量70%，用废旧塑料薄膜铺地盖严，随着地温持续上升，地表最高温度可达55℃以上，经过7～15天闷晒即可达到土壤消毒效果。生产上也可选用石灰氮进行土壤处理，但不能和微生物处理同期进行。

（五）培育优质壮苗

育苗应在育苗棚中进行。育苗基质可以选用商品基质，但更适合选用锯末、泥炭、畜禽粪便等在酵素菌作用下先发酵制成高温堆肥，然后过筛，再配入一定比例的土壤酵母和有机质发酵肥料，制备而成的质地疏松肥沃、保水性能好的营养基质。该基质不用消毒，直接应用即可。将西葫芦种子采用温汤浸种方法处理，播种在装填80%营养基质的穴盘中，上盖地膜保温保湿，促进发芽。出土前，苗床气温控制在白天28～30℃，夜间16～20℃，以促进出苗。幼苗出土后，及时撤去地膜。第一片真叶展开后，保持白天22～26℃，夜间13～16℃；苗期干旱可浇小水，一般不追肥。当苗高10厘米、达到3叶1心时，叶面喷施天达2116，或含腐殖酸水溶肥料，或酵素叶面肥等，促进幼苗健壮生长，既有利于促根壮棵，又能增强植株抗逆性及预防土传病害。定植前5天，逐渐加大通风量，气温控制在白天20℃，夜间10℃左右，利用较低棚温达到炼苗的目的。

（六）适期定植，合理密植

一般在苗龄30天、苗高10厘米左右时，选择茎秆粗壮、叶色浓绿的幼苗进行移栽，每667米^{2}栽植1 100株，行距80厘米、株距75厘米。

（七）田间管理

1. 温湿度管理 酵素西葫芦缓苗阶段一般不通风，保持棚室密闭状态，以提高温度，促使早生根、早缓苗。棚室温度保持在白天25～30℃，夜间18～20℃。晴天中午温度超过30℃时，可利用顶窗少量通风。缓苗后，棚室温度保持白天20～25℃，夜间12～15℃，促进根系发育，以利于雌花分化和早坐瓜。坐瓜后，棚室温度白天22～26℃，夜间15～18℃，最低不低于10℃，可适当加大昼夜温差，以利于营养物质积累，加速幼瓜膨大。

2. 水肥管理 定植后，视土壤墒情浇1次缓苗水，促进缓苗。缓苗后，在根瓜坐住前要严格控制浇水量。当根瓜长至10厘米时浇1次小水，随水每667米^{2}冲施3～5千克含腐殖酸水溶肥料。进入冬季，每20天左右浇水1次，严格控制浇水量，采取膜下浇暗水；每浇2次水追1次肥，可随水每667米^2

冲施平衡型含腐殖酸水溶肥料 10～15 千克，要选择晴天上午浇水，避免在阴天、雨雪天浇水。浇水后当棚室气温上升至 28℃时，打开上部通风口排湿。2 月中下旬以后，气温上升，每隔 10～12 天浇水 1 次，每次随水 667 米^{2}冲施大量元素水溶肥料 20～30 千克。植株生长后期，叶面及时喷施腐殖酸叶面肥、酵素叶面肥等，预防植株早衰。

3. 植株调整

（1）吊蔓、绑蔓　对于半蔓性品种，在植株有 8 片叶以上时要进行吊蔓、绑蔓。由于棚室各处环境差异较大，植株生长往往高矮不齐，要及时整蔓，扶弱抑强，保持植株处于同一高度，互不遮光。在吊蔓、绑蔓时，随时摘除主蔓上形成的侧芽。

（2）落蔓、摘叶　当瓜蔓高度较高时，随着下部西葫芦的采收要及时落蔓，保持植株间的通风透光。落蔓时，要摘除下部的老叶、黄叶、病残叶，剪口要远离主蔓，防止病菌从伤口处侵染。

（3）保花、保果　西葫芦没有单性结实习性，冬春气温低，传粉昆虫少，常常因授粉不良造成落花、化瓜现象。因此，必须进行人工授粉。在上午 9～11 时，摘取当日开放的雄花，去掉花冠，在雌花柱头上轻轻涂抹。

4. 气体施肥　冬春季节由于温度偏低，通风量少，棚室易发生二氧化碳（CO_2）亏缺，可进行 CO_2气体施肥，以满足植株光合作用的需要。常用碳酸氢铵加稀硫酸反应法制备 CO_2。碳酸氢铵的用量，深冬季节每平方米为 3～5 克，2 月中下旬后增至 5～7 克，使棚室内 CO_2含量保持在 1 毫升/升。

（八）病虫害防治

西葫芦的主要病害有白粉病、灰霉病、病毒病、细菌性叶枯病及生理性病害等，虫害主要有蚜虫、白粉虱、红蜘蛛、美洲斑潜蝇等。

1. 物理及生物防治　在棚室内设置黄色黏虫板诱杀白粉虱、蚜虫、美洲斑潜蝇等，也可释放丽蚜小蜂控制白粉虱。选用 1%农抗武夷菌素（BO-10）150～200 倍液防治灰霉病、白粉病；用 2%菌克毒克（宁南霉素）200～250 倍液在发病初期防治病毒病；用 72%农用链霉素 4 000 倍液或新植霉素 4 000 倍液防治细菌性叶枯病。用 0.9%虫螨克乳油 3 000 倍液防治叶螨和美洲斑潜蝇。

2. 化学防治

（1）真菌病害　防治白粉病，每 667 米^{2}可用 45%百菌清烟剂 250 克，或 5%百菌清粉尘剂 1 000 克。防治灰霉病，每 667 米^{2}可用 6.5%万霉灵 1 000

克，兼防白粉病和灰霉病；也可选用65%甲霉灵可湿性粉剂800倍液，或28%灰霉克可湿性粉剂500倍液，或50%速克灵可湿性粉剂600～800倍液，或50%扑海因可湿性粉剂600倍液喷施。用防落素蘸花进行保花保果时，在药液中加入0.1%的50%速克灵、28%灰霉克可减轻灰霉病的发生。

（2）细菌性病害　用50%琥胶肥酸铜（DT）可湿性粉剂400倍液或25%青枯灵可湿性粉剂1 500倍液防治细菌性叶枯病。

（3）病毒病　在病毒病发生初期，可用1.5%植病灵600倍液，或20%病毒A可湿性粉剂1 500倍液，或5%菌毒清水剂200～300倍液，或高锰酸钾1 000倍液与爱多收6 000倍液混合喷雾防治。

（4）主要虫害　防治蚜虫、美洲斑潜蝇可用10%大功臣可湿性粉剂1 000倍液，或2.5%天王星可湿性粉剂2 000倍液，或2.5%功夫乳油2 000倍液喷雾防治。

（九）适时采收

西葫芦以食用嫩瓜为主，开花后10～12天，瓜条达250克时即可采收。采收过晚会影响第二条瓜的生长，有时还会造成后续的化瓜现象。采摘时要注意不要损伤主蔓，瓜柄尽量留在主蔓上。

六、酵素人参GAP生产管理技术

人参（*Panax ginseng* C. A. Mey.）是五加科人参属多年生宿根草本植物，又名棒槌、神草、地精等。人参的根、花、种子都具有很高的药用价值及经济价值。人工种植的人参属于“药食同源”植物。

（一）农田设施人参对环境条件的要求

1. 种植区域及气候条件　人参最佳种植区域为东经117°～137°，北纬40°～48°。人参适宜中温带至中寒带、大陆性季风气候，年有效积温1 900～2 000℃；年平均气温1.6～7.5℃，其中1月平均气温－17～－15℃，7月平均气温17～19℃；年降水量700～900毫米，其中7～8月降水量400毫米为宜；全年无霜期90～150天；全年日照时数约2 400小时。

2. 立地条件　农田设施人参种植区要求交通方便，成方连片，远离污染源，距公路主干道或者铁路500米以上。选择农田、山岗或山坡地，坡向以东西向、南北向为宜，坡度不超过25°；灌排水方便，不易发生水涝灾、旱灾、风灾及冻害；土壤质地疏松、通气性好、腐殖质高含量、养分平衡、磷钾及中微量元素丰富的沙壤土。

前茬作物宜选玉米、大豆、紫苏等，尽量不选择前茬是烟草、马铃薯、向日葵、甜瓜、花生、西瓜等的地块。

曾用过2,4-D丁酯、异恶草酮、甲嘧磺隆等除草剂的地块，至少需要休闲2年后方可使用。土壤中水溶性盐含量控制在0.1%以下。

3. 对光照、温度、水分、养分的要求

（1）光照　人参属阴生植物，喜散射光较弱的光照。光照过强，植株矮小，叶片变厚、发黄，不利于发育；光照过弱，植株细高，叶片变薄、发绿。农田设施人参要搭建遮阴棚，1～2年生人参遮光率85%～90%、3～6年生人参遮光率80%～85%为宜。

（2）温度　人参耐寒怕热，生长发育最适温度15～25℃。当气温低于10℃或高于30℃时，人参植株生长发育缓慢，逐渐进入休眠期；当气温低于－6℃时，人参停止生长；当冬季气温达到－30℃时，人参仍然能够安全越冬。人参播种出苗温度不低于10℃，1～2年生人参幼苗出苗温度不低于12℃。

（3）水分　栽培人参适宜的土壤含水量40%～50%。人参出苗期间，要求土壤含水量较少，以40%为宜；生长发育期，土壤含水量控制在45%～50%。土壤过干、过湿均会造成人参植株尤其是根部受损，致使抗逆性下降，进而影响产量和品质。

（4）养分　人参对氮、磷、钾的吸收量与参龄密切相关。1～2年生人参对氮、磷、钾的吸收较少，约占6年生人参6年总吸收量的3.5%；3～4年生人参对氮、磷、钾吸收量逐年增加，约占6年生人参6年总吸收量的36.5%；5～6年生人参对氮、磷、钾的吸收量最大，约占6年生人参6年总吸收量的60%。各年生人参对氮、磷、钾的吸收比例相近，均为吸钾量较大，其次是氮，对磷的吸收量较少。各年生人参均以开花结果期至果实成熟期吸收氮、磷、钾的数量最大。

（二）酵素人参GDP栽培管理技术

1. 整地施肥　人参种植地块确定之后，于4月底至5月初每667米^{2}施入酵素腐殖酸肥20千克，进行第一次翻耕。混种玉米、紫苏两种作物，种植密度比正常种植密度增加30%。7月10日前压绿肥，用割草机收割秸秆，切成5毫米左右的小段，在秸秆上均匀撒入酵素菌种，进行第二次翻耕，灌水，覆盖地膜，持续发酵20～30天，待农作物秸秆完全腐熟后，进行第三次翻耕。8

月 5 日前，按要求调节土壤 pH 值，施入生石灰或硫黄等，进行第四次翻（旋）耕。视土壤病虫害发生情况，8 月 20 日前后，使用 48%威百亩水剂，或 75%硝基苯进行土壤熏蒸，用废旧薄膜扣严，处理 30 天。9 月 20 日左右揭膜散药，再次进行旋耕。之后每隔 7～10 天旋耕 1 次，前后共需翻（旋）耕 8～10 次。在最后一次耕地前，将充分腐熟好的农家肥按每平方米 8～10 千克、酵素菌肥 300～750 克、酵素腐殖酸肥 150～400 克、人参专用复合肥 75～100 克撒施于地面，然后耕翻入土 30 厘米左右。

2. 做床 在人参播种或移栽前 7～10 天将参床做好。参床均采用高畦，对于人参育苗地，通常参床高 30 厘米、宽 120～160 厘米，留作业通道 60～100 厘米；对于人参移栽地，平地或缓坡地，通常参床高为 30 厘米；岗地、坡地，参床高为 25 厘米；低洼地，参床高为 35 厘米，均留作业通道，宽 60～100 厘米。参床畦面中间略隆起，两边稍低，便于排水。参床要配套排水沟，挖出水口，沟深度要和畦底部平或较低。

3. 品种选择 目前，园参主栽品种为大马牙，其抗逆性、抗病性强，生长发育较快，主根短粗，产量较高；其次是二马牙（其主根细长，品相好）、长脖芦（人参芦脖明显伸长）、圆臂圆芦（人参根系饱满圆润）等品种。

4. 播种育苗

（1）催芽 人参种子收获后处于长时间的深度休眠状态，播种前要进行催芽处理，以打破休眠，提高发芽率和出苗率。催芽前，对人参种子进行精选，剔除秕子、烂籽、病虫籽、碎籽和杂质。通常用赤霉素处理种子，按赤霉素∶清水质量比 1∶17.5 配制溶液，浸种 12 小时。捞出种子，淋干水分，掺入 3 倍干净细沙中，充分拌匀，适当加水，保持含水量 10%～15%，装入催芽木箱中。木箱长 60～100 厘米、宽 50～80 厘米、高 30～40 厘米，种子要离开木板 3～5 厘米，以减少烂种。将催芽木箱置于背风向阳的阳畦或土坑中，四周培土严实，以利保温保湿，覆盖草帘、塑料薄膜，遮阳防雨。保持催芽温度 20～25℃。催芽期约为 3 个月，催芽前 1 个月，每 4～6 天翻动 1 次；催芽后 2 个月，每 10～15 天翻动 1 次，期间注意观察温、湿度变化，保持催芽适宜温度，适当补水，保持沙子含水量。当种子开口率达 90%以上时，即可进行种子消毒。

（2）种子消毒 消毒前，要对开口的参种进行筛选，剔除烂种，拣出未开口的种子继续催芽。通常用 1%福尔马林溶液浸泡 10 分钟，或用等量式波尔多液 240 倍液浸种 15 分钟，或用 50%多菌灵 500 倍液或 80%福美双 500 倍液浸种 2 小时，或用 0.1%高锰酸钾溶液浸种 4～5 小时。浸种结束后，用清水反复冲洗种子，不留药液。或用杜邦三合一拌种剂直接拌种进行种子包衣处理，晒干种皮即可播种。

（3）播种时间　园参播种分春播和秋播两种。春播，4月上旬至6月初进行，当5厘米土壤温度稳定在2℃以上时即可播种。秋播，9月上中旬进行，播种时机最好掌握在种子刚刚要萌发（露白）时播下，以缩短出苗时间，减少机械损伤，防止苗期病害。从播种至出苗大约需要15天。

（4）播种方法　园参采用点播法播种。株行距6厘米×6厘米、5厘米×10厘米，挖穴，每穴播1粒，覆土3～4厘米。每平方米播种量12～15克。播种后，立即覆盖稻草，并适当培土压实，以利增温保墒，提高出苗率。

（5）苗期管理　人参播种后，保持温度24～25℃，土壤含水量38%～40%，以加速出苗，预防苗期病害发生。出齐苗后，适当降温增湿，保持温度20～24℃，土壤含水量40%～45%。当第一片真叶充分展开时，结合浇水冲施含人参专用微生物菌剂、腐殖酸水溶肥料、酵素菌有机液肥等，每公顷用量30～75千克（升）。之后，每次浇水均冲施肥料，施肥量随植株长大适当增加。对于1年生人参幼苗，尚处于营养生长阶段，进行常规管理即可；对于2～3年生人参苗，进入营养生长和生殖生长阶段，要注重疏花疏果。

5. 种苗移栽　人参移栽通常采用二四制（2年生移栽，6年生收获）或三三制（3年生移栽，6年生收获）。目前，个别地区也出现了一五制（1年生移栽，6年生收获）。人参移栽多在9～10月进行。

（1）种苗分级、处理　采用边起苗边移栽的方式。起苗时，尽量深挖，以减少根须损伤。选用2年生、3年生一、二等人参苗进行移栽。

种苗移栽前进行消毒处理，一般用50%多菌灵500倍液或80%代森锰锌600倍液浸泡根10～15分钟，以不浸没芦头为度，取出沥去水分，带药移栽。

（2）栽植方式、密度　农田栽参由于没有林地的自然坡度，移栽时让参苗和畦面保持30°～45°角，保持参苗芦头朝向同一方向。株行距（10～15）厘米×（20～25）厘米，一级苗适当稀植，二级苗适当密植。覆土时先在参苗芦头处撒些细沙，再覆土6～8厘米，适当按压，将畦面刮平，上盖稻草等农作物秸秆。

6. 田间管理

（1）萌芽前管理　早春人参萌芽前，要及时清理畦面，喷洒0.5%～1%硫酸铜溶液或等量式波尔多液240倍液进行消毒。药液喷洒要适度，不能渗入人参芽苞和根部，以免造成伤害影响出苗。

（2）搭建遮阴棚架　人参出苗前及时搭建好遮阴棚架，预防出苗后造成日灼。遮阴棚随地势、参床宽度而定，要求坚固持久，多用钢管，高 1.2～1.5 米，拱架间距 1.5～1.8 米，顶部用铁丝固定，并架设水肥喷灌系统，上盖塑料薄膜，用铁丝或压膜线固定，夏季将棚两侧薄膜卷起，以利通风。在塑料拱棚顶部水平搭建遮阳网，做到全区覆盖，既覆盖拱棚又覆盖作业通道。

（3）水肥管理　据研究，每种植 1 000 米^{2}人参，大约需要氮（N）28.5 千克、磷（P_2O_5）6.7 千克、钾（K_2O）31.5 千克，氮（N）∶磷（P_2O_5）∶钾（K_2O）为 4.3∶1∶4.7。

人参农田设施栽培多采取水肥一体化管理，肥料选择要以腐殖酸肥、有机肥为主，化肥使用上要控施氮肥，增施磷、钾肥，配施中微肥，还要注重微生物肥料的应用。人参出苗前，每平方米追施腐殖酸复合肥 50～75 克、酵素菌肥 100～150 克。7～9 月结合喷药配合全元素营养。人参抽薹开花前，增施腐殖酸、黄腐酸、氨基酸、海藻酸及氮、磷、铁、硼等，开花后，增施钾、磷、氮、钙、镁及微量元素。追肥时，开沟要浅，不得损伤根须，避免根须与肥料接触，以防伤根。

（4）疏花疏果　人参过早抽薹开花会影响参根发育。对于 2～3 年生抽薹开花人参，要进行疏花，摘除 2/3 花蕾；对于 4 年生以上人参，于 1/2 花序已开放、少部分已坐果时进行疏花疏果，摘除花序顶部 1/2 花蕾。在果实膨大期摘除秕果，保证参果和参根发育。

7. 预防自然灾害　种植人参多年投资，一季收获。因此，日常管理必须精细，减少因自然灾害造成的损失，雨季确保雨水及时排出，避免水漫参床。冬春季做好防寒措施，尤其预防倒春寒的危害。对于参棚架、遮阳网、塑料薄膜都要跟脚扎实，绑紧扎牢，防止风大造成损失。

8. 病虫害防治　宜选用天然植物农药、生物农药和低毒化学农药，交替使用。进入秋季尽量减少用药量和用药次数，人参收获前严格控制农药品种及其安全间隔期。

（1）病害　人参病害较多，不同病害发生参龄和为害部位存在很大差异。

人参出苗 30%～50%时立即抢打第一遍药，用 3%多抗霉素水剂 1 000 倍液＋30%恶霉灵 1 500 倍液＋酵素叶面肥 500 倍液，可有效预防 1～2 年生人参的立枯病和猝倒病。

锈腐病：发生非常普遍，从人参幼苗到各龄人参均有发生，主要为害参根和芦头，对人参品质影响很大。生产上通过增施生物有机肥，尤其是酵素菌高温发酵中药渣有机肥可明显降低发病率。发病初期，每平方米用噁霉灵 3～4

克＋黄棕腐殖酸钾 1.5 克＋免深耕松土剂 2 克，溶解后喷洒参床，可收到良好效果。

黑斑病：常年发病率 20%～30%，严重时高达 90%，该病通过种子、土壤、种苗带菌传播为害，主要为害植株地上部位，不为害参根。发病初期用 50%腐霉利 1 000～2 000 倍液，或 10%世高 1 000～1 500 倍液＋天达 2116（中草药专用型）600 倍液进行防治。

菌核病：主要为害 3 年生以上园参的茎基部和芦头，病菌在病根和土壤中越冬，早春开始为害，4～5 月进入发病盛期，对人参品质影响较大。早春人参出苗前灌施 50%速克灵 800～1 000 倍液，或 40%菌核净 500～600 倍液，或波尔多液 120～160 倍液防治。

灰霉病：在低温高湿条件下，发生较多，主要为害叶片、茎，不为害参根。发病初期喷施 50%嘧菌环胺 800～1 000 倍液，或 40%嘧霉胺 500 倍液，防治效果可达 90%以上。

疫病：主要为害叶片。栽培密度过大，透风不良，过量使用氮肥，造成植株抗性下降诱导疫病发生，多于 6 月初发病，雨季发病尤其严重。发病初期，叶面喷施波尔多液 160 倍液，或 75%百菌清 600～800 倍液，或 72%甲霜锰锌 600～800 倍液防治。

（2）虫害　人参地下害虫主要有蝼蛄、蛴螬、地老虎、沟金针虫、细胸金针虫等。防治方法主要有：选用高温堆肥，尤其是中药渣生物有机肥，减少虫卵；利用黑光灯诱杀金龟子等成虫；田间发生时，用昆虫病原线虫进行杀灭。

人参地上部害虫主要有蚜虫、烟粉虱、草地螟等，发现虫卵或幼虫，利用杀菌剂配合酵素叶面肥、聚谷氨酸喷雾防治。

9. 收获　一般来说，在吉林地区收获人参以 9 月中旬为宜，具体采收时间还要考虑气温、天气、人参地上部枯萎情况、市场等因素，适当延迟起收，保证茎叶营养充分回流到参根中，可提高人参品质。

起参前，首先收获茎叶，拆除人参遮阴棚架，先从参床一端起挖，用大镐把畦帮刨开，再用三齿叉沿着畦向细心地横刨，要深刨慢拉，不能损伤芦头和参根，严防铲断参根和参须。起出的人参要轻轻抖动去除参根上夹带的泥土，剪去残留的参茎，把人参头对头顺序装筐，储运期间注意保湿、清洁，防止参根跑浆、干枯和霉变，尽快加工或出售。

第三节　酵素芽苗菜生产管理技术

芽苗类蔬菜又名芽苗菜，是由各类作物种子（或繁殖材料）培育而来。种子在水解酶的作用下，将高分子贮藏的物质转化为水溶性的、人体易吸收的简单物质。因此，芽苗菜不但色泽美观，而且食用口感脆嫩，易消化吸收。种子发芽势高低、生长速度快慢与其自身产生酶的种类、数量和活性密切相关，为了提高其发芽势，增加外源酶或利用富含酶的酵素处理，将会起到很好的促进生长的效果，其营养也会不同程度的提高，对于芽苗菜生产是十分有益的技术措施。

一、酵素绿豆芽生产管理技术

绿豆芽在芽苗菜中占有重要地位，是我国人民喜爱的一种传统蔬菜，其营养丰富，风味独特，脆嫩适口，并有一定的医疗保健功效，生产过程不使用外源激素和农药，属于绿色食品。

（一）酵素的制备

1. 基本配方 新鲜绿豆 50 千克，红糖 20 千克，微生物增效剂 1 千克，酵素益生菌 500 克，纯净水或矿泉水 100 升。

2. 对原料的要求

（1）绿豆 优先选择新鲜绿豆。利用酵素自然农法生产的酵素绿豆为首选，且不得检测出化学农药和除草剂残留。

（2）红糖 应符合 GB/T 35885—2018 规定的质量要求。

（3）酵素益生菌 由潍坊加潍生物科技有限公司研制并提供，内含 5 种细菌、6 种酵母菌和 4 种真菌，其有效活菌总数≥10 亿个/克。

（4）微生物增效剂 能够满足酵素菌中微生物发酵所需的氮源、碳源和其他有益组分（均采用食用级）的需要。

3. 绿豆酵素制备方法

（1）将发酵容器高温消毒处理，干燥备用。

（2）将绿豆剔除病残烂粒，洗净、浸泡，使之充分吸足水分，煮熟。

（3）将煮熟的绿豆加纯净水或矿泉水打浆，倒入发酵容器中，将红糖、酵素菌种和微生物增效剂一并加入，加足水后，不断搅拌，使物料充分混匀。

（4）用塑料纱网封口后，再将发酵容器密闭；每隔 1～2 天，放气 1 次，重新封严；发酵 15～20 天后，发酵液呈黄绿色至橙红色，有特殊甜香气味。

（5）滤出发酵液，倒入酵素陈化容器中，陈化时间 30～40 天。

4. 绿豆中主要营养物质的酵素转化过程 绿豆富含淀粉（碳水化合物）、

蛋白质、脂肪和膳食纤维，还含有丰富的矿物质、维生素和其他有益成分。绿豆中主要营养物质在微生物酵素的作用下，转化成多种中间产物，促进人体吸收，从而提高了营养价值。营养物质的酵素转化过程大致如下：

（1）淀粉转化　淀粉$\xrightarrow{\text{淀粉酶}}$多糖$\xrightarrow{\text{糖化酶}}$麦芽糖$\xrightarrow{\text{麦芽糖酶}}$葡萄糖。

（2）蛋白质转化　蛋白质$\xrightarrow{\text{蛋白酶}}$多肽$\longrightarrow$寡肽$\longrightarrow$氨基酸。

（3）脂肪转化　脂肪$\xrightarrow{\text{酯酶}}$甘油和脂肪酸。

（4）膳食纤维转化　膳食纤维$\xrightarrow{\text{纤维素酶}}$多糖$\xrightarrow{\text{糖化酶}}$双糖$\xrightarrow{\text{糖化酶}}$单糖。

5. 绿豆酵素的主要技术指标　绿豆酵素是由有益微生物、各种酶和中间代谢产物组成，是富含营养、具有生理活性的健康产品。绿豆酵素的感官指标和理化指标见表8-1和表8-2。

表8-1　绿豆酵素的感官指标

项目	感官指标
色泽	浅绿色至浅棕色，半透明
组织形态	液态
滋味	酸甜适宜，有酵香味
气味	甜香，无腐败气味
杂质	无正常视力可见杂质

表8-2　绿豆酵素理化指标

项目	单位	指标
有效活菌总数	个/毫升	3 176
蛋白酶活性	U/升	294.3
酯酶活性	U/升	125.4
SOD酶活性	U/升	60.3
总酸	克/升	7.4
有机酸	克/升	5.9
游离氨基酸	毫克/升	217.6
粗多糖	克/升	3.2
B族维生素	毫克/升	9.7
γ-氨基丁酸	毫克/升	0.2
多酚化合物	毫克/升	4.9

（二）酵素绿豆芽生产管理技术

1. 生产工艺流程

绿豆称重→入桶淘洗→下缸→倒入清水→加入酵素→浸泡→沥干→萌芽→漂洗→入缸→喷淋酵素液→小芽→覆盖→喷淋酵素液→中芽→喷淋清水→成芽→收获→漂洗→包装→上市

2. 酵素绿豆芽质量 芽身健壮挺直，色泽洁白，下胚轴长7～10厘米，横径1.5～2.5毫米，无豆壳（豆皮）。通常每1千克绿豆可产出酵素绿豆芽7～8千克。

3. 酵素绿豆芽生产管理技术

（1）室内要求 要求整洁卫生、避光、宽敞、通风、排水良好。

（2）绿豆选择 要求颗粒饱满，胚芽突出。选用秋季收获的新鲜豆种，尽量不用陈年豆种。剔去瘪籽、嫩粒、碎粒、缺口粒等发芽不良或不能发芽的种子，否则容易导致豆芽发热霉烂。

（3）生产季节 酵素绿豆芽一年四季均能正常生产，以5～9月最为适宜，高温季节要防止豆芽受热腐败。冬季温度低，绿豆芽抗寒能力差，需要加温、保温设施。在气温21～27℃下，酵素绿豆芽的生产和品质更佳。

（4）浸种 绿豆浸泡的程度和时间：水面稍起泡沫，70%～80%的豆粒的皱纹已经饱满，豆瓣基本无硬块，豆壳不开裂为度。浸泡水深要超过豆体1倍。为了加快绿豆吸水速度，缩短生产绿豆的时间，对于黑绿豆可用40℃温水浸泡3～4小时。浸泡时，要每一小时兜底翻动1次，保证绿豆上下浸透，泡胀均匀，以提高发芽势和发芽率。酵素绿豆芽采用酵素稀释液浸种，酵素稀释倍数600～800倍，保持水温27～30℃，浸泡6小时左右。水温低，可适当延长浸种时间。

（5）装盘、沥水 经过清洗、浸种后，捞出，平铺在缸、盘等容器中，沥去多余水分。

（6）萌芽、淘洗、装筐 萌芽在沥水6～7小时后进行，在绿豆萌芽期，温度控制在27～30℃，芽头“露白”达到80%时，充分淘洗1次。装筐，装入量占总容积的30%～40%。

（7）小芽管理 控制水温在19～21℃，进出水温恒定。用清水或稀释800～1 200倍的酵素营养液喷淋6次（每4小时左右淋水1次），淋水时间24小时，坚决不能用“回笼水”。每次淋水2遍，第一遍淋水至豆面见水，第二遍水过豆面，让豆芽浮起。淋完水后，立即用蒲包盖严实。当芽头顶出达 1.5 厘米时是关键期，严防受冷、受热、伤芽、脱水，盖蒲包、麻袋、棉被，以达到保温、遮光，防止豆芽发青。

（8）中芽管理　喷淋清水或酵素稀释 1 200 倍液，控制水温在 22～25℃。淋水时间 24 小时，每 4 小时左右淋水 1 次，淋水 6 次。注意按时淋水，每次 2 遍。当芽长至 1.5～2 厘米时，特别要避免温度剧烈变化，防止受热、受凉（温度过高引起腐烂，温度低生长缓慢）。当芽长至 5 厘米，生长逐渐稳定。

（9）成芽管理　喷淋清水，控制水温 26～29℃，淋水时间 24 小时，淋水 6 次，每次 2 遍。最后一次水只浇 1 遍，水占缸体的 30%～50%。

（10）起缸、收获　最后一次淋水 3 小时后，起缸收获。当酵素绿豆芽下胚轴长到 7～10 厘米，子叶未展开时，即可收获，一般需要 4 天左右。收获时，顺序将酵素绿豆芽轻轻放入清水池中，洗去豆壳。注意轻拿轻放，避免折断，包好，即可出售。

二、酵素黄豆芽生产管理技术

（一）酵素的制备

1. 基本配方　黄豆（大豆）50 千克，红糖 20 千克，微生物增效剂 1 千克，酵素益生菌 500 克，纯净水（矿泉水）100 升。

2. 对原料的要求

（1）黄豆　优先选择新鲜黄豆，不得选用转基因黄豆。以利用酵素自然农法生产的酵素黄豆为首选，且不得检测出化学农药和除草剂残留。

（2）红糖　应符合 GB/T 35885—2018 规定的质量要求。

（3）酵素益生菌　由潍坊加潍生物科技有限公司研制并提供，内含 5 种细菌、6 种酵母菌和 4 种真菌，其有效活菌总数≥10 亿个/克。

（4）微生物增效剂　能够满足酵素菌中微生物发酵所需的氮源、碳源和其他有益组分的需要。

3. 黄豆酵素制备方法

（1）将发酵容器、设备高温消毒处理，干燥备用。

（2）将酵素黄豆洗净，剔除病残烂粒，浸泡，使之充分吸足水分，煮熟。

（3）将黄豆倒入发酵容器中，倒入水，再将红糖、酵素菌种和微生物增效剂一并加入，不断搅拌，使之充分混匀。

（4）用塑料纱网封口后，再将发酵容器密闭；每隔 3～5 天，放气 1 次，重新封严；发酵 20～30 天后，黄豆粒变得松脆易破，大部分被分解，发酵液呈橙红色，有特殊甜香气味。

（5）滤出发酵液，倒入酵素陈化容器中，陈化时间 30～60 天。

4. 黄豆中主要营养物质的酵素转化过程 黄豆富含淀粉（碳水化合物）、蛋白质、脂肪和膳食纤维，还含有丰富的矿物质、维生素和其他有益营养。黄豆中主要营养物质在微生物酵素的作用下，转化成多种中间产物，促进人体吸收，从而提高了营养价值。营养物质的酵素转化过程大致如下：

（1）淀粉转化 淀粉$\xrightarrow{\text{淀粉酶}}$多糖$\xrightarrow{\text{糖化酶}}$麦芽糖$\xrightarrow{\text{麦芽糖酶}}$葡萄糖。

（2）蛋白质转化 蛋白质$\xrightarrow{\text{蛋白酶}}$多肽$\longrightarrow$寡肽$\longrightarrow$氨基酸。

（3）脂肪转化 脂肪$\xrightarrow{\text{酯酶}}$甘油和脂肪酸。

（4）膳食纤维转化 膳食纤维$\xrightarrow{\text{纤维素酶}}$多糖$\xrightarrow{\text{糖化酶}}$双糖$\xrightarrow{\text{糖化酶}}$单糖。

5. 黄豆酵素的主要技术指标 黄豆酵素是由有益微生物、各种酶和中间代谢产物组成，是富含营养、具有生理活性的健康产品。黄豆酵素的感官指标和理化指标见表 8－3 和表 8－4。

表 8－3 黄豆酵素的感官指标

项目	感官指标
色泽	浅黄色至橙红色，半透明
组织形态	液态
滋味	酸甜适宜，有酵香味
气味	甜香，无腐败气味
杂质	无正常视力可见杂质

表 8－4 黄豆酵素理化指标

项目	单位	指标
有效活菌总数	个/毫升	2 030
蛋白酶活性	U/升	219.7
酯酶活性	U/升	115.4
SOD 酶活性	U/升	58.3
总酸	克/升	8.2
有机酸	克/升	6.7

（续）

项目	单位	指标
游离氨基酸	毫克/升	345.6
粗多糖	克/升	2.4
B族维生素	毫克/升	12.6
γ-氨基丁酸	毫克/升	0.4
多酚化合物	毫克/升	5.8
大豆红素	毫克/升	20.3

（二）酵素黄豆芽生产管理技术

1. 生产工艺流程

黄豆称重→淘洗下缸→倒入清水→加入酵素→浸种→喷淋酵素液→小芽→覆盖→喷淋酵素液→二芽→喷淋酵素液→中芽→喷淋酵素液→成芽→收获→包装→上市

2. 酵素黄豆芽规格质量 芽身健壮挺直，色泽洁白，下胚轴长10～15厘米，横径3～5毫米，无豆皮。通常每1千克黄豆可产出酵素黄豆芽7～9千克。

3. 酵素黄豆芽生产管理技术

（1）黄豆选择 选择豆粒饱满，胚芽突出，色泽黄亮的当年秋季收获的新鲜豆种，尽量不用陈年豆种。剔去瘪籽、嫩粒、碎粒、缺口粒等发芽不良或不能发芽的种子，否则容易导致豆芽发热霉烂。

（2）生产季节 酵素黄豆芽一年四季均能正常生产。在室温21～23℃下，酵素黄豆芽的生产和品质更佳。采用自动化豆芽机，室温保持不结冰即可。

（3）浸种 酵素黄豆芽采用酵素稀释液浸种，当水温17～18℃时，酵素稀释倍数500～600倍，浸种时间4～6小时；当水温25℃时，酵素稀释倍数600～800倍，浸种时间3～4小时。水温低，可适当延长浸种时间，提高酵素浓度，但最长浸种时间不能超过8小时，否则会降低黄豆发芽势和发芽率。以豆身吸水膨胀，豆嘴明显突出，处于萌芽状态为浸种适宜。

（4）装盘 浸种后，捞出，平铺在缸、盘等容器中。

（5）小芽管理 控制水温在19～21℃，进出水温恒定。用清水或稀释800～1 200倍的酵素营养液，每4小时左右淋水1次，淋水时间约48小时，共淋水12次。每次淋水2遍，第一遍淋水至豆面见水，第二遍水过豆面，让豆芽浮起。当芽头顶出达 1.5 厘米时是关键期，严防受冷、受热、伤芽、脱水，盖蒲包、麻袋、棉被，以达到保温、遮光，防止豆芽发青。

（6）中芽管理　喷淋清水或酵素稀释 1 200 倍液，控制水温在 22～23℃。淋水时间 24 小时，淋水 6 次。注意按时淋水，每次 2 遍。当芽长至 5 厘米，生长逐渐稳定。

（7）成芽管理　喷淋清水，控制水温 24～25℃，淋水时间 24 小时，淋水 5 次，每次 2 遍。成芽收获前 4 小时停止淋水。

（8）收获　当酵素黄豆芽下胚轴长到 10～15 厘米，真叶尚未伸出时，即可收获。收获时，顺序将酵素黄豆芽扠起，放入周转箱或筐内，浸入清水中，轻轻抖动，使豆芽松动，散去生长热，去掉豆壳（种皮）。

在正常温度和良好管理条件下，酵素黄豆芽培育时间为 7～9 天，比常规生产缩短 0.5～1 天。冬季温度低，培育时间为 9～14 天，而春、夏、秋三季（5～10 月）培育时间仅需 5～6 天。

酵素芽苗菜收获后，要在最短时间内运送到市场或消费者手里。确需仓储时，要保证仓储设施运行正常，并保持仓储库房干净、整洁，符合生鲜食品仓储要求。酵素黄豆芽适宜的保鲜存储温度为 3～5℃，存储期限为 3～5 天。

运输酵素黄豆芽，注意全程用黑色食品级塑料薄膜包严，保持酵素黄豆芽黑暗状态，并保持低温，避免通风透气。短途运输采用厢式货车，中长途运输采用冷藏车。

参考文献

毕军，夏光利，毕研文，等，2005. 腐殖酸生物活性肥料对冬小麦生长和土壤微生物活性的影响［J］. 植物营养与肥料学报（1）：99-103.

蔡艳华，王连君，王雨娟，等，2010. 不同配方酵素菌肥对草莓产量和品质的影响［J］. 安徽农业科学，38（26）：14300-14301.

柴晓利，张华，赵由才，等，2005. 固体废物堆肥原理与技术［M］. 北京：化学工业出版社.

陈迪，赵洪颜，葛长明，等，2015. 中药渣堆肥化过程中腐殖酸的动态变化研究［J］. 延边大学农学学报，37（4）：292-295.

陈静，黄占斌，2014. 腐殖酸在土壤修复中的作用［J］. 腐殖酸（4）：30-34.

陈倩，刘善江，李亚星，2012. 我国酵素菌技术概况及应用现状［J］. 安徽农业科学，40（23）：11612-11615.

成绍鑫，2007. 腐殖酸类物质概论［M］. 北京：化学工业出版社.

程红胜，张玉华，向欣，等，2013. 不同菌剂对猪粪发酵中腐殖酸含量的影响［J］. 南方农业学报，44（12）：2018-2022.

戴宇光，容标，喻国辉，等，2008. 酵素菌生物肥对芥菜生长的影响［J］. 中国蔬菜（4）：31.

狄继革，周彦珍，陈文杰，2005. 酵素菌发酵料栽培鸡腿菇技术［J］. 食用菌（3）：24.

刁亚娟，2008. 酵素菌肥对番茄生长发育及其土壤养分含量的影响［D］. 呼和浩特：内蒙古农业大学.

丁久杰，聂相富，1999. 烤烟工厂化育苗的关键技术及酵素菌营养土的制备［J］. 中国烟草科学（2）：26.

范艳敏，2004. 酵素菌农农作物秸秆堆肥制作技术［J］. 农村新技术（3）：7-8.

范咏梅，张福源，2003. 新疆巴里坤县发展酵素菌产业的初步探讨［J］. 腐殖酸（5）：21-23.

冯东岳，2006. 生物腐殖酸在水产健康养殖中的应用［J］. 中国水产（3）：60-62.

高亮，1996. 一种新型农业技术——酵素菌技术［J］. 世界农业（3）：27.

高亮，1997. 酵素菌肥在蔬菜上的应用效果［J］. 长江蔬菜（1）：33-35.

高亮，2014. 腐殖酸复合微生物肥料对蔬菜生长及土壤腐殖质的影响研究［J］. 腐殖酸（3）：11-16.

高亮，2015. 酵素菌生防生物有机肥对辣椒根腐病防治效果的研究概况及应用现状［J］. 腐殖酸（1）：18-24.

高亮，2015. 酵素菌发酵褐煤试验研究［J］. 现代农业科技（18）：204-205，208.

高亮，2017. 腐殖酸在酵素农业上的应用研究进展［J］. 腐殖酸（6）：10-16.

高亮，2018. 腐殖酸肥料知识产权现状与保护策略［J］. 腐殖酸（5）：9-13.

高亮，安兆美，2019. 腐殖酸硼对萝卜生长发育、品质及心腐病的影响［J］. 腐殖酸（6）：33-36.

高亮，陈绍华，翟奎林，2017. 中药渣生物有机肥对水稻产量和效益的影响［J］. 现代农业科技（24）：3-4.

高亮，丁春明，史卓强，等，2010. 晨雨生物有机肥对枸杞的增产效应［J］. 山西农业科学，38（8）：45-49.

高亮，丁春明，王炳华，等，2011. 生物有机肥在盐碱地上的应用效果及对玉米的影响［J］. 山西农业科学，39（1）：47-51.

高亮，丁春明，张福亮，等，2010. 晨雨生物有机肥对大棚黄瓜的增产效应研究［J］. 山西农业科学，38（7）：88-90，107.

高亮，伏国，伏民，2017. 苦豆子机器生物制品在农业上的综合应用［J］. 现代农业科技（24）：49-50，53.

高亮，伏国，伏民，2018. 腐殖酸苦豆子有机肥在设施黄瓜上的应用效果［J］. 蔬菜（9）：16-19.

高亮，李春华，李强，2020. 腐殖酸复配产品对设施土壤微生物及线虫数量的影响［J］. 腐殖酸（3）：47-52.

高亮，李荇仙，丛勃，等，2007. 自然源生物肥对枸杞的增产效果研究初报［J］. 宁夏农林科技（5）：64-66.

高亮，李强，安兆美，2020. 聚谷氨酸含腐殖酸水溶肥料在油菜上的应用研究［J］. 腐殖酸（2）：60-64.

高亮，刘福金，2017. 吉林省农田设施人参标准化栽培管理技术［J］. 农业科技通讯（12）：284-287，326.

高亮，卢洪亮，杨峰斌，等，1998. 酵素菌肥在甜油桃上的应用效果［J］. 山东农业科学（4）：31-33.

高亮，普鑫江，2019. 腐殖酸生物有机肥在烤烟上的应用效果［J］. 腐殖酸（2）：42-46.

高亮，史卓强，任丽仙，等，2011. 生物菌剂对保护地次生盐渍化土壤改良效果及对根结线虫的影响［J］. 中国科学成果（8）：47-50.

高亮，宋杰，2018. 腐殖酸生物有机肥对设施葡萄生长发育、产量和品质的影响［J］. 腐殖酸（3）：34-39.

高亮，宋杰，谭德星，等，2016. 化感物质降解生物有机肥在设施番茄上的应用研究 [J]. 现代农业科技（22）：68-69，74.

高亮，宋杰，谭德星，等，2017. 酵素番茄 GAP 规范化种植技术 [J]. 长江蔬菜（17）：35-37.

高亮，孙超，孙继发，2021. 酵素绿豆芽生产管理技术 [J]. 现代农业科技（16）：24-26.

高亮，孙继发，潘玲，2020. 酵素对绿豆芽生长发育、产量和品质的影响 [J]. 蔬菜（4）：15-20.

高亮，谭德星，2012. 国内生产企业对酵素菌认识上的误区 [J]. 中国科学成果（5）：66.

高亮，谭德星，2013. 腐殖酸微生物菌剂在滨海盐渍化土壤上的应用研究 [J]. 腐殖酸（5）：9-14.

高亮，谭德星，2014. 腐殖酸生物菌肥对保护地次生盐渍化土壤改良效果研究 [J]. 腐殖酸（1）：14-18.

高亮，谭德星，2016. 酵素菌生物有机肥在潍坊滨海盐土上的应用效果研究 [J]. 现代农业科技（12）：218-219，229.

高亮，谭德星，2016. 酵素农业的提出及其在现代农业中的作用 [J]. 科技经济导刊（23）：108，85.

高亮，谭德星，2016. 中国酵素菌技术 [M]. 北京：中国农业出版社.

高亮，谭德星，2017. 酵素潍县萝卜 GAP 规范化种植技术 [J]. 蔬菜（3）：49-51.

高亮，谭德星，2017. 酵素生姜 GAP 规范化种植技术 [J]. 长江蔬菜（5）：37-39.

高亮，谭德星，2017. 酵素韭菜 GAP 标准化栽培技术 [J]. 中国果菜，37（8）：54-57.

高亮，谭德星，2017. 浅议共享经济及其在酵素农业中的创新路径 [J]. 科技经济导刊（14）：23-24.

高亮，谭德星，王延龙，等，2016. 酵素菌发酵中药渣试验研究 [J]. 现代农业科技（18）：144-146，153.

高亮，王炳太，普鑫江，等，2019. 腐殖酸生物有机肥在盆栽香葱上的试验研究 [J]. 腐殖酸（5）：66-69.

高亮，王延龙，翟奎林，2017. 中药渣生物有机肥在人参上的应用技术 [J]. 人参研究（5）：11-12.

高亮，杨春红，2018. 良好农业规范（GAP）及其在酵素西葫芦上的应用 [J]. 蔬菜（10）：33-36.

高振芹，王淑梅，王子刚，2005. 酵素菌肥在番茄上的应用试验初报 [J]. 吉林蔬菜（1）：43.

葛诚，1996. 微生物肥料的生产应用及其发展 [M]. 北京：中国农业出版社.

葛诚，2000. 微生物肥料生产应用基础 [M]. 北京：中国农业科技出版社.

葛诚，2007. 微生物肥料及其产业化 [M]. 北京：化学工业出版社.

怀钰卓，2012. 酵素菌对鸡粪-秸秆的联合处理研究 [D]. 长春：吉林农业大学.

孔祥海，关培辅，肖世盛，2007. 酵素菌肥料的功效与施用技术［J］. 吉林蔬菜（3）：64-65.
李国学，张福锁，2000. 固体废物堆肥与有机复混肥生产［M］. 北京：化学工业出版社.
李济宸，王健，李群，等，2000. 我国酵素菌引进、试验及应用概况［J］. 北京农业科学（3）：31-32.
李济宸，苑风瑞，王健，等，2000. 酵素菌肥料生产、使用中的几个问题［J］. 北京农业科学，18（5）：22-24，29.
李杰，毕玉国，刘涛，2002. 酵素菌发酵秸秆有机肥对棚室土壤的影响［J］. 北方园艺（4）：15.
李俊，沈德龙，林先贵，2011. 农业微生物研究与产业化进展［M］. 北京：科学出版社.
李瑞波，2011. 生物腐殖酸与水产健康养殖［J］. 腐殖酸（6）：7-10.
李善祥，2002. 我国煤炭腐殖酸资源及其利用［J］. 腐殖酸（3）：7-13.
李万明，李峰山，1996. 农业综合实用技术［M］. 济南：山东科技出版社.
李伟彤，孙福海，马献发，2015. 防治城市绿地土壤次生盐渍化的改良材料研究［J］. 腐殖酸（5）：19-24.
李希荣，李传宝，2000. 大棚菜豆疫病的综合防治新模式［J］. 湖北植保（1）：32.
李玉玲，高玉刚，2012. 腐殖酸肥料在盐碱地设施葡萄栽培中的应用效果［J］. 腐殖酸（1）：39.
林聪，陈江辉，丁安娜，2016. 酵素菌肥对高橙生长的影响初探［J］. 上海农业科技（5）：105，140.
刘丽生，李淑华，2001. 酵素菌肥堆制与应用效果试验研究［J］. 农业环境保护，20（5）：363-365.
刘庆，李崇军，刘顺利，等，2007. 牛粪与秸秆发酵堆肥全部或部分替代草炭的研究［J］. 贵州农业科学，35（2）：57-59.
刘秀春，莫云安，高艳敏，2005. 酵素菌生物肥在苹果、桃及葡萄上的试验［J］. 烟台果树（2）：5-7.
刘洋，吴克力，张娟，等，2013. 生物腐殖酸菌剂用作功能性饲料营养添加剂价值初探［J］. 中国实验动物学报，21（6）：50-55.
刘治权，郭洪满，2007. 水稻应用酵素菌肥初探［J］. 农业与技术（1）：37-39.
卢淑雯，2002. 温室黄瓜应用酵素菌肥试验简报［J］. 牡丹江师范学院学报：自然科学版（2）：18-20.
栾富波，谢丽，李俊，等，2008. 腐殖酸的氧化还原行为及其研究进展［J］. 化学通报（11）：833-837.
吕佩珂，刘文珍，段半锁，等，1996. 中国蔬菜病虫害原色图谱续集［M］. 呼和浩特：远方出版社.
马保国，2002. 酵素菌肥对大蒜的增产效应及培肥土壤效果初探［J］. 中国农学通报，

18 (3): 109-110.

马麦生，谭明，张国平，等，2002. 酵素菌中乳酸菌的分离鉴定 [J]. 潍坊医学院学报，24 (2): 88-90.

马麦生，谭明，赵乃昕，等，2002. 酵素菌中酵母菌的分离鉴定 [J]. 潍坊医学院学报，24 (2): 81-85.

缪卫国，马晓平，2000. 酵素菌对主要温室蔬菜的促生和抗病作用 [J]. 新疆农业科学 (6): 33-35.

潘国庆，1999. 酵素菌技术的原理特点及应用效果 [J]. 江苏农业科学 (6): 52-53.

钱磊，张志军，柴慧君，2017. 酵素菌技术在我国食用菌生产中的应用 [J]. 食用菌 (4): 4-6.

任静，郁继华，颉建明，等，2013. 接种外源生物菌剂后牛粪堆肥腐殖酸变化规律 [J]. 农业环境科学学报 (6): 1277-1283.

王斌，呼天星，杨延军，等，2015. 保护地栽培应用酵素菌微肥对土壤理化性质的影响 [J]. 山西农业科学，43 (7): 854-856.

王斌，杨延军，呼天星，等，2015. 酵素菌微肥在保护地甜瓜栽培上的试验初报 [J]. 陕西农业科学，61 (03): 8-10.

王连君，刘桂英，2009. 酵素菌肥对藤稔葡萄产量和品质的影响 [J]. 北方园艺 (6): 9-12.

王卫东，杨前锋，2008. 腐殖酸发酵物对肉牛增重的试验观察 [J]. 河南农业科学 (6): 123-124.

王旭初，袁智慧，2003. 酵素菌技术在海南生态农业中的应用 [J]. 热带农业科学，23 (6): 58-63.

王燕，符少欣，2007. 酵素菌生物有机肥料在香蕉上的应用 [J]. 农业科技通讯 (11): 39.

文廷刚，郭小山，吴传万，等，2015. 酵素菌对温室红椒生长发育和根际土壤环境的影响 [J]. 中国农学通报，31 (7): 55-60.

武丽萍，曾宪成，2012. 煤炭腐殖酸与土壤腐殖酸性能对比研究 [J]. 腐殖酸 (3): 1-10.

郗丽娟，赵付江，韩晓倩，等，2016. 不同添加物对菇渣发酵效果的影响 [J]. 河北农业科学，20 (5): 36-39，44.

谢恩培，2014. 关于桉树施用酵素菌生物肥的技术要点探讨 [J]. 中国科技博览 (4): 563-564.

徐清萍，苏宁，谈明祥，2009. 胡萝卜施用“禾肥宝”酵素菌有机肥的肥效试验 [J]. 青海大学学报: 自然科学版，27 (3): 89-90.

徐宗才，马明呈，肖爱国，2010. 施用酵素菌有机肥对番茄生长和产量的影响 [J]. 北方园艺 (11): 37-38.

许修宏，马怀良，2010. 接种菌剂对鸡粪堆肥腐殖酸的影响 [J]. 中国土壤肥料 (1): 54-56.

颜倍友，董彦华，苏建党，2001. 酵素菌肥的研究及其应用效果［J］. 杂粮作物，21（2）：39-41.

杨前锋，王东卫，葛慎锋，2008. 腐殖酸发酵物对肉鸡增重的影响［J］. 畜牧与兽医（9）：43-44.

袁志明，陈宁都，马献军，等，2010. 生物有机肥在水稻生产中的应用效果探讨［J］. 宁夏农林科技（3）：32.

曾宪成，2012. 腐殖酸从哪里来，到哪里去［J］. 腐殖酸（4）：1-10.

曾宪成，2012. 开展“维土革命”，净化“土壤血统”——充分发挥腐殖酸修复土壤的重要作用［J］. 腐殖酸（5）：1-13.

张桂芳，2014. 高效活性酵素菌肥在果树栽培上的应用［J］. 牡丹江师范学院学报：自然科学版，87（2）：33-34.

张清友，蒋欣梅，于锡宏，等，2013. 不同肥料处理对洋葱生长及产量的影响［J］. 湖北农业科学，52（24）：6007-6010.

张昕，林启美，赵小蓉，2002. 风化煤的微生物转化：Ⅰ菌种筛选及转化能力测定［J］. 腐殖酸（3）：18-23.

张歆，石盛文，2004. 酵素菌肥在生姜上的效应研究［J］. 贵州气象（S2）：20-22.

周明，姜晓清，2004. 酵素菌速腐剂堆腐木屑的试验初报［J］. 耕作与栽培（1）：45-460.

周霞萍，2015. 腐殖酸新技术及应用［M］. 北京：化学工业出版社.

周宇光，2007. 中国菌种目录［M］. 北京：化学工业出版社.

周宇光，2012. CGMCC 菌种目录［M］. 北京：科学技术文献出版社.

邹德乙，2008. 腐殖酸是土壤的优质改良剂［J］. 腐殖酸（2）：42-45.

酵素（肥）生产

自制农用酵素

酵素有机肥生产现场

设施蔬菜施用酵素肥

酵素在大田作物上的应用

盐碱地酵素水稻

盐碱地水稻收获

酵素小麦籽粒饱满

酵素谷子

酵素玉米

酵素甜糯玉米

酵素向日葵

酵素用于作物一喷三防

酵素在果树上的应用

酵素苹果

酵素苹果抗性强，蜡粉多，耐储藏

酵素梨园

酵素秋月梨

原生态酵素桃园

酵素桃

酵素李压弯枝头

酵素杏

酵素草莓基地

酵素蓝莓

酵素在蔬菜上的应用

酵素白菜

酵素生菜

番茄幼苗喷洒酵素肥液

酵素番茄

酵素辣椒

酵素茄子

酵素西葫芦

酵素西瓜

酵素黄瓜生长快，坐瓜率高

酵素萝卜

酵素大金钩韭菜

酵素洋葱鳞茎饱满整齐

酵素用于无土栽培

酵素果蔬

酵素在其他作物上的应用

酵素蜜薯

酵素荷花

高亮（左一）调查施用酵素后的枸杞长势

高亮（右一）调查酵素处理杂草效果